U0338419

本书由以下项目资助出版：
国家自然科学基金资助项目（51408516）
福建省软科学项目（2013R0097）
厦门市建设科技计划项目（XJK2013-1-7）
中央高校基本科研业务费项目（2013121027）

刘姝宇 宋代风 王绍森 编著

城市气候问题解决导向下的
当代德国建设指导规划

厦门大学出版社 XIAMEN UNIVERSITY PRESS
国家一级出版社
全国百佳图书出版单位

内容提要

基于对德国城市规划与设计工作途径及其实践案例的深入调查，笔者从工作体系构建、专项研究渊源、宏观策略构成、实施原则集合等方面剖析了当代德国建设指导规划应对城市气候问题的基本理念与具体做法。本书图文并茂，内容翔实，将为可持续发展、节能减排目标导向下的我国城市规划设计工作提供必要的理论引导与技术支撑。

本书可作为建筑学、城市规划及相关专业师生的专业课程扩展读物，亦可在实践中为规划设计单位的方案编制、气象部门及相关研究机构的规划参与、规划主管部门的规划组织与政策制定提供参考。

前　言

历史上,工业化过程、城市化过程都伴随着对土地、空气、水、动植物等自然基础、人体健康、生态循环及其相互关系的干扰。虽然技术与科学已获得巨大进步,但迄今仍难以实现合理的城市建设,仍需制定理想的环境政策。无疑,人类应该采取合理的修正与更新措施,以控制经济发展与建筑开发对人类健康的威胁及对大自然的大规模损坏。20 世纪末至今,已进行诸多环境策略的控制尝试,但环境污染仍较为严重,构成人类生存基础的自然资源继续被逐渐消耗。同时,环境污染对人体健康的危害、对农林业与园艺结构的伤害及对建筑物与材料的危害业已带来严重的经济损失。

此类问题可归因于许多相互关联的因素。在意识方面,19 世纪中叶至 20 世纪 60 年代,烟囱被视为“工业之源”或“富足的符号”;20 世纪 50 年代至今,人类对“机动化浪潮”的认识亦是如此。同时,这些“繁荣指示器”使得社会与市场无法发展或贯彻低污染产品与燃烧过程控制等必要技术,此类技术或产品的作用更无法得到认知。在政策方面,当前大气污染控制政策的思路更多地被描述为“选择性的”或者“外延的”干预。通常,其更为关注大气污染的表象而非原因,多样性的生态作用链并未得到足够重视。其结果是环境负荷在短期或中期内在空间位置上得以转移或在时间上得以推迟,而原有的环境问题在新作用关系下则并未得到解决,故其效果存在争议。例如,大气污染物可能在土壤、地表水与地下水中得以聚积,而未得到消除。在法规方面,现行污染物防护法规的设计缺陷使得所有需获批的设备在原则上都能充分利用法规允许的、单一的污染物排放标准,而这些污染物的叠加作用并未曾得到注意。同时,企业在设备与生产过程技术的创新上较少关注技术创新的可能。

作为环境保护范畴内的重要概念,“城市气候”与“空气污染”会对空间规划产生重大影响。在德国,建设指导规划是城镇层面的空间规划,它对于气候保护与大气污染防控有重要意义。为了借鉴德国生态城市建设的有益经验,本书试图完成以下主要工作。第一,介绍与规划相关的城市气候学专业知识，为建筑师与规划师提供必要的信息储备，为城市气候、空气质量等问题的认知提供必要基础。例如，哪些类型的气候数据对规划至关重要，如何获取这些气候数据，与此相对的必要的评价方法也包含其中。第二，整理德国建设指导规划应对气候与空气质量问题的宏观策略与具体原则。例如，哪些建设原则必须与城市气候问题的缓解相对应，以便使得城市开放空间的微气候状况达到可接受的范围。第三，在多个层面提供在德国规划设计与决策权衡中改善空气质量或补偿气候问题的措施方法与应用案例。第四，指出到目前为止在建筑设计与建设指导规划程序中整合气候要素的必要性与可能性，并试图为拓展这种可能性做出贡献。

本书由建筑师编写，尝试为建筑师与规划师提供帮助。在建筑设计与城市规划中整合城市气候要求主要涉及适应气候的建造方式与节能技术。此外，如果开放空间网络无法为建成区供应足够的新鲜空气，市中心严重的空气污染会使开放空间的实用性大打折扣。在德国，服务于城市建设的气象学信息整理与分析方法已发展至相当水准，一些地区的城市气候要求已经可以转译为关于建筑物体积分布、开放空间形态、建筑形式与朝向等要求，从而在规划文本或设计标准中得到转化，并部分地被补充到后续工作中关于总平面、建筑平面、剖面与细部的相关规定之内。事实上，城市规划与城市气候学的关联性源自实践中应用气象学家与规划师的长期协同工作。鉴于现代城市规划高度多元、高度复杂的特征，依靠简单的任务分配而非按照标准化、系统化、高效科学的工作体系，高标准建设规划目标将难以实现。

因此，整个城市规划体系的优化成为多问题解决导向下城市生态文明建设与可持续发展的关键点。

作　者

2014 年 12 月

目　录

插图清单

附表清单

1 背　景

1.1 挑战

1.1.1 宏观气候问题

全球气候变暖指的是在一段时间中，地球的大气和海洋因温室效应而造成温度上升的气候变化现象。有研究指出，在20世纪全球近地面大气层温度平均上升0.74℃；过去50年间，可观察的气候改变速度是此前100年的两倍。

全球气候变暖后果严重，影响广泛，因此被视为公认的人类悲剧。例如，随着海水温度升高，冰川融化，海水体积膨胀，海平面会逐渐上升，沿海低海拔地区会遭淹没；由于冰川融化带走大量热量，北欧、南美近极地的地方温度会迅速下降，当地生态系统将受损；随着水体蒸发速度加快，大量水气进入大气，局部地区暴雨天气突增，水灾、滑坡、泥石流等现象将频发；干旱少雨地区可能面临严峻考验，植物覆盖的半干旱地区可能成为半沙漠化地区，内陆地区存在沙漠化危险；随着气温升高，食物链的上层和顶层生物会面临繁殖和发展危机，生物多样性会受到威胁；不断增多的极端气候会影响农作物种植，从而损伤地方经济，引致饥荒；随着大气温度的升高，热带传染病存在向高纬地区扩散的趋势。①

目前，关于全球气候系统变化的原因仍然是一个活跃的研究范畴。温室气体已成为科学界公认的全球变暖主因。温室气体（如水蒸气、二氧化碳、臭氧、甲烷等）将产生天然的温室效应，如若无此效应，地表气温会在现在的基础上降低30℃，不再适于人类居住。但是，二氧化碳与其他温室气体含量的不断增加却使地表气温不断升高。研究显示，大气中一氧化二氮的含量比18世纪中叶工业革命开始时增加了12.7%，二氧化碳含量增加

① 全球变暖．[EB/OL]．[2014-10-20]．http://zh.wikipedia.org.

了 28.6%,甲烷含量增加了 145.7%,同时这些增长趋势主要源于化石燃料燃烧、林木清理和耕作等人类活动①。

1.1.2 城市气候问题

人类聚集点发展到一定规模之后,其中的气候条件会明显异于周围的开放空间。可以说,较高的空气污染物含量是大城市地方性气候形成的基础。污浊的空气阻碍了阳光入射与下垫面反辐射,同时吸收了阳光与地面外辐射的能量。由此,城市中的近地面气温明显高于周边乡村,其中最低气温显著增高。在冬季,城市过热现象尤为明显。同时,鉴于建成区下垫面粗糙度的提升,城市中的平均风速明显低于周边乡村,涡流与暴风现象也显著增多。此外,一种城市特有的风系统也逐渐形成,即局地风(Flurwind)。

建成区其他气候要素的变化都与辐射、气温分布及空气运动相关,且区域差异性严重。科学家曾总结了城市对市区气候要素的潜在影响②。较毗邻的乡村环境而言,城市环境中的气候要素可能发生很大变化:大气污染方面,凝结核增加 10 倍以上、气体污染物增加 5~25 倍;辐射方面,总辐射量减少 15%~20%,冬季紫外线减少 30%,夏季紫外线减少 5%,日照持续时间减少 5%~15%;气温方面,年气温均值增加 0.5~1.5℃、晴天气温会增加 2~6℃;湿度方面,冬季相对湿度减少 2%,夏季相对湿度减少 8%~10%;云雾方面,云量增加 5%~10%、冬季大雾天气增加 100%、夏季大雾天气增加 30%;降水方面,总降雨量增加 5%~10%,降雨小于 5 mm的天数增加 10%,降雪几率减少 5%。

在全世界范围内,各地的城市热岛、大气污染、城市通风变弱等问题普遍呈加重趋势,并在近年来获得持续关注。在美国,因城市过热现象而丧生的人数约为每年 1000 人;在澳大利亚墨尔本市,郊区与市中心出现了多达 4℃温差,年均高温致死人数约为 200 人,预计 2030 年高温致死人数将加倍;在法国巴黎,仅 2003 年 8 月的一场热浪就造成近 5000 人死亡,由此

---

① IPCC Second Assessment Synthesis of Scientific-Technical Information. [EB/OL]. [1995-12-30]. http://www. ipcc. ch/pdf/climate-changes-1995/ipcc-2nd-assessment/2nd-assessment-en. pdf

② M. Horbert. Klimatische und luftthygienische Aspekte der Stadt-und Landschaftsplanung[J]. Natur und Heimat,1978, 38.

引发了关于天气致死的一次热烈讨论；在日本东京，23 个城区的平均气温在过去 100 年间上升了 4℃；在中国香港，鉴于高密度城区的影响，在九龙区 3 公里范围内的温差高达 5.5℃。

城市建设是引发各类城市气候问题的主要因素。其中，热岛效应主要源自日间持续受热、夜间降温受限、降水流失、空气循环与冷空气流动受阻等问题及其交互影响；大气污染问题则由“工业企业、生活炉灶与采暖锅炉、交通运输”[①]等主要污染源引发；城市通风受阻则源于城市下垫面粗糙、污染物与水蒸气盖罩笼罩、冷空气或新鲜空气生成地受破坏、空气交换通道被开发占用等问题。据此，为了改善中观气候状况、创造适宜人居的城市环境，城市建设必须持更谨慎的态度，探索并采纳更适宜的方式，贯彻更合理的城市建设目标：第一，通过污染物防护措施、合理的用地布局与交通规划降低空气污染，通过维护小尺度的空气循环与新鲜空气供给降低城市开放空间、街道、广场与庭院和居住环境中的大气污染物含量，由此提高太阳总辐射量与日照时间。第二，采用温室效应缓解措施、减少土地封盖、增加绿地面积等措施降低建成区气温。第三，确保小尺度上的空气循环，保留新鲜空气通道，同时避免狭管效应。第四，通过减少封盖土地，建设渗水地面、水体与植被等措施提高相对空气湿度。

1.2 对策

1.2.1 可持续发展战略

20 世纪 60 年代末，随着资源紧张与环境问题的彰显，人类开始关注经济发展与环境协调问题。1972 年，联合国召开了人类环境会议，提出了“人类环境”的概念，并通过了人类环境宣言，成立了环境规划署。此后，国际社会关于“可持续发展”的认识通过多次全球性会议逐步得到提升，关于发展与环境保护的态度也逐渐取得共识。

1987 年，世界环境与发展委员会发表了《我们共同的未来》研究报告。其中，可持续发展概念被正式提出并得以系统阐述。可持续发展被定义为：既能满足当代人的需要，又不对后代人满足其需要的能力构成危害。报告同时指出了该概念的两个重要范畴：其一为需要的概念，尤其是世界

① 大气污染。[EB/OL]. [2010-09-27]. http://baike.baidu.com/view/17349.htm

各国人民的基本需要,应将此放在特别优先的地位;其二为限制的概念,技术状况和社会组织对环境满足眼前和未来需要的能力施加的限制。

1992 年,在里约热内卢召开的联合国环境与发展大会齐聚了全球 118 个国家的元首或政府首脑,并通过了以可持续发展概念为核心的系列文件,即《里约环境与发展宣言》、《21 世纪议程》、《气候变化框架公约》等。会议确立了用可持续发展概念代替"高消耗、高投入、高污染"的不可持续发展方式。同时,同年年底设立了联合国可持续发展委员会,以推动会议成果的落实。

2002 年,于南非约翰内斯堡举行的可持续发展世界首脑大会在 1992 年大会核心文件的基础上,就此后的工作形成面向行动的战略与措施,积极推进全球的可持续发展。大会通过了《约翰内斯堡可持续发展承诺》、《执行计划》,并规定了重点方针做法、具体步骤、量化标准与时间限制。

2012 年,在具有里程碑意义的首脑会议 20 年后,世界各国首脑再次聚集里约热内卢,举行了"里约+20"峰会。此次峰会由三个目标和两个主题构成。其中,三个目标包括重拾各国对可持续发展的承诺、找出目前在实现可持续发展过程中取得的成就与面临的不足、继续面对不断出现的各类挑战。两个主题则包括绿色经济、可持续发展的制度框架。会议不仅有助于统筹经济、社会和环保,而且有助于提高发展中国家的发言权和决策权,解决发展中国家资金、技术和能力建设等实际困难。

鉴于各国、各地区实际条件的差异,可持续发展在各地的具体范畴有所差异。欧盟提出的"可持续发展三支柱模型"将可持续发展概念定义为经济、社会、生态三方面的协调发展;联合国可持续发展委员会提出的"可持续发展水平评估框架"则将该概念划分为经济、社会、环境、制度四个分支。无论如何,在任何体系下生态要素均被作为可持续发展概念的重要组成部分,而其中气候保护、大气污染防治等具体内容均被作为实现可持续发展目标的重要原则或具体措施。

在欧洲乃至世界范围内,德国为可持续发展的实施与推进做出了重要贡献。可持续发展策略于 1994 年被写入具宪法地位的《德国基本法》,此后又被引入城市建设的基本大法《建设法典》。近年来,领导层又不断强调着落实可持续发展的重要意义。2011 年 6 月,德国总理默克尔表示,德国应当发挥可持续发展的火车头作用,继续大力推动国际气候变化谈判及在当地切实追求经济、社会、环境平衡发展的目标,并强调了德国可持续发展战略的四条主导原则,即"有关子孙后代的公平原则"、"生活质量"、"社会团结”和“国际责任”。为此，德国政府已制定了至2050年全国能源供给几乎全部依靠可再生能源的转型计划，并将2012年定为可持续发展研发年。

1.2.2 低碳发展战略

基于可持续发展的宏观目标，为了抑制全球变暖、应对气候变化，以“低碳”为主题的一系列新概念应运而生，如“碳足迹”、“低碳经济”、“低碳技术”、“低碳发展”、“低碳生活方式”、“低碳社会”、“低碳城市”、“低碳世界”等。此类低碳发展策略旨在摒弃传统的增长模式，通过创新技术与创新机制的应用、低碳经济模式与生活方式的提倡，实现可持续发展。

作为第一次工业革命的先驱和资源并不丰富的岛国，英国政府本着“抛弃旧我”的态度，于2003年率先拟定了与低碳经济相关的政府文件，即能源白皮书《我们能源的未来：创建低碳经济》。2006年，由世界银行前首席经济学家尼古拉斯·斯特恩牵头编制的《斯特恩报告》指出，全球每年以GDP1％的投入就可避免未来每年GDP5％～20％的损失，并呼吁全球范围内的低碳经济转型。2007年，联合国气候变化大会针对气候变化制定的、具里程碑意义的《巴厘岛路线图》为2009年以前应对气候变化谈判的议题确立了明确议程，并要求发达国家在2020年前减排温室气体25％～40％。2008年G8峰会上，八个与会国表示与《联合国气候变化框架公约》其他签约方共同达成至2050年减排温室气体50％的长期目标。2009年G8峰会上，气候变化再次成为大会主题，2050年全球温室气体的减排目标再次得以确认，发达国家减排(80％以上)的长期目标也得以指出。

目前，德国在探索发展低碳经济方面正走在世界前列①。德国环境部于2009年6月公布了发展低碳经济的战略文件，将低碳经济作为经济现代化的指导方针。其中主要包括环保政策要名副其实、各行业能源有效利用战略、扩大可再生能源使用范围、可持续利用生物质能、汽车行业的改革创新以及执行环保教育、资格认证等方面的措施。该战略文件还强调，低碳技术是当下德国经济的稳定器，并将成为未来德国经济振兴的关键。为了实现传统经济向低碳经济转轨，至2020年德国用于基础设施的投资至少要增加4000亿欧元。同时，德国政府还持续推动气候保护高技术战略的实施、完善低碳法律体系、提高能源使用效率、大力发展可再生能源、制

---

① 张庆阳. 德国低碳经济走在世界前列. [EB/OL]. [2010-06-14]. http://www.weather.com.cn/climate/qhbhyw/06/573469.shtml

定气候保护与节能减排的具体目标。

1.3 落实

1.3.1 法律法规要求

在德国城市建设当中,环境保护已经成为重要的规划目标。德国《建造法典》第1条规定,"建设指导规划(Bauleitplan)的制定要特别注意通过可再生能源的使用来应对环境保护问题,并注意自然保护与景观维护问题,特别是自然资源、水、空气和土地(包括原材料供给)以及气候问题"。

"环境保护"这一概念主要涉及避免和缓解环境负荷和环境危害的全部措施。环境保护涉及三个主要目标,即消除已有的环境破坏、预防或减小目前的环境危害、通过预防措施规避未来潜在的环境危害。可以说,环境保护是所有待保护环境要求的总称,以保护建设用地、非建设用地及在其中生存的各类生物,尤其应确保人类生存免受干扰或危害。同时,它还包括预防性的防护措施。在建造法规中,环境保护除了涉及基础性要求,还通过《建造法典》提出了特殊规定。另外,通过多个法规、条例与规章的引入,环境保护的要求已经能够在法律制定方面获得充分重视。例如:倡导"保护天然生存空间以及野生动植物"的欧洲指导方针与水框架指导方针的相关要求在《联邦土地保护法》、《联邦自然保护法》的干预规则、《联邦污染物防护法》及其条例、环境鉴定相关法规中得以落实。

在建造规划中,气候与空气卫生方面的要求被多个法律框架所覆盖。其中,1974年颁布的《联邦污染物防护法》是最早的现代环境保护法,而大气污染控制的具体指标已经通过管理条例《大气净化技术指导》得以规定。但是,在城市建设实践中,气候要素的保护与维护依然未能获得与污染物防护、土地保护相当的特殊法律保障。鉴于人文环境保障和健康生活、工作环境的有关要求,气候对于城市建设发展的影响应该被包括在城市规划范畴之内。与此同时,气候应该被视为一项受保护资源。根据多个法规范畴,直接或者间接的气候保护涉及多个规划措施和许可措施问题,只有它们共同作用才能达到气候保护的整体目标设定①。其中应该包括诸多内容,如《联邦污染物防护法》中关于污染源与防护面积的指导方针,根据《建造法典》和《环境鉴定法规》在建设指导规划中针对规划方案气候影响做出的预测,等等。

气候保护应该首先被作为全球性或跨地方性的发展目标,对此也必须率先采取全球性或跨地方性的措施②。建造规划中的相关规定可以以气候保护为目标,但这将仅仅依据《建造法典》第 9 条“出于城市建设”的原因。由此,气候保护的相关措施将被限制在地方层面,主要涉及对微气候环境的评价。

为了使居民获得健康的生活与工作条件,保护与改善地方气候状况越来越重要。例如,某一建造规划对当地气候的客观意义取决于它是否会对健康构成威胁和危害、是否有损健康生活和工作条件的一般性要求,或者是否对公共健康产生不合理干扰。在这些标准的驱动之下,地方性的气候状况应被作为公共环境要求纳入权衡决策之中,且在一般情况下也不能够被省略。例如,鉴于地形与城市建设的影响,斯图加特区域的地方性气候状况已经受到明显干扰,且热污染和空气污染经常会对居住和工作条件构成不利影响。因此,斯图加特建设指导规划对气候因素的考量必不可少,这已经在建造许可颁发环节得以采纳。根据《建造法典》,超出合理的干扰范围的开发计划将无法获得法律许可。同时,为了响应全球气候保护要求,斯图加特在 20 世纪 90 年代初就编制了“气候保护概念”(Klimaschutz-Konzept, KLIKS),修正城市整体发展概念、在交通和能源方面采取有效措施,以达到减少二氧化碳排放的目标③。

在具体地区的建设指导规划中,全球性气候保护要求将通过法定图则与相关规定等方式在地方规划层面得以转化。如推动可再生能源使用,通

---

① H. C. Fickert, H. Fieseler. Der Umweltschutz im Staedtebau-Ein Handbuch fuer Gemeinden zur Bauleitplanung und Zulaessigkeit von Vorhaben [M]. Bonn: Verlag Deutsches Volksheimstättenwerk GmbH, 2002.

② H. C. Fickert, H. Fieseler. Der Umweltschutz im Staedtebau-Ein Handbuch fuer Gemeinden zur Bauleitplanung und Zulaessigkeit von Vorhaben [M]. Bonn: Verlag Deutsches Volksheimstättenwerk GmbH, 2002.

③ Landeshauptstadt Stuttgart. Stadtentwicklungskonzept, Entwurf 2004 [R]. Stuttgart: Landeshauptstadt Stuttgart, Amt fuer Umweltschutz, Abteilung Stadtklimatologie, 2004.

过建筑技术措施削减建筑物能耗，通过合理规划减少不必要的道路设置以缩减私人机动交通流量、减少土地硬化率等。

1.3.2 规划体系优化

在德国，地方层面上的建设指导规划是实现气候保护和大气污染防控目标的一项重要规划工具。原因在于，每个区块制定的土地利用规划和由此导出的建造规划对于每个居民而言均具备法规约束力，这决定了哪些土地或基地中的哪些部分应该得以保护①。

虽然已经存在很多涉及气候和空气卫生防护的法律规章，但是在大多数地区尚无能够作为公众代表专门负责监督该规划因素的明确的政府部门或者公共机构。因此，在听证流程中，多方参与者可以代表该规划因素，如劳动保护、职业健康、毗邻的环境保护与污染物防护机构、出于医学要求的地区卫生与环境卫生监督机构、自然保护与景观保护部门②。

《建造法典》为地方层面的建设指导规划提出了法律前提，指出了此类规划的基本要求。《建造法典》第 1 条规定，建设指导规划应保证可持续城市发展，即经济、社会、资源和环境保护的协调发展，既要满足现代人的需求、又不损害后代人满足需求；保证社会公平的土地利用；确保适合人居的环境建设；保护和发展天然的生活基础，尤其应履行"一般性气候保护责任，并尊重城市形态以及文脉传承与景观意向"。

气候和空气卫生方面的要求被补充到 2004 年以后颁布的《建造法典》当中。该法第 1 条第 6 款规定，地方层面的建设指导规划关注以下要求：(a)"对动物、植物、土地、水体、空气和气候的影响，以及这些要素相互之间的作用结构，以及与景观和生物多样性之间的关系"；(b)"环境对人类健康与人口分布的影响"；(c)"环境对于文化财产及其他实体财产的影响"；(d)"降低废弃物和废水的排放，因地制宜的实现循环利用"；(e)"使用可再生能源，实现经济、高效的能源利用"；(f)"景观规划、绿地规划和其他规划的制定，应特别注意考虑水体、废弃物和空气污染防治的相关法规"；(g)"即

---

① Innenministerium Baden-Württemberg. Staedtebauliche Klimafibel Online-Hinweise fuer die Bauleitplanung. [EB/OL]. [2004-07-30]. http://www.staedtebauliche-klimafibel.de/.

② Innenministerium Baden-Württemberg. Staedtebauliche Klimafibel Online-Hinweise fuer die Bauleitplanung. [EB/OL]. [2004-07-30]. http://www.staedtebauliche-klimafibel.de/.

使在污染物不超标的区域也要尽量使规划地区的空气质量保持最佳状态”;(h)关注编号a、c、d中“每个环境保护要求的相互影响”。在建设指导规划的编制与决策中,以上几点将被作为关键的权衡要点。在环境保护补充条例第1条中,生态要求及类似条款均涉及气候要求;第2段则使需要在权衡中得到关注的要求得以具体化。例如,推动内城发展、推动已有建成区空地再开发,同时将土地硬化明确限制在必要范围以内、避免和补偿对自然资源机能和工作效率造成潜在的巨大损伤。其中,补偿原则可参阅《联邦自然保护法》第8条,土地利用规划中的补偿措施则可根据《建造法典》第5条得以提出、建造规划中的补偿措施则可根据第9条确定“补偿区域或措施”。

同时,规划可能造成的气候损伤可被认定为“对环境预期的重大影响”,并可通过环境报告加以阐述和评价。2001年,欧洲议会和欧盟理事会提出“环境鉴定的战略性指导方针”,主要要求确定、阐述和评价规划及其实施策略对受保护的自然资源产生的直接和间接影响,并说明避免、降低和补偿影响的具体措施。在环境报告中,环境鉴定结论必须得以阐述和证实。此外,政府应监控城市规划实施对于环境产生的实际影响(即实施环境监控),以便尽早识别出未能预见的负面影响,并采取补救措施。该规划指导方针在2004年修订的德国《建造法典》中得以转化。由此,《建造法典》第2段要求在编制建设指导规划时针对环境保护要求开展“环境鉴定”,由此“确定对于环境预期的重大影响,并通过环境报告加以阐述和评价”。对于所有建设指导规划的编著、修改、补充和废止,环境鉴定成为一项基本责任。并且,“环境鉴定的结论必须在权衡决策中得以尊重”①。在德国城市规划的传统当中,论证书本身就是规划成果不可分割的重要组成部分。而按照新版《建设法典》第2a条的规定,环境报告则成为建设指导规划论证书中不可或缺的独立组成部分,即使在规划调整中情况也同样如此。

以下,将简要说明《建造法典》中关于土地利用规划和建造规划对气候和空气卫生问题的具体规定。

根据《建造法典》第5条第2段,土地利用规划的以下内容可能对气候和空气卫生规划要素产生重要影响:(1)建设用地及用地类型、建造用途的

① R. Zinsel. Landschaftsplan und Strategische Umweltpruefun-Ueberschneidung, Abgrenzung, Anforderungen [D]. Weihenstephan: Fachhochschule Weihenstephan, 2005.

大致规模;(3)跨区域交通用地及区域性主要交通干线用地;(4)公共供给设施和废弃物处理设施用地;(5)绿地;(6)按照《联邦污染物防护法》确定功能限制区域,采取有害环境影响防护措施的区域;(9)农业和林业区域;(10)景观保护、维护和发展措施的区域;(2a)根据《联邦自然保护法》第8条确定的补偿措施区域。

在建造规划层面,气候要求被转化为一系列居民点结构形态和开放空间形态规定。在《建造法典》中,建造规划的以下内容可能对于气候和空气卫生规划要素产生重要意义:(1)建设用途的类型和规模;(2)建筑方式(如开放的建筑方式允许新鲜空气和冷空气渗透),基地内可建设用地和不可建设用地的范围,建筑物位置;(3)建筑用地宽度、深度和容量的最低规模、住宅建筑用地的最高规模(出于节约使用土地的原因);(4)其他设施用地,如游戏场地、休闲场地、停车场、车库及其出入口;(5)公共利益、体育设施、游戏设施用地;(9)特殊用途用地;(10)禁止开发建筑群的区域;(11)交通用地;(15)公共和私人绿地,如停车设施、永久性小型花园、体育场地、游戏场地、露营地、游泳池、公墓;(18)农业和林业用地;(20)用于保护、维护和发展土地、自然和景观的措施用地;(22)某些社区设施的空间区域,如儿童游戏场、业余活动中心、停车场和车库;(23)为了保护环境,禁止或者限制使用《联邦污染物防护法》规定的可能带来空气污染材料的区域;(24)根据《联邦污染物防护法》确定的避免开发建筑群的受保护区域及其用途,确定需要采取建筑防护措施以及其他技术措施的区域;(25)为建筑群规划区域或者部分建筑设施确定树木、灌木及其他植被的种植,植被的关联,确定植被和水体保护范围;(26)确定道路建设必须建设的堤坝、挡土墙的区域。

土地利用规划和建造规划中建设用地的划分及土地利用类型的确定能够使环境要素受益或者受损,这同样也涉及气候和空气卫生要素。在确定土地利用类型时必须首先检验,规划方案可能对已开发区域的污染物排放和气候状况产生多大负面影响。因此,可能常常需要在土地利用规划中限制某些区域或者部分范围的土地用途类型。

在斯图加特,气候功能区划及《气候图集》的规划建议在规划中充分得到关注,这提供了好榜样。在建设指导规划的内容设定中,“气候活跃区域”的维护和长期保障得以实现。“气候活跃区域”这一概念涉及地方空气交换的热力基础、地形条件,以及冷空气生成区域、冷空气通道、新鲜空气通道的整体构建。例如,在土地利用规划中根据《建造法典》第5条第2款编号5和9、在建设规划中根据《建造法典》第9条第1款编号15和18,冷空气生成区域被确定为农业、林业或者绿地。据此,这一规定对景观规划中的所有自然资源要素均具有效性①。

在土地利用规划和建造规划中,新鲜空气通道、对气候至关重要的绿带区域被指定为绿地、体育设施、游戏设施或者农业设施,由此整个通风系统的机能得以确保。同时,相关区域对于维护地方气候条件的意义和作用必须被收录在土地利用规划和建造规划的附加说明中。在对具气候维护作用的私人绿地加以规定时,则必须说明其与整体绿化功能的关系及城市建设方面的必要性②。

在斯图加特山谷,为了保障气候功能活跃的冷空气生成区域,已有的开放空间被明确地指定为农业用地。例如,《斯图加特土地利用规划2010》将该区域的一部分作为"具附加功能(如休憩、气候等)的农业用地"。同样,在山坡上的冷空气流域保护区域被指定为"气候活跃区域",并将居民点周边区域作为"绿化工业园设施、景观公园"或者"其他形式的绿地",从而避免大规模建筑群开发。居民点内部原有的农业用地则主要被作为葡萄园或者花园,其保护价值不仅出于气候学考虑。

《建造法典》第5条基于《联邦污染物防护法》的预防措施,在土地利用规划中既可重叠又可作为独立用途。虽然某些区域可能首先用于防止噪声传播,但是也可被用于改善地方空气质量。第5条同时给出了用于采取"保护、维护和发展自然和景观的措施"的可能性,这有助于将景观规划的成果整合在土地利用规划中。自然保护和风景维护措施可以与居民点范围内的规划措施有所重叠,也就是说,建设用地中可以包含关于水体或者原有植被保护的规定③。

---

① G. Peschel. Merkblatt Klima und Lufthygiene in UVP-Fachreihe: Klima und Lufthygiene innerhalb der UVP, Klimaschutz in der Stadt[J]. UVP-Report, 1994, (5): 272-275.

② G. Peschel. Merkblatt Klima und Lufthygiene in UVP-Fachreihe: Klima und Lufthygiene innerhalb der UVP, Klimaschutz in der Stadt[J]. UVP-Report, 1994, (5): 272-275.

③ G. Peschel. Merkblatt Klima und Lufthygiene in UVP-Fachreihe: Klima und Lufthygiene innerhalb der UVP, Klimaschutz in der Stadt[J]. UVP-Report, 1994, (5): 272-275.

2 德国建设指导规划体系认知

建设指导规划是德国当代空间规划体系的重要组成，可被理解为市镇层面上的空间规划。依据德国《建设法典》，建设指导规划属于“城市建设(*Städtebau*)”的工作范畴，其主要任务是，在城镇范围内，准备与引导建设与土地的利用。建设指导规划对城市空间的物质形态与用途形态发生直接调控，因而成为德国城市建设管理的核心内容。通过回顾其发展历程、整理空间规划工作体系的宏观架构，建设指导规划可得到较为充分的认知。

2.1 历史沿革

2.1.1 区划的产生

如果将德国建设指导规划的内涵理解为城市空间形态的管控，其源起则可一直追溯到德意志第二帝国时期乃至更早的年代。

2.1.1.1 中世纪的渊源

据载，在中世纪，德国城市便已开始编制建造规划(Bebauungsplan)，当时其主要工作内容在于对城市的内部道路进行规划。负责组织规划编制的部门主要是警察机关。规划生效后，道路建设过程中的各种费用由城市政府承担。由于道路网规划对于城市的发展和财政具有重大的影响，因而成为城市财政主管部门(议会)审议的重要对象。19 世纪 50 年代初，德国的工业革命使其城市化进程得以大幅加速，城市扩张速度远超工业革命之前的时代。此时，传统的以道路网控制为核心的规划工作开始无法适应城市发展需求。

1858 年，普鲁士政府授权柏林市警察当局负责制定新的柏林城市扩展规划，计划将柏林市的市域面积从 3170 hm^2 扩展到 5920 hm^2。在霍布瑞・希特(James Hobrecht，1825—1903)主持下，柏林城市建造规划总图

(Bebauungsplan von Berlin)得以完成。该方案所明确限定的主要内容在于街道与广场等城市公共空间的宏观位置、边界范围、体系结构。由于该规划仅勾画了城市公共空间的轮廓,既未对街段(Block)的尺度设定严格限制,亦缺乏对街段内建设行为的管控,开发商得以在街段内实施高强度开发,建设出大量的所谓"出租兵营"(Mietkaserne),将居住密度提高到前所未闻的程度。

此时,德国城市建设管控工作的主体仍然是道路网规划。对当时的德国城市来说,城市建设面临的一个主要问题就是道路建设费用。一方面,道路网的发展必然增加城市的财政支出。另一方面,为了建设城郊新规划的道路,政府需先购买土地,再进行建设。先行补偿的方式给城市财政造成更大的压力。

2.1.1.2 德意志第二帝国时期的道路控制制度

一般认为,位于今日德国南部的巴登大公国于1868年颁布的《道路红线法》(Fluchtliniengesetz)是德国现代意义上物质形态规划的立法起点。1871年,普鲁士统一德国,建立德意志第二帝国。为应对德国经济的迅猛发展与高速城市化,普鲁士于1875年颁布了著名的《道路红线法》。将规划的决定权下放给地方政府,以尊重地方自治,使得地方政府可以根据各自财政状况来进行具体规划。

地方政府通过规划方案决定道路红线,并规定建筑物不得越线建造。这种"道路红线规划方案",根据以往的称呼,也被称作建造规划(Bebauungsplan)。一般情况下,道路红线和建筑控制线是重合的。如有特殊原因,道路红线和建筑控制线也可以有所区别,使道路和建筑物之间能够保证留有一定空间。

从工作内容角度看,这种法定的"道路红线规划"和以往的规划工作并无显著区别。《道路红线法》的进步之处在于赋予城市建设管理部门对于规划中的街道用地具有强制性购买权,允许街道建筑、排水和照明的费用由临街各地块所有者共同承担,从而极大地减轻了城市政府在城镇扩展方面的财政负担,并建立了市民对规划提出意见的制度化程序。

2.1.1.3 区划的出现与影响

由于传统的道路规划缺乏对街段内建筑物的控制,人口密度过载、卫生条件低劣的公寓乘机不断出现。为解决这一问题,区划(zoning)应运而生。

1890年，佛朗兹·阿迪克斯(Franz Adickes，1846—1915)当选为法兰克福市市长。在他的主持下，德国第一部区划法规——《分级建筑法令》(Staffelbauordnungen)于1891年底之前完成，并获得法兰克福市议会批准。该法令的出现不仅标志着德国区划的诞生，也宣告了世界区划思想的发源。

该法令首先对城市进行了分区，进而根据不同的分区提出了不同的建设控制要求，在控制道路形态之外增加了对于建筑物形态的管控，如建筑高度。此后，《分级建筑法令》在德国得到迅速传播。至20世纪初，大多数德国城市都已经将区划作为城市建设管控的核心。区划的出现标志着德国的城市空间管控工作从单纯的道路形态控制发展为道路与地块形态同步管控。

“德国所创造的区划方法，使用定性、定量和定位的手段来控制城市空间，既规定了城市主要道路的用地范围和走向，又规定了各个地块上建筑物的建造要求，在刚性的规划框架内保持了建造活动的弹性范围。与基于古典美学的城市规划相比，区划无疑能够更好地满足工业化社会的需求，更加科学和实用。同时，区划立法和公众参与的方法，更好地体现了规划的法制化和民主化，代表了社会发展的大趋势。”

20世纪初，德国的区划方法被引入美国。1909年，洛杉矶开始实施综合土地利用区划制。而德国式的结合土地利用和高度控制的区划制度于1916年被正式引入纽约，并成为其区划条例。20世纪20年代，日本为重建关东大地震破坏的地区，东京市长后藤新平亦引入了佛朗兹·阿迪克斯的《分级建筑法令》。日本战前的《市街地建筑物法》亦参照《分级建筑法令》得以建立。

2.1.2 现代建设指导规划的形成

1949年，德意志联邦共和国在西方盟国的扶持下成立。联邦德国继承了传统的德国社会经济组织，在沿袭符合宪法的旧有法律基础上展开大规模重建。随着德国经济的恢复、发展、停滞，乃至两德统一后的再发展，现代建设指导规划在传统区划的基础上逐步演化而成。

2.1.2.1《重建法案》

1946—1959年是联邦德国的重建时期。一方面，随着东西德分治及德国原有部分土地的丧失，大批难民涌入联邦德国所在的西部地区，东部地区的工业企业亦大量西迁；另一方面，众多城镇和工业生产设施遭到了严重的战争破坏。联邦德国面临来自社会与经济的双重压力，修复城市以恢复生产、安置居民成为其首要任务。在此背景下，联邦各州分别制定了自身的《重建法案》(Aufbaugesetz)来引导城市的重建。依据《重建法案》，规划的具体任务不仅包括道路规划，还要控制建筑物的用途和建设强度，其成果被赋予法律约束力。这种源于区划的任务设置在德国的重建过程中显示出巨大的优越性。

"1949 年，德意志联邦共和国成立，并颁布了作为宪法的《基本法》(Grundgesetz)。《基本法》以国家根本大法的形式明确规定了公民在城市建设中享有的权利，特别是所谓'建造自由'。同时，《基本法》也明确了行使这些公民权利的义务，特别是'建造自由'必须遵循宪法中规定的私有权附属的社会义务。"这些规定为日后城市政府通过法定的规划工具调控建设行为提供了宪法依据。值得注意的是，联邦德国致力于"社会市场经济"的实践，强调通过社会政策对市场经济加以控制，同时兼顾社会公平。这一政策从客观上导致了城市规划特别是城市详细规划通过法定指标来控制城市建设。

2.1.2.2 建设指导规划的产生

1960—1973 年是联邦德国的稳定发展时期。随着重建工作的基本完成，建设富裕社会成了当时德国发展的主要目标，经济增长政策占据了主导地位。经济的快速增长带动了城市建设的不断升级，联邦德国城市规划体系得到了进一步的完善。

1960 年，经联邦政府与各州政府的讨论，《联邦建设法典》(Bundesbaugesetz)正式通过。

作为德国城市规划的国家大法，该法提出了建设指导规划的概念，为其构建了土地利用规划(Flachennutzungsplan)和建造规划(Bebauungsplan)两个层面的规划工具，提供了明确的法律框架，并通过建筑控制、土地获取、土地市场调控和强制性征购措施来保障建设指导规划的实施。

"1971 年颁布的《城镇建设促进法》(Stadtebauforderungsgesetz)，旨在推进住房建设和城市更新，强调全面的社会调查和广泛的公众参与，以保障广大市民的利益不受单纯经济利益的侵犯。1962 年联邦政府出台了《建设利用法规》(Baunutzungsverordnung)，1965 年又颁布了《规划图例法》(Planzeichenverordnung),这两个技术规范进一步完善了城市规划的编制和管理。”

《联邦建造法典》的颁布标志着德国从工业革命以来一直沿用的以道路规划为核心的城市空间管控机制完全转变为道路控制、地块控制、建造控制三位一体的建设指导规划。

2.1.2.3 发展与完善

从1974年到1990年两德统一是联邦德国经济的停滞时期。石油危机的爆发令德国经济增长速度放缓,这种变化同样传递到城市建设上。20世纪60年代末,在联邦德国的青年学生中出现了改革主义的学生运动。随着这一代青年走上工作岗位,“生态”开始成为城市发展的新兴关键词。以质量增长代替数量增长,反对针对自然资源的野蛮开采等观念得到普及。生态问题的解决在城市规划中得到了空前的重视,并逐渐获得城市规划立法的支持。

20世纪60年代建设指导规划所使用的规划工具与今日相差无几,通过对建筑物与构筑物(含道路)的定位、定性、定量、定形,具有了强大的形态控制力。需要指出,控制力的增强仅仅意味着城市建设将受到来自更多方面的限制,而非其他。换言之,形态管控的目标不是完成管控,管控的目标在于通过管控来确保乃至提高城市的品质。依据现代质量管理理论,产品的质量取决于其生产体系,而生产体系的基础是工作的程序。随着70年代“程序理论”在城市规划领域的快速兴起,德国建设指导规划的发展不再局限于规划工具的演变,规划途径的系统化与持续更新开始成为其新的驱动力量,直至今日。

此间,对于建设指导规划发展具有重要影响的事件包括:(1)1986年,西德联邦议会在《联邦建设法典》和《城镇建设促进法》的基础上颁布了新的《建设法典》,成为德国城市规划新的根本大法。经过多次修订,该法一直沿用至今。(2)两德统一之后,德国东部地区开始大规模建设,众多工业项目在联邦政府的政策支持下东移。由于原民主德国各州是以联邦州的形式分别加入到联邦德国,联邦德国的法律在东部各州得到全面采用,《建设法典》覆盖德国全境。(3)2004年版《建设法典》将环境鉴定与环境报告正式纳入了城市规划的法定编制程序。

2.2 空间规划工作体系

传统的城市规划可以被视为与其他城市基本无关的，城市自身内部的形态管控行为。但随着德国乃至欧洲城市的高度发达及城市群的出现，城市的间距变得越来越小，城市自身建设对相邻城市开始产生直接而重大的影响（例如，自顾自地设置城市排水出口将可能引发相邻城市的洪涝灾害，自顾自地规划城市路网将可能无法与相邻城市的路网顺利对接，自顾自地开发的山地有可能是相邻城市的冷空气生成地）。由于一个城市开发管理部门不可能执行来自同级的其他城市开发管理部门的指令，如此，城市的发展有可能陷入无序之中。

在联邦制与社会市场经济双重作用下，德国城市是政治意愿作用的结果，更是市场力量作用的结果。一系列范围广泛的用地决议由不同参与方提出，不停地改变着城市景观，并为城市赋予新的面貌。投资者的决策取决于土地与不动产的价格（不论城内还是城郊），同时地产价格则能反映出投资者在房地产市场演化中的偏好和投资对象的稀缺性。市场经济条件下，城市不论繁荣还是衰败都是博弈的结果。

因此，建立一个包含更要超越地方层面的，着重于形态管控而非发展预计的多层次空间规划体系是一种逻辑的必然。理论上，区域间的、城市间的，乃至地块间的规划行为都可以通过一个完善的体系得到充分的协同。地方层面的空间规划即每个城市的建设指导规划。

需要指出，德国的空间规划和土地利用规划具有高度的地方化特色。这一特性使得这些工作在法律、组织上不同于欧盟其他国家，即市政当局对于规划工作拥有绝对权威。由此，上层级空间规划的工作范围得以明确限定。在市级层面与上级层面空间规划的关系通过“对流原则”进行相互作用。这就意味着，必须确保所有层面上规划工作的目标与发展需求得到相互匹配。在综合性规划工具与拥有直接或间接空间影响的部门政策之间，同样要遵守“对流原则”。德国空间规划体系的另一特征是，必须平衡发展目标与公共或私人利益之间的冲突，同时也必须平衡发展目标与上级规划导则之间的冲突。

2.2.1 空间规划的层级

和德国国家联邦结构相一致，德国空间规划体系也是高度“分权化”

的。通过联邦立法，德国16个联邦州的空间规划体系在层级设置上保持高度一致。除此之外，德国中央政府的权限被严格限制为“颁布一般性的空间发展方针”。德国《基本法》赋予联邦制定框架法律的权限，而各州则被赋予制定适用于各自管辖范围内的法律的权限。此外，联邦的职责还在于，处理那些对于国家整体空间架构具有影响的事件。上述两方面内容在德国《空间规划法》(1997年修订)中得到了充分体现。《空间规划法》修订后，各州都制定了各自的州级层面《规划法》。各州《规划法》对联邦州与区域层面的空间规划提出了具体条款。

在德国，地方层面以上的空间规划可在字面上直译为“空间秩序”，它是一个综合性(即跨部门的)、超越地方层面的、着眼于地方之上利益的一揽子规划工作，旨在建立空间秩序、引导区域发展的方向。所谓“综合规划”，意在协调那些有空间要求的专项规划或部门规划之间的矛盾；“超地方层面规划”的工作范围在于，解决那些超越地方司法管辖范围的问题(如城市之间的矛盾)。

地方层面的空间规划即建设指导规划，亦有文献将其翻译为城市土地利用规划，具体要求由《建设法典》所规定。《建设法典》自1986年颁布，此后不断被修订。一方面，《建设法典》对市镇土地利用规划方案编制的内容和程序做出规定，另一方面也规定了位于地方层面土地利用规划方案之外的发展计划的评估方法。

建设指导规划致力于为“公共利益”服务，并尝试在土地利用时在不同利益之间创造一个平衡点。所谓的“公共利益”的一般形式在联邦《建设法典》第1章第5结第1款中得以明确规定。该条款规定，“城市的土地利用规划方案必须保证城市实现可持续发展，必须确保城市土地利用服务于大众利益，并且应当致力于建立富有人情味的环境、致力于保护与发展生命赖以生存的自然基础”。地方层面的土地利用规划方案主要由地方的政治决议所决定，包含了城市发展的具体内容。

表2-01 德国空间规划层级与工具

管理层级	规划类型	规划方案名称
联邦	联邦空间规划	空间规划政策方向与行动框架
州	州空间规划	州发展规划方案或项目
区域	区域规划	区域规划方案
市镇	建设指导规划	土地利用规划、建造规划

无论从法律上或字面上讲，区域规划工作都属于州政府的工作范畴。然而，从实际运行和规划政策的角度考虑，区域规划必须由州政府与地方政府共同完成。在德国16个州，对区域这一术语并无统一概念(其中有3个是城市州，在空间规划方面这些城市州与其他州存在显著不同)。在16个州，区域规划由不同主体执行。其一，城市州直接由市区(Bezirk)组成。其二，有的州有区域(Region)，每个区域又由若干小区域(Kreis)组成。这些小区域在空间规划与土地利用规划方面并不直接参与编制，但负责向组成城市的城市规划方案发放许可，并且代表公众权益参与规划听证。然而，由于每个城市规划的编制由地方政府主导，公众的监督就被限定为对土地利用规划方案依法进行检查。区域规划的用途就在于对城市与市镇之间的矛盾进行判别。

2.2.2 规划工具

2.2.2.1 联邦层面

除前文提及的权限以外，联邦政府并无正式的规划工具可以为整个国家的空间结构与社会发展制定强制性目标。但通过联邦《空间规划法》，联邦政府可以为整个国家的空间规划制定原则。该法具有强制约束力。换言之，当任何规划方案或具有空间影响的行为在进行决策与仲裁时，必须遵守联邦《空间规划法》，例如，通过权衡机制。《空间规划法》规定的原则主要致力于推动可持续发展，在联邦范围内维护发展的秩序与平衡。

德国空间规划方针与行为框架属于非正式文件，它为德国整体的空间发展描绘了更为具体的愿景。主要是给公共政策决策者使用的，在以下方面为公共政策提供原则：

- 定居点的结构，如多中心城市结构和城市网络的发展；
- 环境与土地利用，如多中心的空间发展模式会给环境带来更少的负担；
- 交通规划，包括区域内交通管理和穿越欧洲的交通路线；
- 欧洲，包括欧洲空间规划原则；
- 规划与发展，包括需要发展的区域及需要控制发展的区域。

此外，联邦政府还会在如铁路、干线、水路等具有空间影响的方面准备一系列的部门规划方案，但并不会包含太多的细节。

2.2.2.2 州层面

通过上述框架立法,德国各州被赋予实施空间规划的责任。根据各州具体的立法情况,各州空间规划成果的名称有所不同,如发展规划(LEP)、发展项目(LEPro)。虽然其程序、布局、内容在各州会有所不同,但在本质上,这些规划或计划是相同类型的规划工具。

这些工具均是针对整个州辖范围之内的规划活动而准备的工具。它们包含了具体的空间规划目标、协调州辖范围内所有具有空间影响的政策与决议。它们的编制均会涉及地方政府、其他部门及公众的参与,但是并无正式的公众参与环节。

这些计划或规划方案由具体的空间目标与部门目标所组成。通常,并不提供明确的时序表。但是,通过为空间规划法所列出的空间规划原则添加细节,这些工具必须形成终期的“空间规划目标”。

州的发展规划或计划由一系列地图、以书面形式出现的原则或目标、条文说明所组成。它们的层级、细节及表达方式在各州不尽相同。然而,所有州级别的规划方案均包含空间政策原则,它们是关于政策导向的说明,使其服务于权衡机制及空间和各部门的发展目标。

2.2.2.3 区域层面

与州层面规划方案类似,区域层面的规划方案根据各州法律会呈现出不同的名称。区域规划方案是地方层面规划方案的上位规划,区域规划将一个单独区域所有与空间规划相关的部门集合在一起进行规划编制。区域规划方案必须源自相应的州发展规划,为州空间规划的发展目标落实细节;与此同时,区域规划方案必须考虑本区域具体的空间规划目标。

在大多数州,负责编制区域规划的部门或为区政府(如在柏林、汉诺威等城市州),或为区域规划联合会(如在巴伐利亚)。区域规划联合会通常由区域内县市所选举出的代表所组成。

区域规划方案必须由更高级别的州政府予以批准,在批准之后通常作为法定条例得以颁布。依据“对流原则”,区域规划不可以仅仅考虑州发展计划要求或作为其延伸,不能仅遵守州规划法的原则,必须同样紧密关注其所涉及的所有城镇及其具体利益。

区域规划方案通常是半强制性、半建议性的。它们包含由全部公众代表机构、专家、政府所提出的具体要求与目标。

在区域规划的正式书面中，通常包含以下条款：

● 区域整体发展目标；

● 统计分析与未来可能发生的情况；

● 空间目标(如空间结构与居民点结构方面、土地利用方面、基础设施的定位与选线方面等)；

● 部门目标与规划政策(如社会与文化部门、经济部门、交通部门、自然保护部门、环境部门等)。

在区域规划的图纸中，通常包含以下内容：

● 空间规划与居民点结构图，一般将区域划分为密集建设区、乡村、结构虚弱区及建设削减区、中心地系统；

● 指定空间用途，从未开发的开放空间(如农业、森林、休憩、水资源、自然资源等)到已有的，以及未来对区域至关重要的居民点区域；

● 指定基础设施的定位路线，特别是交通、废物处理、能源供应设施的选址，以及交通基础设施、电网、水与天然气管道的路线。

区域规划方案不是静态的方案，不必提供具体的时间轴，通常需要被持续修改。

根据 1997 年的联邦《空间规划法》，各州被赋予了一定的权利，用以开发或引入新型规划方案，专门为高密度建成区制定区域总体规划(区域土地利用规划)。此规划工具将传统的区域规划方案与土地利用规划结合在一起。该方案必须满足《建设法典》中关于土地利用规划的程序与技术规范，同时还要满足该州的规划法要求。

2.2.2.4 城市层面

与上位规划不同，城市层面的空间规划(即建设指导规划)包含了两种规划工具：土地利用规划、建造规划。从德国土地利用方面考虑，这是最有影响力的规划工具。

通常，土地利用规划是为整个城市范围所准备的，有效期通常为 10～15 年。但是，由于它所需要的规划程序耗时长，通常为 5～6 年，特别是在大城市。因此很多市政当局都有服役超过 15 年的土地利用规划方案。并且，这些方案是被不断修订的，可以被认为是用修订来代替重新编制。例如，如果编制好的建造规划不符合土地利用规划，则土地利用规划可以被修订。

通常，土地利用规划由两部分组成：图集、文字。这些内容对于所有的公共机构具有强制约束力，但对个人或公司并不具备强制约束力。土地利用规划一般会附上条文说明，此说明仅被用于解释方案的目标，因为土地利用规划的基本目标在于阐释整个市域范围内土地利用的愿景。它包含了以下必要内容：

● 根据《土地使用规章》(BauNVO)所提供的一般与具体的土地利用类型，为城市的发展区进行区划；

● 从建筑密度、容积率、建筑高度角度限定开发强度；

● 包含公众与私人社区、基础设施、服务设施；

● 主要的交通与通信设施；

● 开放空间(绿地)、水面空间；

● 矿藏及矿业的位置；

● 指出农业、林业、森林区域，以及为环境与景观保护服务的区域；

● 其他需求，如纪念物保护、防洪区、污染区。

在本质上，土地利用规划属于区划方案，被用于由公众机构(特别是市政当局)负责开展的规划、政策制定、发展决策等工作。特别需要指出，土地利用规划的重要作用之一在于引导建造规划的编制。土地利用规划必须符合区域规划的强制性目标，必须和相邻城市的土地利用规划相协调，必须通过公众代表、个体的充分合作得以实现。

建造规划是土地利用规划层面之下的建设指导规划的第二个层级的工具，也是最为精细的工具。建造规划是开展建造活动的法律基础，对于建筑设计与建造提供了细节要求深入、具法定强制性的控制。既可以被用于处女地的开发，也可以用于重建。然而，重建通常包含更为长期、复杂的规划程序。而重建过程中，由于土地所有者害怕丧失《建造法典》所赋予的建造权，因此改建程序通常会被拖得很长。因此，市政当局在已开发区域当中尽量避免使用建造规划。

建造规划必须源自土地利用规划，它的条例对于公共部门或私人部门均具备强制约束力。建造规划由城市议会以地方法的形式所颁布。在建造规划并不吻合土地利用规划时，建造规划必须获得更高一级的州政府的批准。一般来说，当城市政府计划开发区域时，必须准备建造规划。因此，建造规划一般不会覆盖整个的城市范围，而是针对可能发生建造活动的小区块进行编制。通常，这些区块为城郊绿地或建成区内的大型地块。

通常，建造规划并无固定的期限，一般为1～3年。直至修订过的新方案出现，原有方案的时限自动失效。

由于建造规划是获得建造许可必备的法律基础，因此建造规划必须包含以下内容：

● 土地利用的类型与范围，必须根据《土地使用规章》阐述清楚具体的土地利用区域及开发规模；

● 必须标识出被建筑物所覆盖的区域；

● 必须标识出当地交通所必须占用的区域；

● 还可以根据具体情况规定更进一步的内容，如建筑物最小尺寸、建筑物的安排，居住建筑所能容纳的最大居民数量，公共通路（如步行区、停车区等）；

● 为某些具体用途所保留的场所；

● 植被与景观，如基于建造规划预期采取的自然损伤补偿措施所涉及的植被与园艺措施。

以下内容对于气候和空气卫生规划要素有重要意义：

● 建筑方式（Bauweise，例如，开放的建筑方式允许新鲜空气和冷空气渗透）

● 基地内可建设用地和不可建设用地，建筑物位置；

● 建筑用地宽度、深度和容量的最低规模，住宅建筑用地的最高规模（出于节约使用土地的原因）；

● 其他设施的区域，如游戏场地、休闲场地、停车场、车库及其出入口；

● 公共利益、体育设施、游戏设施的区域；

● 特殊用途的区域；

● 禁止开发建筑群的区域；

● 交通区域/面积；

● 公共和私人绿地，如停车设施、永久性小型花园、体育场地、游戏场地、露营地、游泳池、公墓；

● 农业和林业区域；

● 用于保护、维护和发展土地、自然和景观的措施的区域/面积；

● 某些社区设施的空间区域，如儿童游戏场、业余活动中心、停车场和车库；

● 为了保护环境，禁止或者限制使用联邦污染物防护法规定的会带来空气污染的材料的区域；

● 根据联邦污染物防护法（BImSchG）确定避免开发建筑群的受保护的区域及其用途，确定需要采取的建筑防护措施及其他技术措施，以避免或者减少那些影响；

- 为建筑群规划区域或者部分建筑设施确定树木、灌木及其他植被的种植，植被的关系，确定植被和水体保护；
- 确定建设街道必须建设的堤坝、挡土墙的区域/面积。

3 城市气候问题与城市气候研究

3.1 典型问题

3.1.1 能量平衡

自然系统与人造系统在能量流动方面存在差异。表 3-01 简要讲述了二者的能量平衡过程及其中的重要事件。大地吸收辐射量主要取决于太阳高度,而这又与地区纬度、季节、时间相关。城市中,太阳会全部或者部分地被云、雾、灰尘、烟雾等物质遮挡。只有在少数项目中,整个能量平衡过程才可能全部得到监测。

表 3-01　理想晴朗夏日的能量平衡过程

阶段	重要的过程与变化	乡村	城市
夜晚	气温缓慢下降	—	热岛最强
	绝对湿度下降	雾或霜	固定不变
	相对湿度最高	—	
	距地面 100 m 以上风速最大	局地风最为常见	
		气压较高	气压低
		臭氧少	几乎没有臭氧
	气温最低、风速最小	—	
清晨	气压倒数第二小	日出前 1 小时	
	CO_2和近地面逆温最强	—	
	大雾最为常见	—	很少
	气压上升 1～3hPa	相对湿度倒数第二小	固定不变
	在小型山谷中,风向变换	—	
	辐射流得到平衡	1.5 小时	1.5～2 小时

续表

阶段	重要的过程与变化	乡村	城市
傍午	较小的气压突起	日出之后	
	太阳辐射、气温快速上升	—	
	大气分层	—	
	雾气散开,能见度最佳	—	
	云层微弱堆积	—	
	面积 20～1000 km^2 山谷风向变化	—	
	干燥区域:蒸发和光合作用最强	—	
	空气的绝对湿度快速上升	—	
	水面蒸发	日出后 4～5 小时	
上午	面积>1000 km^2 山谷、海滨风向改变	—	
	气压最大	—	
	辐射和气温快速上升	—	高耗电量、SO_2 浓度最高
	热力上升足以支持滑翔	—	
	高速气流越来越强	—	
	空气绝对湿度最小	—	
	太阳辐射最强	—	
	混合层最高	12 时	12 时
午后	湿润地区水面和植物释放的水蒸气最多	—	
	气压下降了 1～2 hPa	—	
	大气仍在缓慢升温	冰川融化最为严重	表面最热
	积云最厚	—	
	烟雾、能见度较差	局地风最少发生	
	地方性风最强	11:30～19:30 时 臭氧最大值(高原)	约 16 时 臭氧最大值(山顶)
	空气最暖(可能造成热负荷)	—	

续表

阶段	重要的过程与变化	乡村	城市
近傍晚	雾和静风最少	15 时	16～18 时
	太阳辐射和蒸发迅速减少	—	15～20 时室内最热
	气温缓慢减低	—	
	空气相对湿度最小	—	
	积云散去、可见度更好	—	
	最经常下雨、雨量常较大	—	
	热力仍足以支撑滑翔	—	继续刮风
	空气中花粉浓度最高	17 时	—
	CO_2最少、O_2最多	17 时到日落	—
	气压最低	气压升高一些	气压低
	辐射流得到平衡	—	
傍晚	空气绝对湿度最小	日落后 1～2 小时	日落
	冷空气开始从东向山坡和较小山谷流出	—	热岛快速成长
	空气变凉	最快	漫
	近地面逆温	首次降雾	无雾
	对流结束	仅 20 m	更高
	大型山谷的山风	—	灰尘、CO、NO、NO_2在日落后 1 小时最高
	绝对湿度达到第二峰值	日落后 3 小时	冬季热岛最大
夜晚	气压倒数第二小	—	
	空气缓慢降温	—	

（来源：F. Fezer. Das Klima der Staedte[M]. Heidelberg：Justus Perthes Verlag Gotha，1995.）

午间 12 时，太阳高度最高，直接辐射最严重，混合层高度最高。在“午后”这一时间段里，地表在 13 时最热；沥青、混凝土等材料的温度更高。13 时以后，空气温度仍会小幅上升。热岛持续存在，或缓慢成长。在开放空间中，气温在 15 时升至最高值；在建成区，气温极值会延后 1 小时出现；在市中心，气温极值会延后 2～4 小时出现。此时，大气中的臭氧含量最高。

根据“拜仁州城市气候”项目研究报告的信息，城郊间太阳辐射的变化规律可得以跟踪①。在高度还较低时，太阳就开始发出辐射颗粒；而地表则更多地接收到散射辐射。在开放空间中，该阶段从日出开始维持1～2小时。由于大量液滴悬浮于大气中，因此在巴塞罗那晴朗的7月此状态会维持整天②。在上海，1958—1984年间直接辐射下降了20%；而散射辐射仅仅增加了10%③。70%～90%的紫外线能够在夏季到达城区地表，30%以下的紫外线能够在冬季到达城区地表。鉴于紫外线的缺乏，19世纪，在英国工业城市，软骨病曾一度猖獗。慕尼黑市中心接受总辐射的年平均值比城郊少4%；在冬季空气（尤其是污浊的天气里）年均总辐射量甚至会少15%④。

在到达地表后，有多少太阳辐射会被反射掉，这取决于很多方面。这一部分被称为“反射率”。不同材料的反射率、热容量存在差异。由于材料的反射率随太阳高度变化而变化，因此天气条件也是影响反射率的因素之一。常用的沥青材料只能反射10%的总辐射，确切地说，它会将总辐射大部分转化为长波辐射，大多数能量得以传导或者存储，导致空气升温。地表以下10～20 cm处土壤的全天温度较地表高出5～9 K⑤。在屋顶材料中，板岩反射最小，导热和蓄热能力强；纤维性混凝土和屋面砖能够以短波形式反射1/4的太阳辐射，导热能力为板岩的一半，存储热量较少；当平屋面以砾石覆盖时，反射率较高；但随着时间流逝，砾石表面堆积灰尘，地衣类植物逐渐开始生长，反射率会逐渐降至13%。

一部分被接收的短波辐射会以长波辐射的形式（如红外线）重新被放射出去。这些能量中的一部分会作为大气逆辐射重新返回地球。由热成像图可知，日间城市较乡村的外辐射量多21%，夜间则多11%～12%，原

---

① H. Mayer, P. Höppe. Thermal comfort of man in different urban environments [J]. Theoretical and Applied Climatology, 1987,38(1):43-49.

② J. Lorente, A. Redañ, X. De Cabo. Influence of Urban Aerosol on Spectral Solar Irradiance [J]. Journal of applied meteorology and climatology,1994,33(3):406-415.

③ S. D. Chow, J. M. Shao. Shanghai urban influence on solar radiation [J]. Acta Geographica Sinica, 1987,(4):319-327.

④ F. Fezer. Das Klima der Staedte[M]. Heidelberg: Justus Perthes Verlag Gotha, 1995.

⑤ T. Aseada, V. T. Ca. The subsurface transport of heat und moisture and its effect on the environment: a numerical model [J]. Boundary-Layer Meteorology, 1993,65(1-2):159-179.

因在于高温会加强辐射[①]。

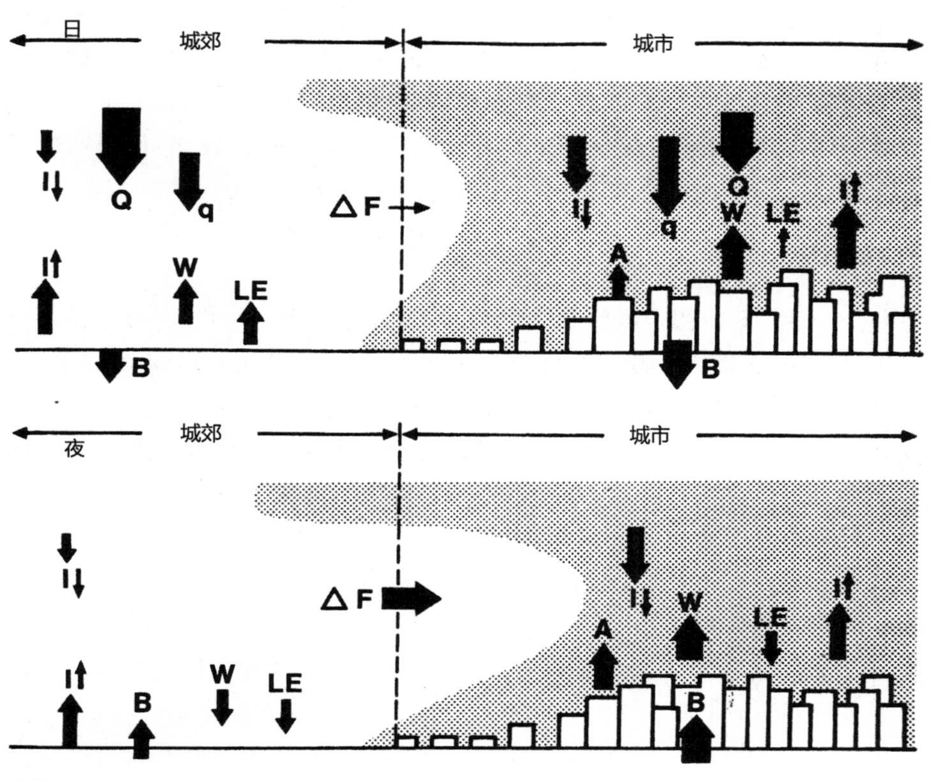

图 3-01 城市与郊区的能量平衡

（来源：F. Fezer. Das Klima der Städte[M]. Heidelberg: Justus Perthes Verlag Gotha, 1995.）

图 3-01 概述了城乡之间在能量平衡方面的差异。由于建成区绿地较少，水分蒸发与植物蒸腾能够带走的能量很少，最多仅为乡村的 2/3。这对地表热流至关重要，大规模的砖、石材、路面石子或其他铺装及密实的下层夯土所吸收的热量是草地、农田的 2～4 倍。城市中地表材料的导热能力、热容量较大，同时更多热量会被导入地下。研究显示，材料的反射率越

① M. J. Kerschgens, J. M. Hacker. On the energy budget of the convective boundary layer over an urban and rural environment [J]. Beitr. Phys. Atm., 1985, 58: 171-185.

小,其导热能力与热容就越大,则在夜晚对热岛生成的贡献就越大①。

除了材料以外,城市的剖面特征对能量收支也有所影响。科学家通过模型计算比较了街谷和平坦的停车场的能量平衡,并在两个真实位置对计算结果进行检测②。日间,位于街谷中阴影区域的路面吸收能量减少了20个单位,但是墙面与路面却储存了4倍于平屋面的能量;因此,夜间墙面与路面会比屋顶平面多释放60个单位的能量。

3.1.2 热岛

1843年,奥地利作家阿德尔伯特·施蒂弗特(Adalbert Stifter)在其著作中用一种特殊方式揭示了城市至少会在短时间内比乡村温暖的事实。19世纪初,英国气候学家赖克·霍德华在《伦敦的气候》一书中把这种气候特征称为"热岛效应"。此后,"热岛"这一用法逐渐变得约定俗成。艾伯特·克拉策(P. Albert Kratzer)博士于1937年在其毕业论文中涉及了城市乡村之间月平均值差异的研究。此后的研究更倾向于夜晚逆辐射。如果城市边缘存在沼泽地、森林或冷空气聚集地,则城乡之间的温度变化会非常的快。因此,除了舒适天气发生几率等气候数据以外,气候学家也应研究这些与地理特征及土地利用状态相关的气候特性,并且计算每公里的气温差(即热岛强度)。

迄今,人类对热岛的认识与研究已经较为深入。无数研究成果已经在阐述热岛的影响因素,热岛模型运算与数值模拟已经成为可能,密度增加或城市扩张对区域气候的影响也得以预测。

3.1.2.1 坡度的影响

城市的地理位置影响其区域性气候特征③。位于山谷、山脊或者高原的城市会呈现显著差异的气候特征。一些位于山脊、山嘴或梯地上的要塞或矿山城市可以长时间享受阳光,通风性能也很好。

被树林覆盖的陡峭山坡常会被视为夜晚冷空气流动的障碍,但是这与

① Y. Sakakibara. Numerical study of heat storage in a building [J]. Energy & Building, 1990/91, 15/16: 577-586.

② Y. Sakakibara. A numerical study of the effect of urban geometry upon the surface energy budget [J]. Atmospheric Environment, 1996, 30(3): 487-496.

③ Y. Goldrech. Urban topoclimatology [J]. Progress in physical Geography, 1984, 8: 336-364.

坡度有关。在坡度为 50%的山坡,空气就可以从低矮树林上方越过或者从原有树林树干间穿过,沿着山坡向下流动。当高原或山丘高于山谷 200 m时,每天就会出现周期性的风系统。利用车载测量方法就可对其进行测量。那么,冷空气气流是否会到达与山谷轴线平行或者垂直的街道、是否可以渗透到周边式布局的内院,这些问题均需要开展针对性的检测工作。夜间来自小型冷空气流域的冷空气流会受阻于居民点边缘建筑群(即使是很小规模的居民点),因此居民点的热岛可能会出乎意料地严重。1970 年 6 月的一个夜晚,在只有 260 居民人口的施林根(Schelingen),气温较受阻于建筑群的"冷空气湖"(Kaltluftsee)高出 5K①。相反,来自大型冷空气流域的山风却能穿过下垫面粗糙的城区。

同等规模下,盆地城市的热岛最强、平原城市居中、沿海城市由于通风最好因此热岛最弱。原因在于,一方面在盆地城市中,秋冬两季聚集的浓雾会阻碍夜晚热量向外辐射;另一方面,位于丘陵地区城区通常都会较平原城区建设密集更高。

3.1.2.2 垂直分布

从污染物含量和气温分布可知,在日间及热量外辐射较强的夜晚,城市上方高空的空气层均匀混合。

20 世纪二三十年代,各大城市上空均可以看到"烟雾罩"②,飞行员甚至可以拍摄到蘑菇状的突起物③。当今,混合层边界可以根据温差大小得以确定,利用温度计或者雷达得以监测。午后几小时,柏林上空 700 m 高的空气仍然均匀混合,南非首都比勒陀利亚上空1000 m有烟雾罩高高隆起④。

与此同时,在暖空气罩上方存在一块"透镜",它在上午位于 50～1000 m

---

① Wilfried Endlicher. Geländeklimatologische Untersuchungen im Weinbaugebiet des Kaiserstuhls [R]. Offenbach am Main: Selbstverlag des Deutschen Wetterdienstes, 1980.

② W. Schmidt. Kleinklimatische Aufnahmen durch Temperaturfahrten [J]. Meteror. Z. ,1930,47:92-106.

③ H. Berg. Einfuehrung in die Bioklimatologie [M]. Bonn:Bouvier Verlag, 1947.

④ R. G. Gogh. Elements of the wintertime temperature and wind structure over Pretoria[R]. Johannesburg: Dept. of Geography and Environmental Studies, University of the Witwatersrand, 1978.

的高空，比开放空间上空的空气凉爽 2 K[①]。关于这一"凉爽岛"的产生有多种假设。在维也纳上空，"凉爽岛"为 SO_2 聚集区[②]。

日间热岛强度垂直分布与夜间完全不同。为了理解昼夜间热岛的转换过程，科学家曾经按小时进行测量，并分别绘制了小城市、工业企业和市中心上方的热岛强度日走势[③]。在天空晴朗的天气中，日落后开放空间近地面空气层气温很快下降，这种物理现象被称为"逆温"。

在居民点中，建筑物墙壁、屋顶会辐射大量热能，造成市区气温升高、不稳定的空气层在此停留。近地面逆温既弱也很少出现。在乌克兰的扎波罗什，清晨 7 时开放空间的逆温出现几率为 60%，而在城区则仅有 30%[④]。

日落后 3 小时也是一个重要的时间点。此后开放空间上方的逆温层缓慢向上扩大；城市上空的逆温层才刚刚开始形成，且逆温层并非在近地面，而是在 100 m 的高空。在这一空间中，污染物会得到稀释，于是将出现奇特的现象：开放空间上方的污染物浓度会非常高。下一日城市上空会更早出现"轻微稳定层"，且高度将更高。

3.1.2.3 日变化与年变化

在 19 世纪，昼夜间的热岛强度差异就能得以识别。1901 年，德国气象学教科书中就收录了一个反映巴黎市中心和乡村之间每隔三小时温差的表格，且冬夏分整点的热岛情况[⑤]。

为了比较不同硬质比例土地利用类型的城市气候特征，有研究针对不同土地利用类型的日气温走势进行比较（图 3-02）。在上午，各曲线集中在一起，此后热岛强度较弱（1.5 K）；日落之后各曲线走势出现较大差异，午夜城市热岛强度最大（5.5 K）。硬质地表比例最高的大学区气温最高值出现在 13 时，而比硬质地表比例最低的城郊区热岛强度极值出现时间则晚了 1 个小时。

---

① H. Berg. Einfuehrung in die Bioklimatologie [M]. Bonn:Bouvier Verlag,1947.

② A. Machalek. Das vertikale Temperaturprofil über der Stadt Wien [J]. Wetter & Leben,1974,26:87-93.

③ W. Beckroege. Vertikalaustausch und Schadstoffkonzentrationen ueber Ballungsraeumen am Beispiel der Stadt Dortmund [J]. Ann. Meteor. ,1985,22:60-62.

④ K. P. Pogosjan. Effect of large cities on the meteorological regime [J]. Soviet Meteorology & Hydrology. 1974,10:1-7.

⑤ J. Hann. Lehrbuch der Meteorologie [M]. Leipzig: Keller Verlag, 1901.

以下将详细描述一个理想夏日中热岛随时间的发展变化。清晨，当太阳辐射的散射部分缓慢地将天空提亮时，太阳辐射的散射部分与大气逆辐射同时为黎明带来热量。由于城市升温比乡村缓慢，因此二者的温差变小，可以说此时城市热岛开始变弱。日出这一事件虽然让人印象深刻，但是对气候没有太多意义。清晨时分，乡村上空的逆温最强，它将会在日出后 1～2 小时消失，被辐射流补充。

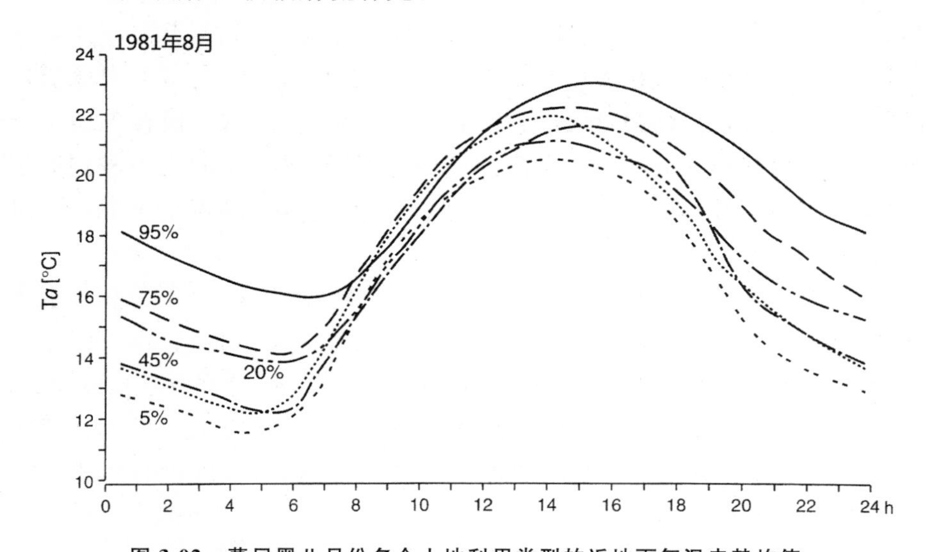

图 3-02　慕尼黑八月份多个土地利用类型的近地面气温走势均值

（来源：W. Bruendl, H. Mayer, A. Baumgartner. Untersuchung des Einflusses von Bebauung und Bewuchs auf das Klima und die lufthygienischen Verhaeltnisse in bayrischen Grossstaedten [R]. Muenchen: Klimamessungen Muenchen, 1986/87.）

从傍午开始，太阳高度的正弦函数、其功率和地表温度快速上升，这也是一日中攀升最快的阶段。前半段，散射辐射超过直接辐射，但结束时又回到 1/6 处。逆温被破坏或者说从近地面被提升。夜晚很少被干扰的热岛被打散成若干群岛，呈现出多个“热池”徘徊状态，并以每小时 0.6 K 的速度迅速减弱①。从傍午到近傍晚，由沥青、混凝土或者自然石材铺装的街道气温比百叶箱中的检测气温高 10～15 K；但是在距地面 20 m 处的气温仅仅比其高出 1～2 K。

日出后 4～5 小时，“早晨”过去，“上午”来临。东向的建筑立面在当地

① W. H. Terjung. Solar radiation and urban heat islands [J]. Annals of the Association of American Geographers. 1973, 63(2): 181-207.

时间10时接受的太阳辐射是乡村的6倍，而阴影中的地表接受的太阳辐射则比乡村少得多①。在有太阳照射的墙面上，首先会产生对流；此时，空气比早晨升温缓慢。有些街道或者院落中的气温与乡村气温一样或者更加凉爽，有时气温会被压低1.5 K。在不同气候带内，东向建筑立面的表面温度会在9:30—11:30之间的不同时段达到峰值②。

伴随着最强烈的太阳辐射，“中午”自12时开始；伴随着气温极值的出现，“中午”在15时结束。南向和北向的建筑立面在14时最热。

“近傍晚”时段，直接太阳辐射严重减弱，但是散射辐射却升至该阶段的平均值，甚至还要略强，因此总辐射仅仅适度下降。这一阶段气温下降得更慢，室内气温在此时达到极值。16时，西墙最热③。乡村迅速冷却，但在城市中外辐射阻碍了气温降低。因此，渐渐产生温差，若干个“热池”又会融为一个热岛。

日落前1～2小时辐射流得以平衡，然后“傍晚”到来，此时乡村气温下降最快，对流终止，空气按照重量分层，最冷的下降至近地面(即“逆温”)。与此相对，城市中的大规模墙面和屋顶释放很多热量，导致城市气温更高，直到某一高度混合。在山谷风无法吹散热岛的地方，灰尘、CO、CO_2、NO与NO_2的浓度会第二次达到日峰值。热岛以每小时0.5℃的速度迅速成长3小时，此后发展速度变缓。

日落后3小时，“傍晚”结束。在冬季，此时热岛最强，此后供暖设备会被开小。此后，气温缓慢下降，但是乡村或者公园中的气温在夏季会下降到低于城区气温。午夜至日出前1小时热岛最强。

热岛年走势只能从永久性气象站的平均数据中总结出来，因此不涉及强度峰值。根据1898年按照月份计算的格拉茨热岛研究，7—10月热岛最强(1.6 K)，3—5月热岛最弱(其中4月仅为1.0 K)④。关于布达佩斯的等温线研究显示，布达佩斯的热岛同样在7、8月份最强，次强热岛则出

① W. H. Terjung. Solar radiation and urban heat islands [J]. Annals of the Association of American Geographers. 1973,63(2):181-207.

② S. E. Tuller. Microclimatic variations in a downtown urban environment [J]. International Journal of Biometeorology, 1973,55(3/4):123-136.

③ S. E. Tuller. Microclimatic variations in a downtown urban environment [J]. International Journal of Biometeorology,1973,55(3/4):123-136.

④ J. Hann. Temperatur von Graz Stadt und Graz Land [J]. Meteorologische Zeitschrift, 1989,12:394-400.

现在1、2月份的日出前后时段。

在常现稳定高压天气的月份(如深冬、晚夏),热岛尤其突出。而在春季和晚秋,西欧和中欧经常出现气旋气候。云层阻碍了辐射热量的进入和流出。如果抛开中欧,观察整个北温带,则可以划分为三个部分。在亚北极带,热岛明显在冬季最强。房屋内经常开启强力取暖设施,降雪则会受煤灰等其他灰尘影响而较早溶解,而在白雪皑皑的乡村,夜晚气温则会更低。热岛在冬季最严重的现象通常也出现在加拿大、北欧、西伯利亚、日本和中国。在过渡区,深冬和酷暑热岛最为严重。从爱尔兰到前苏联南部均会出现此现象,且在冬季较冷的高地更为明显,如在波斯尼亚、安纳托利亚(Anatolien)。在慕尼黑,冬季热岛非常严重;但是在7、8月份雨季时段热岛又变轻微。在冬季较暖的西欧、南欧及美国中部,热岛在夏季最严重。原因有二:一方面太阳高度角较高,另一方面高压天气频发。在热带,太阳高度角全年都很高,但雨季天空却乌云密布,这至少在日间阻止了热岛生成。

3.1.2.4 气象条件因素

3.1.2.4.1 *云层*

早在1927年,柏林市内及乡村气象站的测量数值就按照季节得以比较。结果显示,在夏季市区气温高出0.3 K,在无雪的冬季则高出1.0 K,在乡村地表有雪覆盖的冬季则比市区气温低2.3 K[①]。也就是说,雪反射了80%的太阳辐射,空气升温较小。乡村的这一特性也"提升"了城市中的热岛强度。科学家发现了一项明确的规律:近地面气温随高度变化越快,城乡之间的温差就会越大、气温变化越快[②]。

在弗莱堡和布赖斯高(Breisgau)地区,热岛与云层、风速之间的关联得以研究。在云层面积仅占1/8~3/8天空比例的情况下,日射和外辐射就很少会被阻碍,辐射平衡甚至会轻微上升。但是在气旋天气中,大部分天空被云层覆盖;当云层覆盖面积大于5/8时,日射、外辐射均会快速减弱,由此全天热岛均较弱。在乡村,雾会以相同的方式阻碍傍晚的外辐射,

---

① A. Treibich. Ueber die Verschiedenheit der Lufttemperaturen im Innern der Staedte und in ihrer freien Umgebung [J]. Meteorologische Zeitschrift, 1927,44:341-347.

② L. C. Nkemdirim. A test of lapse rate wind speed model for estimating heat island magnitude in an urban airshed [J]. Journal of applied Meteorology. 1980,19:748-756.

降温过程将与城市相似，热岛较弱①。

在辐射日中，如果空气足够湿润，在日出后 6 个小时通过对流形成积云，最终会出现热雷暴，日射会被减弱。相反，在天空被遮盖的日间，建筑物储存能量较少。如果天空在日落前 1 小时突然放晴，则热岛在 3 小时后才会变强，直到日出时会上升至 3.3 K，虽然此后云又会覆盖 5/8 的天空。因此，对于热岛而言，建筑物蓄热也是一项重要的影响因子。

3.1.2.4.2 风

高强度热岛无一例外地发生在弱风天气中。中等风会将城市上空的热空气团推向城市的背风一侧，强风会驱散热空气。风速每增加 1 m/s，热岛强度就会减弱 0.3 K。

当区域性气流或地转气流将城市中近地面或更高层面的空气向外推时，会出现随风飘舞的暖空气气团(Warmluftfahne)。从 1973 年 8 月 11 日海德堡市的航拍热成像图可知，沿着内卡河下行、速度为 2.5 m/s 的山谷风为密集建设的老城区带来降温，使气温维持在 16～18℃，相对较为舒适；而“暖池”则以 0.7 m/s 的速度顺风向西移动，午夜时到达乡村②。可见，海德堡的下行山谷风真正带来了城市通风，而日间发生的上行山谷风规律性不强，且较弱。与其相对，其他日周期性风系统难以缓解城市气候问题，原因在于另一个时段生成的污浊空气将被气流携带回来，如洛杉矶大雾。

科学家借助卫星热力图发现，在斯特拉斯堡东侧存在 10 km 长的随风飘舞暖空气气团③。在多大风速情况下会出现如此长距离的随风气团是一个重要问题。风速达到 2～4.5 m/s 时，似乎会出现此类情况，而在大城市风速可能需要达到更高水平；弱风力量太小，更大风速则会驱散热岛，并且会扬起城市外部的逆温空气。由此，能获得更好的气候条件常常是居民从市中心迁往城郊的原因之一，但在某个特定风向上随风飘舞的暖空气气团会将城市中的污浊空气带到城郊。

---

① Y. Fukuoka, M. Kobayashi, T. Inoue. Effects of river water and fog on urban temperature [C]// International conference on Urban Climate. Kyoto:[s. n.],1989.

② F. Fezter. Lokalklimatische Interpretation von Thermalluftbildern [J]. Bildmessung und Luftbildwesen. 1975,43:152-158.

③ H. Gossmann. Koennen Satellitendaten Thermalbefliegungen ersetzen? [J]. Beitraege zur Raumforschung. 1982 b,62:69-96.

3.1.2.5 人为影响

3.1.2.5.1 烟雾

当人们通过固体燃料获取能量时，城市上空会出现棕色、浑浊的烟雾罩子；从远方或高处便可识别该烟雾罩。“烟雾会使城市空气保持温暖”① 这一思想由来不久。虽然今天的城市中已很少出现烟雾罩，但是城市却变得更加温暖。

城市散发的烟雾会吸收一部分太阳辐射，会将一部分直射光打散，因此城市将吸收更多辐射。通过不断的城市扩张、交通发展、企业运行，至1985年雅典城的空气一直在变差，散射辐射增多，直接辐射减少，尤其是光谱中的绿色、橙色与红色部分②。此后政府颁发了环保法规，在弱交换天气条件下限制交通与工业排放；从此，直接辐射重新增加，散射辐射逐渐减少。

早期的炭黑颗粒会在太阳辐射路径上造成障碍；而如今 NO_2^-、NO_3^- 离子与碳化氢结合，这使得水蒸气更容易冷凝，以至于生成烟雾、云。它们会减少太阳辐射。有研究证明，该效应的变化周期为1星期。

研究发现，与光线波长接近的烟雾微粒对辐射的散播作用最强。夏季11时铺路石子1 m处的气温较城郊凉爽1.5 K，冬季13时凉爽1.8～2.7 K。夜间辐射则不会变化③。因此，烟雾会抵消日间城市过热因素。

烟雾会使城乡之间出现降温差异的时间点提前，导致城市最终被严重加热。在夏季夜晚热岛强度将由此增加约0.6 K，冬季约0.8 K④。

有研究人员针对热岛强度在一星期中的变化展开研究，以便弄清热岛在周末会减弱还是加强。相关研究显示，在周六、周日两天城乡之间的气温温差小于工作日，原因在于在一般工作日来自工厂的烟雾会使城市空气

---

① A. KRATZER. Das Stadtklima[M]. Braunschweig: Friedr. Vieweg & Sohn, Verlag., 1956.

② D. P. Javovides, J. D. Karalis, M. D. Steven. Spatial distribution of solar radiation in Athen [J]. Theoretical and Applied Climatology. 1993,47:231-239.

③ A. Yoshida. Two-dimensional numerical simulation of thermal structure of urban polluted atmosphere [J]. Atmospheric Environment. 1991,25:17-23.

④ R. Viskanta, R. A. Daniel. Radiative effects of elevated pollutant layers on temperature structure and dispersion in an urban atmosphere [J]. Journal of applied Meteorology. 1980,19:53-70.

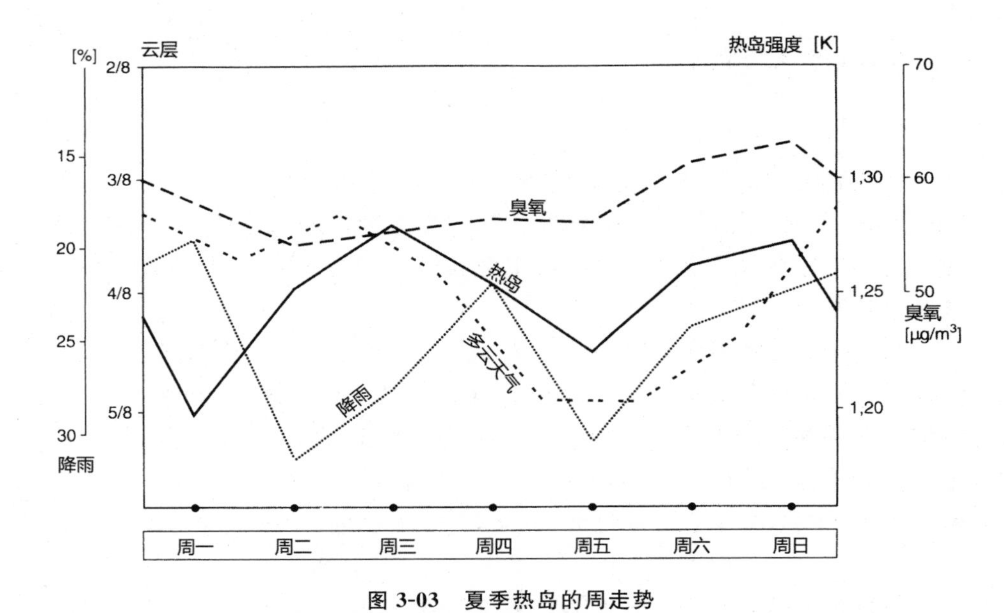

图 3-03　夏季热岛的周走势

（来源：F. Fezer. Das Klima der Städte［M］. Heidelberg：Justus Perthes Verlag Gotha，1995.）

变成“玻璃温室”①。日间，虽然粗大微粒会减弱日照，但是夜晚外辐射会受到更严重的影响，因此工作日城市气温会始终保持较高水平。在空气质量得到大幅提高之前，此状况不会改变(图 3-03)。而目前，夜晚的热岛在周六至周日最为频繁，且强度最强。相反，热岛在周五至周六这个晚上最不频繁(90.3%)，且强度最弱(约 2 K)。目前，以下平均气温周期性走势对于整个北半球均有效：周三最热，周六、周日最凉爽。南半球则未发现这一效应②。

工业排放废气含大量炭黑、金属氧化物、松焦油、水泥粉末等物质，机动车发动机的废气则含有大量氧化氮、碳化氢。周末，空气中的冷凝核较少，因此城区的云、雨均较少。但是，详细关系必须展开一步研究。

3.1.2.5.2 *废热*

将排放源登记入册并进行排放物推算可估算某一区域排放的废热。废热放热越多、被风分散得越慢，对城市气候的影响就越严重。地球上的大部分地区均显现出：热岛在辐射充足的季节里最为严重。

---

① T. J. Chandler. The climate of London［M］. London，1965.

② A. H. Gordon. Weekdays warmer than weekends［J］. Nature. 1994，367：325-326.

在乌拉尔中部东侧边缘的叶卡捷琳堡，1900—1980 年间，7 月份平均气温上升了 1.6 K，1 月份平均气温上升了 2.5 K；与城市扩张相比，废热对城市升温的贡献更大。在维也纳，1952—1976 年间，城乡间夜间平均最低气温差值增长了 150%。与此同时，该市城市居民规模保持不变，建设面积扩大 8%，能量消耗增加了 150%，机动车车辆数量增加，办公室与住宅的室内温度被调至更高，每个住宅内有更多房间使用暖气。

在亚北极的冬季，傍晚热岛稍弱于清晨，只有在暖气持续被开到“白天”档位时，清晨时分城乡之间的温差才更大。

海德堡老城区被赋予零售业、小型企业与居住功能；西侧一半老城周边式建筑群内部有大规模花园，东侧一半老城则密集建设。根据 1994 年制定的“废热登记册”，废热排放在 1 月份达到 100 W/m^2，在 7 月份为 7 W/m^2。上述数值可代表很多德国城市内城情况。据估计，布达佩斯冬季的废热排放会达到 50 W/m^2，夏季为 30 W/m^2。废热来源广泛：3/4 源于对流。在海德堡老城，30%的废热来源于燃料燃烧，其中只有 1/10 来源于城市交通，34%来源于取暖燃油，17%来源于用电，11%来源于煤气，9%来源于热电厂集中供暖。

在夏季炎热的区域，空调对于城市居民生活与生产至关重要。研究显示，东京某高层建筑街区，在夏季傍晚(18 时)，灯泡以 125 W/m^2、空调以 140 W/m^2 的功率释放热量①。可以说，在东京用于夏季降温的能耗比用于冬季取暖的能耗还要多。

3.1.2.5.3 地下热岛

与材料的导热特性相关，建筑物内的高温会向地下传导至若干米，甚至会到达地下水水位线，直至另一个岩层。

日间沥青被持续加热，一部分热量会传播到空气当中，另一部分则会传入地下。下午地面以下 40 cm 深处岩石或土壤温度会较地表混凝土温度高 3 K。夜晚，沥青将能量传导到地表，因此温度差会呈现出相反态势②。科学家曾测量过东京地下 90 cm 处的温度，并绘制出夏季(>4 K)、

① T. Ojima, H. Yoda, H. Waranabe. Study on heat release from earth surface and artificial exhaust in Tokyo ward area[C]// Conference on Urban Thermal Environment. Fukuoka:[s. n.],1992:73-74.

② T. Aseada, V. T. Ca. The subsurface transport of heat and moisture and its effect on environment: a numerical model[J]. Boundary-Layer Meteorology. 1993,65:159-179.

冬季(>3 K)的等温线。市区(即银座及附近街道)的地下"暖池"的固体温度比一个功能单一的住区中的空气温度高 1.5 K。冬季,地下热岛则可以沿海岸线膨胀 5 km 之远①。

在建筑地基到达地下水位线的位置,建筑物的热量就会被传导给地下水。早在 1894 年就有人注意到,巴黎市废水比塞纳河河水温度高 3 K。科学家曾测量了科隆地下水水温并绘制成图。与空气等温线非常类似,地下水水温等温线呈现出围绕市中心的状态,且等温线稍微向南部地下水下沉区突出②。

在曼海姆,沿山谷下行的漂流暖水流(Warmwasserfahne)更加明显。在当地,12 月底或 1 月初在城市边缘到处都会测量到 11℃的地下水水温。内城中的地下水水温则超过 13℃。但是,出现水温最高值(15.8℃)的地点则位于北部城市边缘。曼海姆仅有一个地下热岛,而科隆则出现了由多个地下热岛组成的"热水岛群"。每个极值点处都安置了耗水企业,如热电厂、洗矿场等。而"热水"并非来源于密集建设的废水管道。虽然集中供热设施已经做好绝缘,但还是会在很长时间内带来 0.1℃左右的地下水升温。曼海姆、科隆分别位于低海拔高台地与莱茵河谷,建筑物建设必须配合较深的基础。在冬季,地下热量也会传导至上层地面,直至建筑物。

3.1.2.6 次级效应

热量外辐射与温度差相关。也就是说,只要建成区出现过热现象就会放出辐射。温度升高会自动导致相对湿度下降,于是在热岛高发季节中霜、露和雾的出现频率会降低。

如果城市上空的暖空气团飘向乡村,那么热岛不仅会使建成区持续升温,而且会导致一部分开放空间或乡村被加热,例如,曼海姆东北部、鲁尔区城市间的大型绿带。此类现象主要发生在春季。

虽然雾会在任何季节发生,但在秋季尤其高发且更为持久。傍晚,水分在城区以蒸汽形式被保留在热空气中,在乡村又以降雨的形式得以液化。在瑞士中部大雾高发区,城市效应在 9、10 月份 6—7 时最为严重。在

---

① S. Yamashita. The urban climate of Tokyo [J]. Geographical review of Japan. 1990,63:98-107.

② K. D. Balke. Die Koelner Temperaturanomalie [J]. Umschau in Wissenschaft und Technik. 1974,74:315-316.

晚秋或初冬，中欧地区会发生一年中的首次霜冻天气，而城市中霜冻却会晚出现若干天甚至一周。在春季，城区的霜冻天气较早结束；以上两个变化造成城区年霜冻期的缩短。1970 年 12 月，墨西哥普埃布拉州城郊发生美人蕉属植物冻死的状况，而内城中则未见相关报道。当霜冻最终到达内城时，其强度已经较弱，并且不会侵入地下太深。1966 年 1 月，布达佩斯市中心气温－10℃，而城市边缘气温却有－18.6℃。在加拿大的 14 座大城市中，热岛在 1940—1980 年间越来越严重，无霜期则增长 7 日①。由于西伯利亚的春季来势变早，欧洲大陆的霜冻期从西向东逐渐减少。通常，城区霜冻期少于城郊。

建成区中较高的气温会导致降雪量的减少，湿度的增大；同时，灰尘、炭黑使得积雪很快变色、融化（在柏林，城市地面被雪覆盖的天数比乡村少 9 日②）。而白雪皑皑的地面能有效反射太阳辐射，使冬季乡村气温更低。在维也纳，市中心用于取暖的燃油与煤气量较少（15%）③。根据“拜仁州城市气候”(Stadtklima Bayern，1983)项目研究报告，慕尼黑城市中心用于取暖的能量较周边乡村少 17%，在密集建设的住宅区甚至更少。在夏季冷空气来袭时，内城房屋中几乎不必开启供暖设备。此外，城市建筑群还能有效防止冷风侵入。可以说，城市居民很少经受严寒考验。

在冬季寒冷区域，城市中近地面空气会在早春上升，于是出现首批对流降水。不同于市区霜冻期减少的现象，市区植物的生长期将变长。在维也纳每年城市边缘植物生长期为 252 天，而市中心则为 265 天④；曼海姆市中心首批连翘属植物开花比城郊早 7 天；华盛顿市中心的玉兰类植物开花比城郊早 2 周。需要指出，植物生长期在日平均气温高于 5℃时开始。

在市区，气温超过 25℃的夏日比乡村更多，气温超过 30℃的“炎热天气”也更多。这一数值敏感地反映出城郊两地夏季户外人体舒适性的差

---

① L. C. Nkemdirim, D. Venakatesan. An urban impact model for change in the length of frost free season at selected Canadian stations [J]. Climatic Change. 1985,7:343-362.

② P. Schlaak. Die Wirkung der bedeuten und bewaldeten Gebiete auf das Klima des Stadtgebietes von Berlin [J]. Allgemeine Forst Zeitschrift. 1963,29:455-458.

③ L. Auer. Auswirkung der urbanen Waermeinsel auf ausgewaehlte bioklimatische Groessen [J]. Wetter und Leben. 1989,41:249-258.

④ L. Auer. Auswirkung der urbanen Waermeinsel auf ausgewaehlte bioklimatische Groessen [J]. Wetter und Leben. 1989,41:249-258.

异。城市热岛严重时,空气在日间严重升温,夜晚也接受着来自地表的、严重的热量外辐射。当然,城市居民可以穿着轻薄衣物长时间在室外停留。在1984年慕尼黑"啤酒节"当日,夜晚21时的气温仍然高于20℃;同年,气温高于20℃的夜晚在城郊只有16个,而在市中心却有50个。如果午夜时分气温仍未低于25℃,则情况会更加严重。在维也纳城郊,此类夜晚每年不多于8个,而市中心则多于30个①。在炎热地区,边界值会被设定得更高;如果气温高于25℃,则会出现睡眠困难的情况。在很多城市,虽然"闷热天气数量"并未增多,但是傍晚时的闷热感却变得更加严重。

大多数城市中,城区水分蒸发量少于郊区;但是在有宽阔河流流过城市地区,情况则不然。在炎热8月的某天科学家检测到,鉴于莱茵河的影响,波恩市中心比城郊蒸发量多40%②。

在曼海姆,嗜热生物物种分布在等温线范围内。鉴于城市热岛的影响,园艺师、艺术家从温暖地带引进了很多经济作物和观赏植物。例如,臭椿在德国冬季很难种植,而现在它们却会在柏林内城附近自发传播③。

秋季,城市过热现象和建筑群的防风作用会使乔木树叶褪色与掉落现象有所延迟。即便这一现象在乡村和花园城市几乎会同时发生,12天以后在乡村树木完全光秃之时,花园城市中的相同物种却仍然拥有黄色甚至绿色的树叶。

3.1.3 水循环的改变

3.1.3.1 相对湿度

一定温度的空气可吸收一定数量的水分子。通常,空气的含水量较少。相对湿度是绝对湿度与最高湿度之间的比值,其数值显示水蒸气的饱和度。相对湿度可以用毛发湿度计测量,也可以用干球湿度与湿球湿度的比值计算而来。

由于计算公式中的分母(即饱和数值)数值主要取决于气温,一日之中

---

① L. Auer. Auswirkung der urbanen Waermeinsel auf ausgewaehlte bioklimatische Groessen [J]. Wetter und Leben. 1989,41:249-258.

② H. Potthoff. Oekologisch-kleinklimatische Messungen in Bonn unter besonderer Beruecksichtigung der Vegetation [D]. Bonn: Universitaet Bonn,1984.

③ H. Sukopp, S. Weiler. Biotope mapping in urban area of the Federal Republic of Germany [J]. Landschaft und Stadt. 1986,18:25-28.

空气的相对湿度即使在空气绝对含水量不变时也会出现巨大波动，即在上午下降下午上升。相对湿度的日走势曲线与气温日走势曲线呈现镜像关系。

研究显示，柏林市区的空气在夜晚比乡村空气干燥15％[①]。慕尼黑的测量数据则较显极端：1981年9月7日日落后1小时，内城某街道的相对湿度只有55％，而城郊则大于90％。事实上，热岛越强，城乡之间的气候差异就越大。在城市扩张过程中，也伴随着“干岛”的形成。例如，东京在1880—1975年间，“干岛”几乎持续增长。也有学者将城市称为“拥有一些散落绿洲的干燥孤岛”。

当然，也存在例外情况。在路德维希港，流经市区的莱茵河使整个城市较为湿润，同时机动车、化工厂也不断向大气中释放水蒸气。在1980年9月某日下午，路德维希港的市区较乡村湿润10％；仅在周日13时以后，市区空气才会像其他城市那样比乡村空气干燥。每周一，相对湿度要经过整个上午才能再次回到工作日的一般水平。

相对湿度对于以下问题有重要影响：对于植被对水分的需求及人体舒适度而言，空气更倾向于降雾还是其他形式的降水？在交通频繁的内城，相对湿度在40％～60％之间波动。冬季，当相对湿度高于70％时，水蒸气会在寒冷角落液化；在壁纸或者其他有机材料上出现霉菌，铁质物品会生锈，冰箱内表面更容易快速结冰。

3.1.3.2 绝对湿度

当在气象站或通过车载测量方法测量干球温度和湿球温度时，可确定相对湿度与绝对湿度数值。图3-04展示了两者的关系及与人体舒适度的关联。绝对湿度的垂直、水平变化和日变化远远小于相对湿度变化幅度（图3-05）；但是绝对湿度年变化幅度较大，在气团变换期尤为如此。

与相对湿度一样，经计算得出的蒸汽压力也与气温有关；它表示水蒸气的分压力。德国国家气象局公布的露点表示水蒸气开始凝结的气温。绝对湿度使水蒸气的重量与1 m^3空气发生联系，使湿度与1 kg空气发生联系。

科学家在曼海姆选择了两个完全不同的天气作为研究对象，并根据城郊气象站提供的信息绘制了露点温度图（图3-05）。1989年7月23日，一

---

① V. Kremser. Der Einfluss der Grossstaedte auf die Luftfeuchtigkeit [J]. Meteorologische Zeitschrift. 1908,25:206-215.

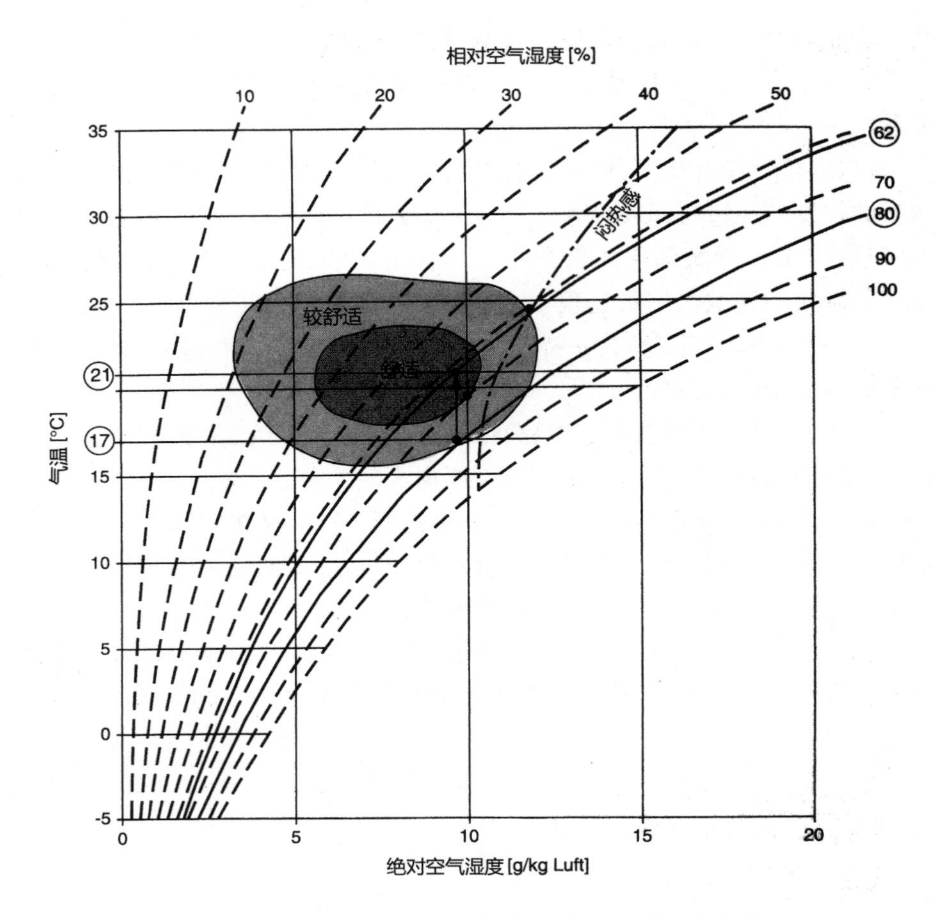

图 3-04　室内环境相对空气湿度与绝对空气湿度的转化

（来源：F. Fezer. Das Klima der Städte[M]. Heidelberg：Justus Perthes Verlag Gotha，1995.）

股温暖旋风横穿德国西南部，在一定海拔高度以下这股南来的暖空气阻止了空气交换，造成了近地面区域的整日闷热，只有 20—22 时空气才到达露点温度（16℃）附近。1990 年 7 月 21 日之前已经发生了 4 个炎热且干燥的天气。虽然空气中的水蒸气少于 5g/kg，但是两个曲线仍然非常相似。

1975 年，科学家同时确定了加拿大埃德蒙顿城及其城郊的绝对湿度，并绘制了夏日空气绝对温度的日走势图①。冬季，城乡之间绝对湿度的差

① K. D. Hage. Urban-rural humidity differences [J]. Journal of Applied Meteorology and Climatology. 1975,14:1277-1283.

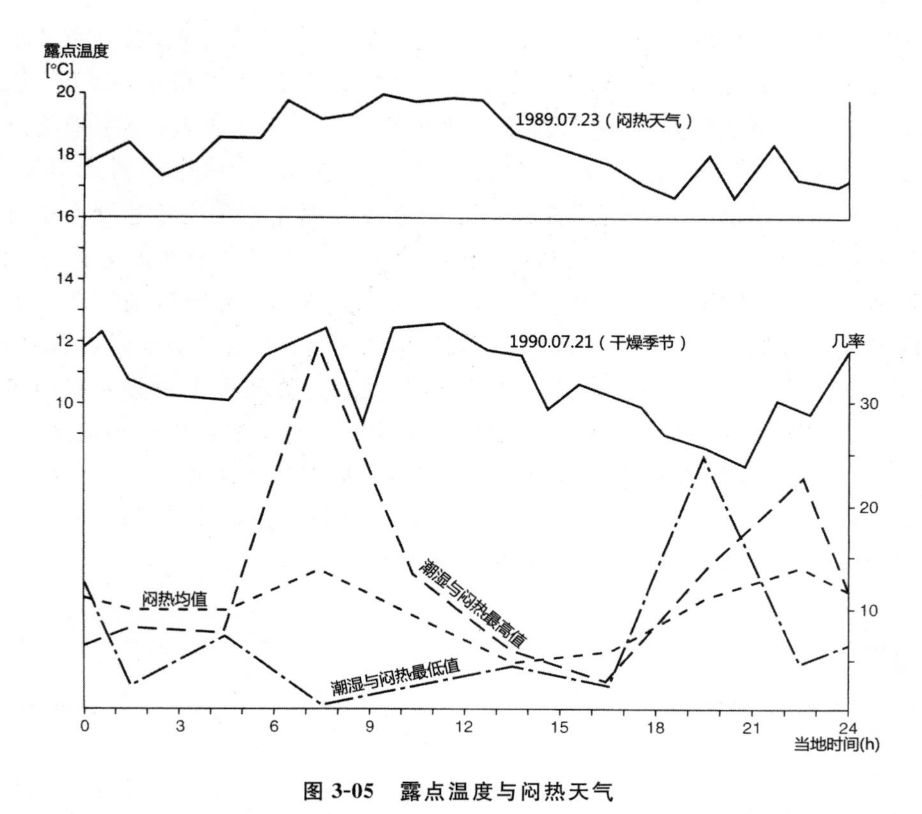

图 3-05　露点温度与闷热天气

（来源：F. Fezer. Das Klima der Städte[M]. Heidelberg：Justus Perthes Verlag Gotha，1995.）

异仅为 0.1～0.2 g/m^3；然而在 3 月份，城市中停止下雪之后，该差异则变为 2～5 g/m^3。

湿度图在德国威斯特法伦的吕嫩市①和美国密苏里州圣路易斯②的相关研究中出现过。在新西兰克赖斯特彻奇上空，夏季夜晚 50 m 处的空气、冬季超过 100 m 高的空气最为湿润，而在 8 月的圣路易斯，地面以上700～1000 m 的空气最为湿润。

关于绝对湿度日走势的研究还不多，但其对其他气候要素的走势、植物活动的影响非常重大。埃德蒙顿城城乡两地空气绝对湿度的曲线走势

① W. Kuttler. Stadtklimatologische Untersuchungen in Luenen [J]. Raumforschung und Raumordnung. 1984，25：15-76.

② D. L. Sisterson，R. A. Dirks. Structure of the daytime urban moisture field [J]. Atmospheric Environment. 1978，12：1943-1949.

图可以清晰显现城乡湿度的差异变化(图 3-06)。鉴于露水(在其他季节也会源于霜和雾)的影响,乡村中夜晚的绝对湿度降低;而城市中,由于气温较高且不会降低到露点,绝对湿度几乎保持不变。事实上,城市中平均每年露水天气的数量仅为乡村的 1/3。日出后 1 小时,乡村中的露水蒸发,植物蒸腾作用也已开始。在城市中,日出后 4 小时绝对湿度才达到上午峰值。在曼海姆,1989 年 7 月 23 日,绝对湿度还需历经若干小时才能达到峰值,1990 年 7 月 21 日,湿度则总是被干燥气团打断,此时近地面湿润温暖的空气对流上升,干燥空气下降。日落前 2～4 小时对流减少,绝对湿度又一次上升。一日当中,城市、乡村的绝对湿度走势曲线在一段时间内可以被识别为相互平行;在城市中,绝对湿度走势曲线的峰值则受到抑制。

在冬季,乡村因寒冷而很少有水分蒸发,亚北极地区的城市在白天更为湿润。通过车载测量进行的绝对湿度日走势研究显示,城乡两地的绝对湿度仅仅会在日出或日落时出现较小的差异。

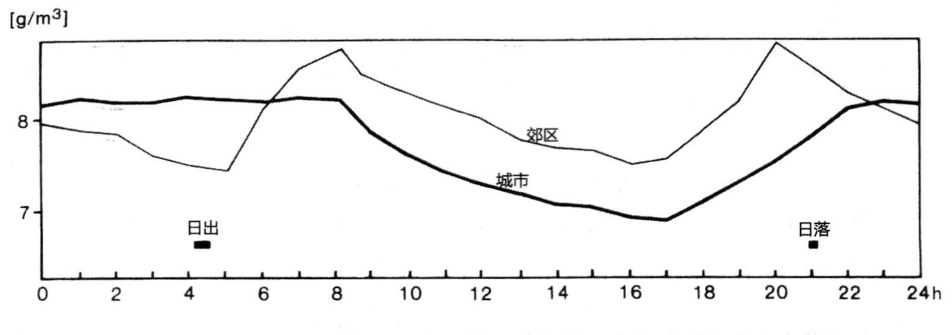

图 3-06 加拿大埃德蒙顿地区及周边晴朗夏日空气绝对湿度日走势

(来源:K. D. Hage. Urban-rural humidity differences [J]. Journal of Applied Meteorology and Climatology. 1975,14:1277-1283; D. L. Sisterson, R. A. Dirks. Structure of the daytime urban moisture field [J]. Atmospheric Environment. 1978,12:1943-1949.)

在小范围内,公园内草坪上方、树木下方的空气最为湿润,而沥青上空会干燥 0.2～0.5 g/m^3。降水将会鉴于建筑密度的差异在 5%～50%的范围内得以不同程度的吸收,并且会在小型水循环系统中再次蒸发。草地和花坛被淋湿的部分、林荫道树木的灌溉及衣物的干燥均无法补偿绝对湿度的损失;煤气、燃油、煤炭和木材的燃烧也难以为湿度提升提供贡献。为了生存、发展,人类与动物需要氧化含氢的食物,呼吸湿润的空气。而根据魏恩海姆某个化工厂的模型计算成果,屋顶、街道、草坪每年的水分蒸发量仅为 150 mm,生产过程每年的水分蒸发量仅为 300 mm;上述蒸发行为的总和也无法超越乡村的蒸发量,后者每年的水分蒸发量通常会超过500 mm。

3.1.3.3 水蒸气冷凝

当绝对湿度保持不变时,空气也会因温度降低而达到饱和。即当空气因能量外辐射等因素变冷时,相对湿度会从 75%跌至 100%。在绝对纯净的大气中,绝对湿度达 800%会冷凝出小水滴。但事实上,空气中含有很多凝结核,绝对湿度达 110%就开始有水滴冷凝。凝结核越大,水蒸气冷凝所需达到湿度就越小。在美国发电站释放出的废气团中,凝结核平均是普通区域的 2~5 倍。

早期,城市大气很容易形成雾和云,首先会让人想到臭名昭著的伦敦烟雾事件。而在巴黎和东京,首先表现为降雾天气的增加,之后又表现为降雾天气的下降。在巴黎,1930 年为趋势转折点;在慕尼黑,1984 年为趋势转折点。

1985—1995 年间,在基尔、曼海姆、莫斯科等多个城市,城区降雾天气数量较乡村呈减少趋势,且时间变短、浓度变小。在米兰市中心,降雾几率在 7—9 时减少了 20%,在 14 时甚至减少了 45%。目前,污染物排放的作用显然已被热岛影响超越,以至于水蒸气更晚或者较少被液化为雾。

日间,如果气象台预告称“晴到多云”,则大城市上空的积云会比乡村密集。但是,通过在地表进行常年、细致的气象观测或者通过卫星图,可以识别出差别。1989 年 5 月 24 日 12:40,在大不列颠中型工业区上空出现两个雷电中心,其余的集中点则现于一些松散云层外部,如威尔士山和北英格兰上空。

在雅典,根据 1959 年以来单个云类型特别记录以及与城郊海莉尼肯机场上空的云层类型分布比较,市区在 11:20 时层云明显占统治地位,而积云的出现几率直到 1964 年仍然保持不变。经过连续的城市扩张与大型工业区建设,积云至 1995 年增加了约 30%,而层云减少约 10%。而在空旷的机场上空,云层分布几乎保持不变①。

在美国密苏里州的圣路易斯城,城区云较乡村云的形成早了 2 个小时,接近中午城区云才会变密 10%。在城区的屋面与街道上空,空气较早上升且爬升更高;此后,上升气流到达温度较低的空间时,空气的相对湿度

---

① N. Sakellariou, D. Asimapoulos, C. Varotsos, et al. Prevailing cloud types in Athens [J]. Theoretical and applied climatology. 1994, 48:89-100.

会升至110%,于是开始冷凝成积云。与城郊相比,城区上空云层中水滴的含量高出两倍;云层高度更低,并向上传递水滴①。因此,与城郊相比,城区上空云层的动力学特征导致更容易形成降雨。

当夏日晴朗天气中空气仍然足够湿润时,破晓时就会出现首批云。日出前2~10时或12时,积云可能覆盖3/4的天空;下午,云或早或晚消散,仅偶然会发展成雷暴。

研究显示,从周一至周五,夜晚云的浓度会不断增长。

3.1.3.4 降水与排水

X波段雷达电磁波会被8~60 mm的雨滴(尤其是夏季积云)反射。城市中的"电磁反射"大概是乡村的两倍②,上下边界间的距离较乡村要长③。根据依雷达回声绘制的圣路易斯市的雨图、降雨日走势图,在15—18时之间容易发生降雨④;在内城、工业区,一日中降水概率高峰更加明显(高于平均频率17%,高于城市迎风面6%)。在埃姆舍河流域城市,次高峰发生在夜晚3—4时,位于同样海拔高度处的城市比乡村降水概率多10%。

由于大城市中强降雨和雷暴时间比乡村长两倍、降雨更多,因此地方政府对城市降水的相关研究颇感兴趣。市区,运河常常无法胜任排水任务;地下车库可能被淹没;山体附近流入城市的泥石流常造成人员损伤。对此,海德堡地下隧道入口处增设了交通灯,在强降雨时会起红灯。1977年12月2日,雅典人口密集区以外的降水量为25 mm甚至更少;而市中心却在短短2小时内降水100 mm,城郊广场降水量则为每日165 mm。

1921—1991年间,在尚未进行密集建设的马拉松城,降水量下降了30%⑤;在距离雅典25 km处年降水量仅下降16%。在过渡月份3—4月

---

① R. R. Braham. Cloud physics of urban weather modification [J]. American Meteorological Society. 1974,55:100-106.

② R. R. Braham, M. J. Dungey. A study of urban effects on Radar first echoes [J]. Journal of applied meteorology. 1978,17:644-654.

③ H. T. Ochs, D. B,Johnson. Urban effects on the properties of radar first echoes [J]. Journal of applied meteorology. 1990,19:1060-1166.

④ F. A. Huff, J. L. Vogel. Urban topographic and diurnal effects on rainfall in the St. Louis region [J]. Journal of applied meteorology. 1978,17:565-577.

⑤ G. T. Amanatidis, A. G. Paliatsos, C. C. Repapis. Decreasing precipitation trend in the Marathon Area, Greece [J]. International Journal of Climatology. 1993,13:191-201.

和 10—11 月，马拉松城的降水量保持平稳，而雅典气象台却报告了 19% 的降水增加量。同时，城区的冬季降水量也有所增长。

1891—1930 年间，柏林 7 月的“集中降雨点”主要位于城市东侧的科盆尼科（Köpenick），此后移至城市背风面 35 km 处的施特劳斯贝格广场（Strausberger Platz）。在芝加哥与维也纳，“集中降雨点”同样也位于城郊。在圣路易斯背风面，在距市区 120 km 以外降水量增加；乡村冰雹的发生频率则是城市迎风面的两倍。

通常，沿冬季暖锋面的市中心会出现更多降水，背风面降水则会减少。夏季对流使得云上升，由此带来额外的阵雨。研究显示，在压力场较为平滑时，最易出现额外雨量；较小的气压差导致不会发生较强的梯度风（Gradientwind），于是城市中的暖空气可以陡峭上升。伦敦的“雨岛”最为明显，当风速小于 3.3 m/s 时。温暖的旋风较易催生额外雨量。

根据巴黎气象台雨量周走势图，城市污染物排放也能够引起、加强降水。它会在周六至周二上升，然后停滞，在周四和周五再次陡峭上涨。科学家指出，1920 年以前暴雨天气仅在周三和周六增加，但是在 1920—1930 年间暴雨天气会从周一至周五持续累积。这种持续的增长会出现在整年或者整个季节，其间在暖锋中平流层降水占主导地位，例如，在冬季或者在漫长的夏季雨季。

位于热带边缘的墨西哥城，6—8 月间，带来适量雨水（1～5 mm）的天气数量仅在周一出现增长，此后非常均匀地分布在一周当中；相反，10 mm 以上的强降雨天气却从周二至周五持续增加，周六、周日出现频率减半，周一、周二每日不会出现 25 mm 以上的降雨。

为了更确切地研究降水情况，根据位于海德堡“莱茵—内卡”三角地东侧边缘砖房中的雨量计数据，夏季降雨量得到细致分类，其中对流降水占主导地位（图 3-07）。其中，毛毛雨（＜1 mm/日）的频率在整个星期基本持平，仅有周一最少、周日过高；降水量在 1～10 mm 之间的降水频率则只在周三（4.7%）、周五（4.3%）适度放宽。如果暖锋中的湿润空气上升，那么受城市阻碍上升，形成雾。很早就在城市中发生的较强对流使得剩余雨量比预期大。当阵雨更加频繁时，整体雨量与阵雨、暴雨的曲线走势略微平行。

周末，工业、热电厂和机动交通释放污染物变少；交通量在中午（即周末交通的高峰时期）才达到工作日交通量的 60%～75%。周日云层减弱（图 3-03）。周一各类企业开始运行，上班族往返于住宅与单位之间的交通

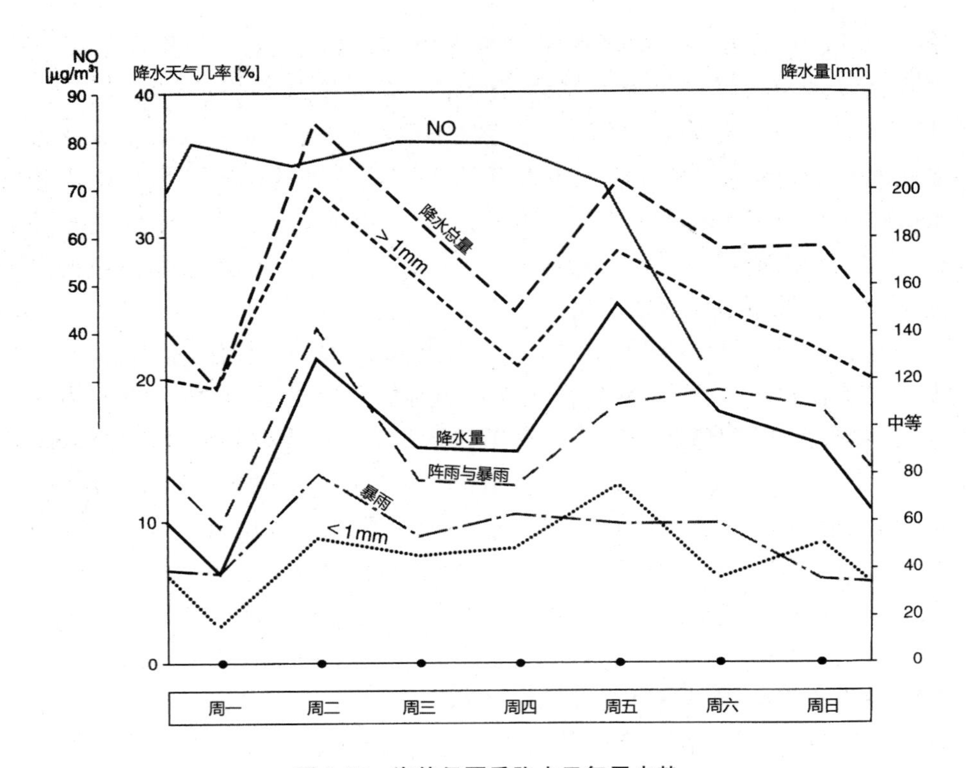

图 3-07　海德堡夏季降水天气周走势

（来源：F. Fezer. Das Klima der Städte[M]. Heidelberg：Justus Perthes Verlag Gotha，1995.）

量会因通勤者的长途跋涉而额外增加。尽管如此，所有降雨类型都在周一最小，仅为 10%，在 5 个夏季中仅有 2 个月超过 10 mm。海德堡的整体雨量仅为平均期望值的 39.4%。夏季周四 38%的概率会降雨，阵雨尤其经常发生；在周二、周三闪电最经常发生。降水频率较工作日时段的滞后暗示着，缓慢发生的化学反应或者污染物传播影响着降水。

在周三、周四，降雨量保持在平均值附近；同时氧化氮含量的日峰值最高。这会对周五雨量峰值产生影响，数值高于周平均值 52%。在两天的滞后期过后，阵雨频率升至第二峰值（夏季周六 19.3%）。周末，降水频率与数量又逐渐减弱，无降水天气的频率为 81%。

全年强降雨频率和雨量从周一至周五涨幅相当平均（仅周三涨幅小），而夏季阵雨曲线得以强调（图 3-07），位于“莱茵—内卡”三角地带的化工厂、水泥厂释放很多水蒸气，且问题在周末几乎像工作日一样严重。因此，只有道路交通可能作为驱散水汽的要素。

在道路交通中，仅燃料蕴含能量的10%得以转化；除了很多其他损失因素，不完全燃烧是一个重要因素。装有尾气处理器的机动车在50 km时速时会放出碳氢化合物0.1 g/km，在时速30 km时会释放0.2 g/km；较老的机动车碳氢化合物排放量甚至能达到上述数值的5倍。只有当机动车行驶0.5～2 km之后，才完全释放；也就是说，对于经常在城市中短距离行使的机动交通而言，上述数值还不能全部应用。

根据巴登—符腾堡州的数据，70%的氧化氮来自发动机燃烧。机动车在时速为50 km时氧化氮排放量为1.5 g/km，在时速为100 km时氧化氮排放量为3 g/km。从周末到周三城区空气中氧化氮的浓度会加倍(图3-07)。除了发动机燃烧以外，氧化氮还来源于其他燃烧过程。此外，CO会在空气中继续被氧化，变为CO_2。

随后发生的过程较为复杂。实验中，NO_2在纯净水蒸气环境中只能形成少量冷凝核，但是多种有机蒸汽的刺激将使这种转化加快2～5倍。而仅仅1 l燃料燃烧就会产生240 mg乙醛，后者的分子较长，可以作为水蒸气的固体凝结核。10 nm和40 nm的凝结核在城市和乡村中比较有代表性，但是其在市区空气中的浓度是乡村环境的3～5倍。水蒸气主要来源于无数发动机与燃烧炉运转。

以下四个因素是城市中降水量增多且分布不均的主要原因：(1)粗糙下垫面迫使携带雨水的气流上升，于是气团的气温下降，露点提早到来，同时气流被扰动；(2)城市热岛上方从上午开始出现对流，它能够到达的高度高于乡村环境；(3)大城市上空的冷凝核浓度是乡村的3～5倍；(4)虽然市区空气在大范围内比较干燥，但是在个别点会出现大量水蒸气。其中，因素1和2会将“集中降雨点”向背风方向推移，四个因素均增多了阵雨的频率。

与降雨相同，降雪也会受到以上四个因素的影响。这应引起特别注意，因为与城郊开放空间相比，建成区的降雪概率非常高。透明晶体经常会在暖空气中下降、融化，或者在接触到较暖的表面后融化。1965年1月28日，在瑞典南部城市伦德，鉴于在市中心热岛作用的主导，市中心降雪量仅有3 cm，但城市背风面降雪量则有6～8 cm。

降雪量的分配也可能相反。在柏林，市区降雪天气比乡村多20%。在弗莱堡，在10个冬天(12月、1月)里出现了7个仅发生在市区的降雪事件。气温为－2～8℃，层云高度为600 m，但热岛上方空气较少稳定分层。对流和冷凝导致最大7 cm的降雪量。“城市雪效应”导致西伯利亚城市鄂木斯克降水量的增加。当2月份和3月份的乡村还被雪覆盖时，俄罗斯大城市上空已经出现小型旋风了。

如果年降水量分布均匀，则城市中并不需要建设地下管道。问题在于，降水量集中在一定范围与时间段内，城市必须疏导降水量增加的部分。30°的瓦屋面在夏季和冬季能分别吸收0.3 mm和0.1 mm降水，平屋面的吸收量则更多一些。在居住区有30%～50%的降水通过排水管道排导而出，在商业区则有70%～95%的降水通过排水管道排导。在净化设施中，雨水对城市废水的大规模稀释会带来巨大的浪费。

通过可持续雨水管理设施，强降雨过后，雨水会在小型回收池中存储，洁净雨水得到使用，剩余部分逐步流向主管道。法兰克福机场东侧新建项目安置了大型回收池，不但可同时节省用水费用和污水排放费用，而且确保了地下水补给得到保证。但是如果市区降水量变大、时间变长，则所有存储措施都将不足以应付。

至此我们只关注了降水的数量，以下开始讨论降水中的杂质或者外来物质。20世纪六七十年代，路德维希港和曼海姆的大型燃煤发电站放出大量SO_2，SO_2在太阳照射下转化成SO_3。SO_3会化合产生硫酸。地面附近的涡流会稀释气体，但是在街谷中有害气体则会不断累积。树叶、树枝会吸附SO和NO，吸附物质会与水化合为酸。当路面铺装被夜晚的雨水冲刷之后，主下水道中含有的氢离子是普通降水中的10倍。受此影响，奥登森林的土地和泉水均已变酸。

目前，发电厂的废气首先经过大型除硫、除氮设备。尽管如此，氧化氮的含量仍然随着交通量的增长而增多。空气会根据机动车密度差异或多或少地含有NO、NO_2、HNO_2、HNO_3。现在，NO_X的含量是SO_2含量的6倍，在交通频繁的街道上，在4月较冷的下午，该比值甚至常会达到11。山脉大街(Bergstrasse)中的pH值小于3。虽然在城市背风面硝酸颗粒会被稀释，但是它们会被梯度风带到更远的山地森林中。

3.1.4 城市风环境

通常，城市不受其他风环境影响而发展出自身风环境的情况非常少。大多数风环境均被“镶嵌”在地球大型风带中，风向和风速受到粗糙度、热量的修正。

如果来自静风区的人来到风速为2 m/s的街道，他会事先穿着保暖衣服，如用厚的防风衣物替换全棉夹克。风速每增加2 m/s，人类服装就要增加 1/10[①]。2 m/s 以上的风速还会带走外墙面上若干厘米厚的暖空气层，这将导致墙面温度降低、建筑供暖能耗增加。强空气流也会从其他物体表面带走温暖潮湿的空气；此后，物体会向其表面补充热量。由此，蒸发能产生凉爽、寒冷的风。

通常，在炎热区域的城市规划和建设应注意将风引入城市；而寒冷地区则要注意防风。例如，在荷兰和斯堪的纳维亚半岛国家的城市，城市规划的重要任务是使居民免受风的侵害；而在莱茵河上游河谷和多瑙河沿岸，城市规划的重要任务则是促进城市通风。而在情况不那么极端的地区，规划师可以采取折中措施。

理想条件下，风应该足够强，以驱散污染物、在炎热天气为城市降温；但同时，风又不应太强，以避免让居民感到寒冷。季节交替、天气变化使得风向、风速无法永远满足以上要求。本章节首先将关注大城市及其周边区域的风环境，之后则转而讨论城市建成区，最后会涉及街道、内院和花园中的风环境。通风问题将在章节 3. 1. 4. 4 中提及。

3. 1. 4. 1 大气分层

科学家对建成区上方大气分层的概念在世界范围内得以应用(表 3-02)。根据普朗特的对数垂直分布图，边界层的厚度可达到 50 m；不受干扰的梯度风最早可出现在 300～1000 m。

个别情况下，气流垂直分布图相当复杂。理想状态中，在梯度风较弱的夜晚，巴塞尔及其毗邻开放空间上空的风速得以计算[②]。这种情况下，最高的建筑物不会影响静风与快速风之间的边界高度，多数情况下城市上空的逆温层会加高。混合层只存在于大型城市上空，7 月份中午能够达到 1500 m。旋涡层则能够达到周围建筑物高度的 3 倍。

表 3-02　房屋高度为 7 m 的建成区上方的大气分层

距地面高度	德文概念	英文概念
1000 m 以上	无干扰梯度风 (ungestörter Gradientwind)	地转风 (geostrophic or synoptic wind)

① A. D. Pelz. Acceptable wind speeds in towns [J]. Building Science. 1973, 8: 259-267.

② H. Wanner, J. A. Hertig. Studies of urban climates and air pollution in Switzerland [J]. Journal Climate & Applied Meteorology. 1984, 23: 1614-1625.

续表

距地面高度	德文概念	英文概念
100～1000 m	混合层(Mischungsschicht)	混合层(urban mixed layer or Ekman layer)
20～100 m	普朗特层(Prandtl-Schicht)	近地层(constant flux or surface layer)
7～10 m	湍流层(Wirbelschicht)	湍流层(urban turbulent wake layer)
地面—屋顶	基层(Grundschicht)	城市冠层(urban canopy layer(UCL))

(来源:T. R. Oke. Methods in urban climatology [J]. Zuercher Geographical Schrift. 1984,14:19-29.)

3.1.4.2 粗糙下垫面的影响

开阔场地中固定方向的风受制于大范围的气压差,因此称作"梯度风"。它稳定的运动可能受到个别高大树木或者建筑物干扰。阻挡物的高度和宽度越大,风向和风速的改变越严重。而风速递增与风阻递增呈平方关系,风速越快、受到扰动越大。

在距多伦多市 5 km 的地方,风阻较弱。在那里,风速缓缓减慢,到城区边缘发生突变①。气流分裂成两股小型气流绕过城市,主要部分则会上升。垂直方向上,100 m 高处风速为 1～5 cm/s,50 m 高处风速为 40 cm/s。水平方向上的主要气流以一定角度(3～20°)向右转。

通常,城市边缘都是建设独户住宅的城市扩张区。在其间测量到的上升空气速度随高度增加仅轻微增长,屋顶以上才开始明显增加。通常,2～3层建筑物周围的风轮廓会向上突起。在水平方向上这一"滑移流"在整个区段保持同等强度(图 3-08)。只有当气流偶遇一个更粗糙或更高的街区时才会再次发散,如城市边缘。

通过等风速线图或剖面图可以观测到,障碍物可以明显地将风托起,通过城市中心以后升到最高处。

在高大建筑之间的风口,风速会加快。在密西西比河的圣路易斯西侧的城市边缘,夏季一周中平均会出现 1～2 小时风速在 12 m/s 以上的阵风;而在该城中心这一趋势经常会加倍。风在城市减小,形成涡流;而在所有建筑物边缘涡流消失,动能再次汇集成阵风。街道空间将决定风此后的

① B. F. Findlay, M. S. Hirt. An urban-induced meso-circulation [J]. Atmospheric Environment. 1969,3:537-542.

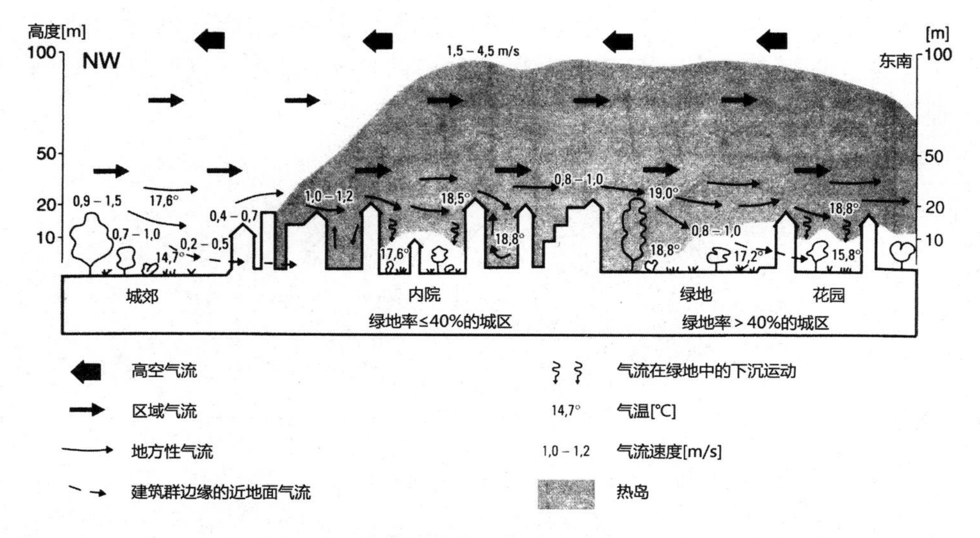

图 3-08　路德维希港城郊某夏夜的气流情况

（来源：R. Zimmermann. Klimawirkungen staedtischer Freiraeume in Ludwigshafen am Rhein [J]. Mitt. Pollichia. 1984，72：163-253.）

方向。25°的方向改变并不会降低风速；如果街道在交叉口没有得到延续，风向变化会达到 90°；在十字路口，则会更加平静。

越过城市之后，部分气流速度再度提升。通过对防风树篱的研究表明，风影区长度可达障碍物高度的 10～30 倍。当迎风面有 10 m 减速区时，风会在越过障碍物后 40 m 处才恢复原来的速度。在对莱茵河下游的一些大型村庄和城市的研究当中，可以找到一个理想的城市模型；等风速线只在迎风面与城市边缘重叠，背风面的等风线条则被严重扭曲（图 3-09）。科学家曾用长度计算粗糙度，后来被称为“粗糙度长度”公式①：

$$Z_0 = H \cdot a/A$$

式中，Z_0：粗糙度长度；

H：障碍物的平均高度（m）；

a：气流接触到的障碍物侧面积（m^2）；

A：建筑物覆盖面积（m^2）。

通常，粗糙度长度约等于障碍物相对高度的 3%～10%。阻力、湍流、雷诺压力、高度梯度和土地减速能力均可通过该公式计算出来。图 3-10

① H. H. Lettau. Note on aerodynamic roughness parameter on the basis of roughness element description [J]. Journal of applied Meteorology. 1969，8：828-832.

给出了部分下垫面影响下的近地面风速。高大的点式建筑之间的风速几乎与开放空间一样大。而公园中松散种植的树木、灌木可以明显降低风速，但同时阵风发生几率仍然很高。

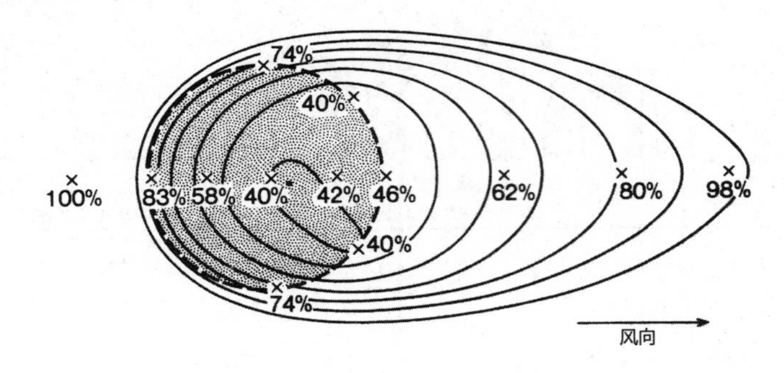

图 3-09　小型城市周边的风速

（来源：G. Band. Der Einfluss der Siedlung auf das Freilandklima[D]. Koeln: Universitaet Koeln. 1969.）

当建筑物墙面与风向相垂直，它的上半部分会承担强烈的风压，因为在那里风速有被迫减到零点的趋势。在障碍物 2/3 的高处出现气流停滞点，气流被迫分叉：一个分支沿墙壁下沉，在低处形成涡流；另一分支上升至墙壁顶端，越过建筑，在其后部形成背风面涡流（图 3-11）；1/3 或 1/4 的支流则从侧面越过障碍物。背风面涡流不受欢迎；它可能吸收来自附近烟囱的烟，气流还能拨乱行人的头发、衣服或雨伞，堆积落叶、积雪，折断树干。有时，背风面涡流还会与附近房屋的迎风面涡流结合起来带来更多不便。因此，多个国家提出规定，要求超过一定高度的新建建筑物建设必须事先开展风洞试验。研究显示，圆形平面或马鞍形屋顶均不会改变该状况。只有密集建设可以减弱涡流，并允许“滑移风”滑过屋顶。

城市中，大多数强风都属于阵风。稳定的风可以让云朵变形，而阵风却可以使它们摇动起来。建筑物附近阵风频发。低密度建筑群中建筑物之间的阵风最强，会接近屋顶风速。因此，涡流可以将污染物送到天空，也可以将其送到地面。

如果风横向吹入街谷，它会翻倒至相反方向，从而产生“转子”。在芝加哥一条 24 m 宽的街道中，两侧高大建筑间距 33～40 m；如果风速大于 4.5 m/s，就会在街谷高度的 1/3 以下形成次涡流，其中虽然充满污染物，但并不会被传播很远。

一般性的城市风环境论述并不具普适性和代表性。实验表明，高大建

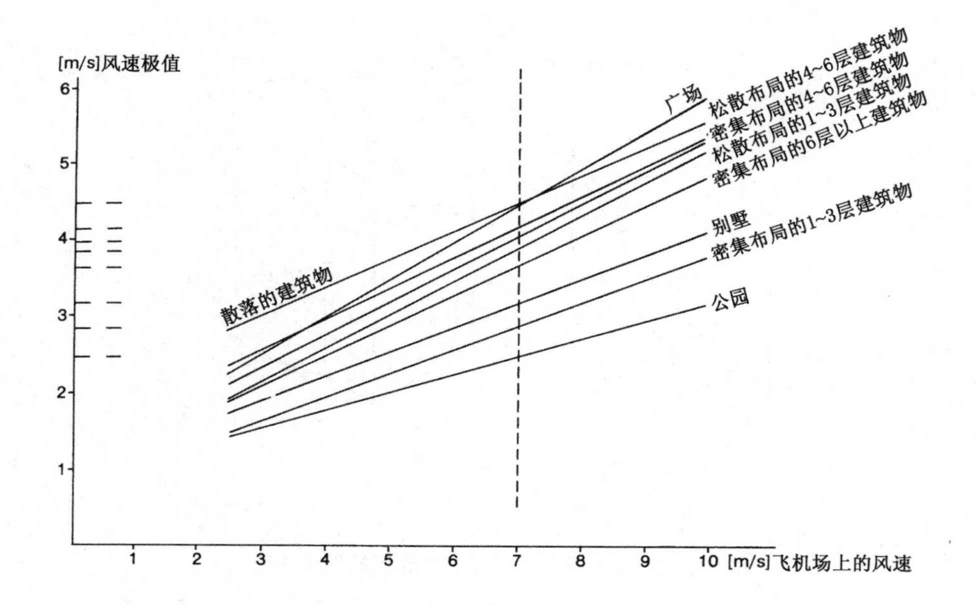

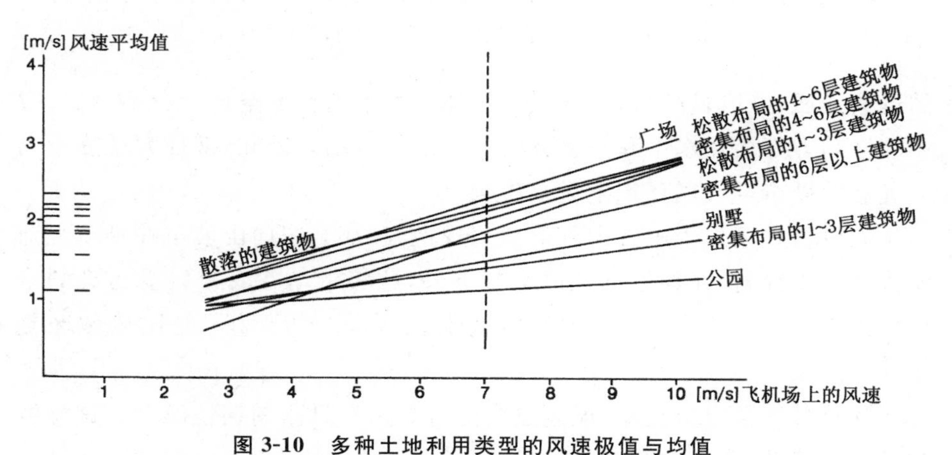

图 3-10　多种土地利用类型的风速极值与均值

（来源：F. Fezer. Das Klima der Städte[M]. Heidelberg：Justus Perthes Verlag Gotha，1995.）

筑物周围每个位置的气候条件均有所不同。当人们不计后果地在单一房屋类型的街区建造了一栋高大建筑之后，舒适度环境将瞬间荡然无存。

3.1.4.3 热力影响下的对流

风进入建成区之后并不总是被粗糙的城市下垫面削弱。当梯度风减弱到 3 m/s 以下时，辐射墙面便可激发气流运动。随着凤凰城、亚利桑那

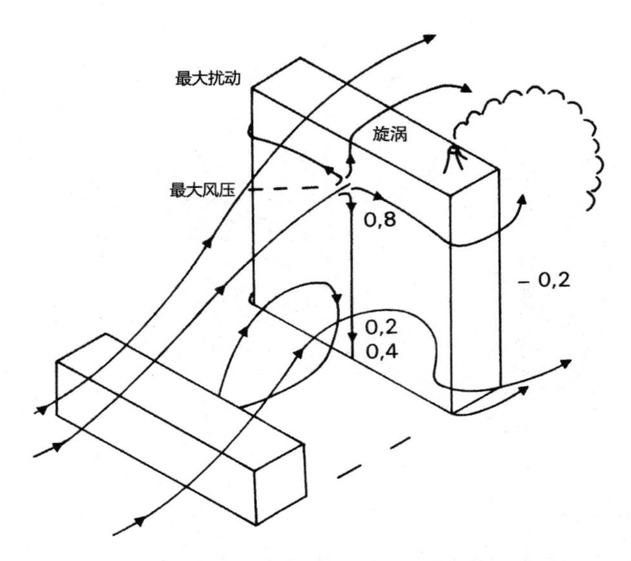

图 3-11 一定风速条件下建筑群表面的气流分流

（来源：M. J. Lighthill，A. Silverleaf. A discussion on architectural aerodynamics [J]. Philosophical Transactions of the Royal Society. 1971，269：321-554.）

的迅速发展，静风日减少、平均风速增加。城市上空的空气十分不稳定，很小的推动力都会在水平和垂直方向引发空气运动。因此，携带大量热量的废气会对城市空气循环产生重要影响。

如果建成区位于山谷中且清晨出现逆温，那么东向山坡早在日出之前就接受阳光辐射；在那里近地面空气上升，这将带动谷底市区受污染的空气沿山坡爬升。由此，在美丽的山坡别墅区，空气质量可能比老城区更糟糕。

同每日气温走势类似，风速也会随着日出和日落周期性波动。这种波动并非连续的，而是跳跃式的。

- 清晨（日出前 1 小时至日出后 1～2 小时），梯度风很弱，只有地方风和局地风风速会出现峰值。春秋两季，早交通会出现在这一时段。因此 NO_x、CO、CH_x 等污染物会严重堆积在近地面混合层。

- 早晨（日出后 1～2 小时至 4～5 小时），城郊空气在日出后 1～2 小时开始运动。由于此时城市还较为凉爽，市区空气主要以下沉为主。在郊区空气开始运动半个小时之后，在城市边缘和低密度住区上空出现首批上升气流，主要发生在东向和强烈辐射墙壁。直径为约 100 m 的上升气团首先会上升约 100 m，上升阶段结束在 200～300 m。上升和下降气流之间的交替看似无序。与此同时,花粉浓度、离子浓度、湿度得以适度交换。

● 上午(日出后 4～5 小时至当地时间 12 时),市区上升气流的速度为 1 m/s,这足以托起滑翔机。上升气流直径可达到 400～1500 m,能到达 700～1300 m 的高空,直到与周围空气密度相等。城市中的"对流"比市郊更早发生。

● 中午(当地时间 12—15 时),对流活动强烈,静风很少出现,局地风也很明显。热岛及其对风和降雨的作用在圣路易斯的案例中得以研究①。1973 年 8 月 8 日中午,科学家在郊区和城市的多个位置放飞气球并进行追踪。在圣路易斯,热空气上升至 1900 m 高空,热空气气旋直径达到15～25 km,最大风速达到 10 cm/s。来自郊区的气流从各个方向缓慢地涌向城市,同时上升。

● 下午(当地时间 15 时至日落前 1～2 小时),热气流变弱,但其强度依然足以托起滑翔机。只有地面上空 200 m 厚的空气层得以均匀搅拌。城市中水平方向的风速依然保持最大,而郊区风却已经减弱。

● 晚间(日落前 1～2 小时至日落后 3 小时),市区空气依然比郊区空气运动速度快,此时在郊区已经形成近地面逆温。在路德维希港,空气运动方向有所变化。在日落后 1～2 小时,气流结束上升运动,混合层厚度降低至 80～200 m。因此市区空气中的灰尘、NO 和 CO 浓度出现峰值。

● 夜间(日落后 3 小时至日出前 1 小时),空气层最晚到此时已经十分稳定,但是郊区混合层又会降低 20 m;由于市区建筑物释放热量,市区混合层依然较高。当来自城市上空的污染物气团来到附近村庄时,它可能会碰巧在那里浓缩,因为那里混合层较低,空气运动较少。

与时间和空间相关的风环境研究都很重要,后者可以利用风道中的加热板加以模拟②。当热空气得到了上升所需的能量时,它们就会向外运动,然后下降。科学家通过气球在炼油厂上空的运动证明了这一点,气流落在 1 km 之外的地方。上升空气在最高处融化成若干个小气团,它在城市上空空气层中能够比在郊区上空空气层中爬升更高。污染物随着这些

① P. H. Hildebrand, B. Ackerman. Urban effects on the convective boundary layer [J]. Journal of Atmospheric Chemistry. 1984, 41:76-91.

② J. M. Giovannoni. A laboratory analysis of free convection enhanced by a heat island in a calm and stratified environment [J]. Boundary-Layer Meteorolog y. 1987,41:9-26.

气流被运送到高空或郊区。

这一重要的城市风系统在“伦敦大雾”的调查中已经被提及:“1902 年 2 月和 3 月平静天气过去之后,伦敦市中心明显地吸入空气,且市中心比郊区气温高 2.8～3.3 K。”①

关于此类热力驱动下的风系统之命名,科学家莱陶(Lettau H.)曾经将由郊区吹往柯尼希斯贝格的风称作“陆风”(Landwind)②;在前往美国之后,将此类气流翻译成“乡村风”(Country breese),并用这一命名发表了他的研究成果。为了使其区别于“海陆风”(Küsten-Landwind),艾伯特·克拉策则从其导师那里获得建议,称其为“局地风”(Flurwind)③,在德国这一命名方式一直沿用至今。

由于局地风气流厚度小,高度底,很可能在城市边缘被驱散,因此一些气候学家都对“局地风能够促进城市通风”这一观点提出质疑。与此相对,基瑟(Kiese O.)等人于 1992 年强调:其他任何高效的风系统都可能停止工作,只有局地风在每个夜晚都能发生④。此外,还会发生其他区域性气流使局地风加强的情况,例如,路德维希港西南部城市边缘(图 3-08)。虽然并无正式的时均图像,但是冷空气常常被断断续续的向前推进。

局地风不仅从各个方向涌向城市,而且它还会明显地被区域风(Regionalwind)和梯度风抬高 45 度角。蒙斯特、波鸿、艾森等地的相关研究显示,该情况在 6 月到 8 月(尤其在 8 月)经常发生。大多数情况下,发生在日落前 1 小时,结束在日出后 2 小时。日出前 1 小时到日出发生频率最高,在蒙斯特 18 个夜晚中有 12 个发生此类状况。日间发生频率为最高 50%。

基瑟等人总结了局地风的生成条件:云层密度必须低于 62.5%。只有此时才会产生 3～5 K 的城市热岛强度,从而城市和乡村上空将产生必要的气压差。当梯度风风速超过 2～5 m/s 时,城市热岛会消失。此时局地风非常弱,但基瑟依然测量到 2 m/s 的风速,其厚度为 3～15 m,可吹入

---

① T. J. Chandler. The climate of London [M]. London. 1965.

② Lettau H. über den meteorologischen Einfluss der Grossstadt [J]. Zeitschrift für angewandte Meteorologie. 1931, 48:263-273.

③ A. Kratzer. Das Stadtklima[M]. Braunschweig: Friedr. Vieweg & Sohn, Verlag., 1956.

④ Kiese O, Voigt J, Kelker J usw. Stadtklima Münster [R]. Münster: Umweltamt Münster. 1992.

城市 1.2 km。

基瑟等人提出以下过程来解释局地风：当夜晚乡村出现逆温，近地面空气凉爽而沉重时，必然在上方某一高度出现一个低气压；于是城市上空的热气团向外运动，城市上空的低气压吸引下部气团上升，于是形成局地风。当然，上升空气也可能被梯度风带走。

3.1.4.4 风、地形、下垫面的相互作用

较强的梯度风受到粗糙的城市下垫面的干扰；在静风天气中会出现轻微的局地风：以上两种最重要的类型属于两个极端。通常，多种气团会彼此越过，很少毗邻运动。例如，在较强的梯度风以下，首先出现日间风向不断变化的区域性气流，然后才是近地面、较弱的热力湍流（图 3-08）。只要彼此方向不同时，气流间边界将不再清晰，气流会相互受限，速度减小。边界层只有在理想状态中是水平的。例如，城市热岛会明显使城市边界层弯曲成拱状。

城市风环境复杂而多变，仅仅从气象学出发并不足以说明问题，还必须同时考虑地形和城市形态的影响。瑞士比安市位于湖岸边、陡峭的汝拉山脉（Jurabegirge）脚下，由于汝拉山脉较高且宽广，山风较其他气流更强。奥登森林仅高出莱茵河上游河谷 400～500 m，但是它面积很大，很多小型冷空气气流在夜晚汇集于此，集中且快速地流出位于其下方的内卡河河谷。在海德堡，夜晚的山风越过障碍，将城市上空的暖空气推开。当海湾或内湖的面积足够大时，水陆风也可能同样强烈。而位于高处的约翰内斯堡的气流层结构却完全不同：在梯度风以下，与其垂直的局地风吹入城市；夜晚局地风会驱走山风。

粗糙的城市下垫面对风环境产生影响。当梯度风减弱到 2 m/s 以下时，该影响将不复存在，热岛影响则成为主导因素。在巴黎有 3%～18% 的梯度风被城市分开，在奥格斯堡该比例则达到 28%。强烈的热岛可以加速迎风面气流，这与梯度风强烈时情况相反。平稳的气流可以将城市上空的热岛向背风一侧弯曲若干公里。

通过车载测量街道空间的气流状况于 1927 年以后得以发展。在所有相关出版物中，无论任何地方，相关研究总会涉及街道。空气运动与其在梯度风和区域性气流中的位置有关，也与街道宽度和建筑物高度有关。

与此相对，院落中的气流状况却较少受到重视。相关研究显示，当梯度风小于 2 m/s 时，内院中形成微循环，它的日走势和方向都不同于外部

气流，但是强度相近。1935年，柏林某院落中的微气候研究显示，院落中央于17时有较凉爽的空气下沉；18:30时所有墙面均处于阴影当中，气温降低，空气下沉；22时街道空间较内院降温明显，内院仍然可以从墙面得到热量，空气上升。

有学者认为，微循环并不十分奏效。"在阳光照射的墙面上，只有一小部分空气能够摆脱微循环。而大部分空气会到达阴影区域，并下沉到下方的冷空气区。于是，微循环促成的街道通风仅仅使少量空气流出或流入。"①

科学家曾对处于多种气流中的街道空间进行气流状态监测。当风向接近街道走向时，气流会快速流过；当风向垂直于街道走向时，空气会在迎风面向下运动形成涡流；风向倾斜于街道走向时，则会形成螺旋状涡流。

3.1.5 生物气候影响

早在公元前，医学之父希腊医生希波克拉底就已开始思考"城市气候如何影响人类"这一问题。古典作家们曾对大城市中的恶劣空气提出控诉，其主要源自木头燃烧产生的浓烟。古罗马时期，最有影响的医学大师克劳迪亚斯·盖伦曾建议肺病患者搬出拥挤的城市，居住到能获得阳光的区域。巴洛克晚期，人们普遍认为在城市生活对健康不利，而城市人更早死亡则已经成为事实。18世纪末，洪堡大学医学院著名教授克里斯托夫·胡费兰(Christoph Hufeland)对此进行了更细致的研究，并比较了多个大城市的死亡率。当时，柏林和圣彼得堡的健康程度好于其他密集建设的老城市。19世纪中叶，奥地利作家阿德尔伯特·施蒂弗特创造了"城市气候"一词，指出了维也纳令人窒息的气候条件，并且对那些可在乡村另择阳光住宅的人们表现出羡慕之情。19世纪后半叶，在英国工业发达的兰开夏郡每1000个居民就会有4个死于肺结核；而乌司特郡却只有2.3。而今天，虽然城市人口比农村人口寿命更长，但是城市人口的患病种类更多、患病比率更高。对非吸烟人口的调查显示，患慢性支气管炎、肺气肿、哮喘等疾病的城市人口更多，这取决于多种因素的共同作用。

3.1.5.1 辐射与人体

人类需要太阳辐射，以便刺激激素腺体、将叶红素转化为维生素D。

① H. Berg. Einführung in die Bioklimatologie [M]. Bonn, 1947.

同时,人类必须在阴影、雨伞和衣物后面寻求庇护,以避免辐射过量。建成区上空的大气逆辐射会被粉尘增强,这一事实并未引起重视。夜晚,来自建筑物墙体和街道路面的长波辐射也有同样的作用。那么,如何避免上述问题呢?人体必须将体温维持在37℃附近;年轻成年男性的身体调节系统运行最快,而年迈女性则最慢。

人类可以通过衣物选择来提高或者限制人体热量损失。为此,“穿衣指数”(clothing value)概念于1974年被引入。鉴于人造材料较高的蓄热和辐射性能,城市居民可以长时间待在室外。例如,慕尼黑全年有50个夜晚足够温暖,而城郊只有16个温暖的夜晚;在印度,城市中1月份已经很舒适,而乡村还非常寒冷。

3.1.5.2 寒冷对人体的影响

刺激很快从皮肤通过神经纤维传达给间脑。在寒冷环境中,人体会收缩血管,将体表温度降低到37℃以下。在身体损伤来临之前,人体会出现相反的信号:血液会被注入四肢。颤抖可以生成热量。通过训练,人可以适应−20℃的工作环境。

虽然市区夜晚气温较暖,但寒冷仍不容忽视。在土伦和巴黎,由年迈、营养不良导致的死亡率和自杀率升高。年长女性比男性对于气温上升更加敏感。在85～90岁年龄段,男性敏感性开始上升;在90岁年龄段,死亡率升高到173%。科学家分别观察了心脏循环死亡案例及其与热污染之间的关系。并将其表达为“预测均值舒适性指标”(Predicted Mean Vote, PMV)(图3-12):当PMV介于−1～1之间时,所有被调查者均感觉舒适;当PMV小于−2时,死亡人数会增多;PMV为−4时的死亡率较PMV为0时多19%。当2月份出现严重的气温增高时,病患将会感觉不适。

室外的寒冷环境仅可能致流浪汉死亡;对于其他人群,更多因素可能致死。例如,室内火炉能够加热并维持热度的空气太少;为了节能,通风通常较少。紫外线过少会导致细菌增多,引发感冒。当冬季空气相对湿度超过55%时,小水滴会吸收微生物,并到达呼吸道深处,由此引发支气管炎和流感。儿童更多发此疾。

在有风的天气,低温会被明显感知,因此二者必须被共同评价。对此,科学家曾经发明一系列评价指标,如“风寒指数”(Wind-Kälte-Indizes)、“热导系数”(Wärmeübergangskoeffizienten)等。

当在室内人体身着衣物舒适时,室外风速在0.2 m/s时就会感觉到

“通风”。花园、院落或街道空间中的风通常比开放空间弱，但是空气在狭缝中（尤其在高层建筑之间）运动会集中、变强、出现涡流。此类“通风”条件经常出乎意料，卷走雨伞和帽子。

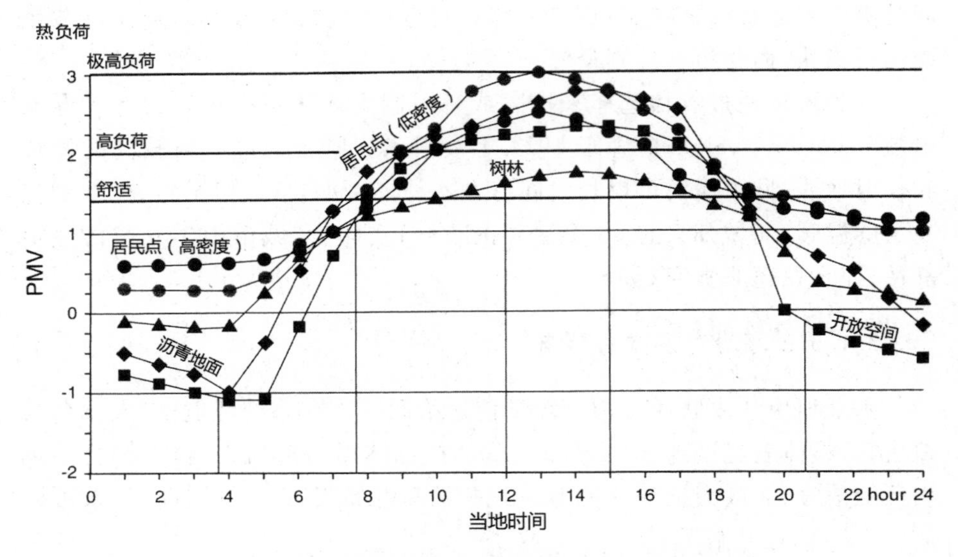

图 3-12 不同用地类型中的人体舒适率日走势(7 月份)

（来源：G. Jendritzky. Zur Raeumlichen Darstellung der thermischen Umgebungsbedingungen des Menschen in der Stadt [J]. Freiburger Geographie. 1991,32:1-18.）

3.1.5.3 炎热对人体的影响

皮肤中接受热量的感觉细胞将刺激通过 C-神经纤维缓慢传达给大脑。人体对此将作出以下反应：毛细血管扩张，从皮肤获得热量。随后，人体通过对流或者长波辐射向空气中释放能量。如果体温高于 36.5℃，皮下腺体就会开始排汗；汗液蒸发通常会为人体释放很多热量，但中午时分蒸汽压力较高时该散热能力减弱。气温高于 25℃之后，每升高 1℃，人体每分钟心跳次数会增加 1 次以上；在较为潮湿的空气环境中，人体每分钟心跳次数会额外增加 2～4 次。

当空气极度潮湿或不流通时，汗液蒸发非常缓慢，皮肤表面会形成汗滴。幸好，能够带来负面影响的气候元素在一日中的不同时段达到峰值。清晨，空气最为湿润且流通性最差；但是此时气温还较低，于是清晨中最后的时段将成为炎热天气中最舒适的时段。当太阳升起，阳光落到底层窗户上时，云影出现。除旱季以外，积云在日出后 5 小时就会覆盖市区天空的

1/2,12—15 时会覆盖市区天空的 1/2～2/3。与此同时,对流会促进蒸发。15 时当地气温升至最高,但此时阴影也已经很长。

在城市中,以上过程延迟发生,且各阶段会增长 1～4 小时。下午的最后时段是重要时段,气温仍然很高,但风已经减弱,蒸汽压力上升。7 月份在维也纳,时均交通事故量峰值出现在 15—18 时①。

日间吸收大量热量的建筑物使其周围气温在夜晚仍然较暖,因此酷暑对城市居民的危害远远大于乡村。因此,有学者甚至称“城市热岛”为“死亡之岛”。高温会对 2 岁以下的儿童和 60 岁以上的老年人构成危害,尤其对于糖尿病和心脏病病患、女性、肥胖者。统计显示,在高温天气频发的夏季月份(6—9 月),死于血液循环超负荷和呼吸负荷的人数高于其他月份平均值。更糟糕的是,当夜间气温高于 25℃时,人体将无法进入深度睡眠状态;凉爽的夜晚会使自主神经系统保持镇静。

1986 年 6 月 16 日至 7 月 5 日、1990 年 7 月 16 日至 8 月 4 日,德国西南部地区 15 时气温经常超过 30℃,且夜晚气温也高于 20℃。此时在曼海姆和海德堡,70 岁以上的男性死亡率较 5 月上升了 6%～7%,海德堡 70 岁以上的女性死亡率上升了 25%。洛杉矶某次热浪之后情况更为严峻:60 岁以上男性死亡率上升了 50%,75 岁以上男性死亡率上升了 240%②。

在圣路易斯 1966 年 7 月的热浪之中,第二个炎热夜晚中的死亡率突然上升,第四日最高。在纽约,街区越密,热岛越强,夜晚越热,老年人死亡率越高。其中,内城街区中的死亡率最高;能够享受到“海陆风循环”的沿海街区死亡率较低。1976 年夏季,巴黎的死亡率情况也与此类似。

1988 年 7 月,在希腊,1280 人死于中暑和类似症状,其中 87%来自大城市雅典和萨洛尼卡。1985 年,日本三大城市炎热夜晚(气温高于 25℃)数量统计显示:城市越大,夜晚越炎热。在上海、武汉,气温超过 37℃时,中暑和火灾数量明显增多,交通事故高发,生产效率降低,产品质量下降。

每种土地利用类型的 PMV 按时间段计算而出(图 3-12)。如图可见,如果当地时间 24 时较当日 0 时热一点;下一日的曲线会更高一点。这一

---

① A. Machalek. Das vertikale Temperaturprofil über der Stadt Wien [J]. Wetter & Leben, 1974,26:87-93.

② F. W. Oechsli, R. E. Buechley. Excess mortality associated with three Los Angeles September hot spells [J]. Environmental Research. 1970,3:277-284.

模拟的前提是整日晴朗；而在夏日，多数情况下积云会在12—15时为居民降低热压。松散居民点的午间和密集居民点的夜晚最热。埃森、马尔及其周边地区某炎热夏季中午的PMV数值为：开放空间－2.8；城郊－3.2；东西向街道－2.8；南北向街道－3.4。

傍晚，当开放空间迅速降温时，建成区的PMV数值维持在1，这标志着此时人体处于轻度负荷与舒适之间。在慕尼黑开展的热舒适度与持续时间研究显示，在内城总时间的24%使人体感觉闷热，而城郊则只有19%。

图3-05讨论了曼海姆若干日温度走势中的露点温度和闷热几率。在1989年7月23日，空气相当潮湿，整日露点都高于16℃，仅在20—22时之间空气接近舒适。用虚线表示的闷热几率在上午和傍晚后半段出现峰值。

关于“闷热”概念的研究显示，年龄、体质、习惯和天气状况的差异将导致个体感觉差异，因此测量数值（如蒸汽压力或者露点温度）或综合性指标均属于临时量度。1978年，科学家曾对弗莱堡某个居民团体在多个夏季月份的热负荷进行了调查。在5月，能够将气温和湿度联系在一起的等效温度很少上升至45℃，95%的受调查者感觉到热负荷。7月和8月等效温度的月平均值超过均45℃，但是人体在血液循环及衣物和行为方面都已经做出调整；半数以下的被调查者会抱怨闷热天气。在1992年夏季，当地居民作出类似反应。在德国，炎热会在夏季3个月当中愈演愈烈，但后期急救车出勤率便不会超过年度平均值。

为了驱除或减缓热压，除了人体适应性以外，其他策略也曾获得成功。20世纪50年代热浪刚刚袭来时，德国南部城市管理部门曾经将5—12时作为工作时间；在地中海国家，人们通常在最热的几个小时里选择午睡，在静止状态下人类甚至可以忍受60℃的高温。同时，人们在夜晚进行通风，而白天门窗紧闭。穿着轻便衣物外出，并且将道路尽量置于建筑物或树木阴影之中。在树冠阴影下，气温较低、人体感觉舒适。夜晚虽并不凉爽，但是人体感觉舒适，城市夜晚较长，因此很多家庭或俱乐部在夜晚举办露天活动。

建成区内气温较高，因此相对湿度下降。为此，对人体健康意义重大的相对湿度边界值需得已展现（表3-03）。无污染物的大雾可能对人体健康产生负面影响，同时也将严重影响空气能见度、给驱车者制造麻烦。

表 3-03 相对湿度对人体健康的影响

相对湿度(%)	对人体健康的影响或意义
100	气温在 36℃以上时,人体有中暑危险
75	在室温(20～23℃),人体感觉轻微闷热
60	气温在 36℃以上时,人体感觉严重闷热
>55	悬浮颗粒、微生物上会聚集水蒸气;可下降到地面附近
<35	很多物质充满静电,空气中含有大量粉尘。为了驱除粉尘和病菌,呼吸道中的黏膜变干,同时环境中的灰尘浓度非常高
10	暴露于空气中的人体皮肤组织需要涂凡士林等物质,以防止开裂。每日出汗损失的水分合计 8 l,须及时补充水分

(来源:A. Varga. Grundzuege der Elektro-Bioklimatologie. Mit besonderer Berücksichtigung der Umwelthygiene [M]. Heidelberg. 1981.)

3.1.5.4 大气污染物的危害

如果产品生产与机动车交通的地位较环境保护高,那么居民健康将会受到急性或慢性疾病的损害。污染物攻击皮肤或者眼睛,多数被吸入体内,聚集在上呼吸道黏膜上,通过纤毛向上运送。其中,少数污染物会直接被人体吸收,在肾脏、肝脏、骨骼或神经系统中聚集。

鉴于人体健康的要求,一些污染物边界值已经按照时间(小时、日或年)或地点(工作区或居住区)得以确定。但是,许多强制性边界值仅对工业设施有效,而较少涉及城区。在德国,来自工程师协会、地方、州、联邦和欧盟的多个污染物边界值要求造成混乱。事实上,这些标准应该得到更加严格地限制。同时,这些标准通常针对普通人提出,对于高危人群边界值数值还应该适当降低。即使污染物浓度很低、当成人病假数量固定不变时,幼儿呼吸道感染的几率也要较空气卫生区域高出 7 倍。如果交通干道的空气污染物浓度在儿童鼻腔高度得以测量,政府可能会更加频繁地开启烟雾警报。

两种以上的污染物同时出现是否增强或削弱其对人体的影响?只有 SO_2 和粉尘的协同作用被众所周知。因此,两者在德国空气质量保护计划中得以关联①。硫黄粉尘吸收气体分子并将其传输给呼吸道。黏液表面固定并溶解微粒，非吸烟者的纤毛将黏液运往鼻子。其他溶解性微粒被白细胞吸收，被淋巴运走。

3.1.5.4.1 二氧化硫

大型燃烧设施从废气中滤除 SO_2 意义重大，1988—1993 年间，大气中的 SO_2 平均浓度就得以减半；继而，NO_x 成为污染气体的主要成分。不断深入的研究工作使人类对 SO_2 自身的认识及其对树木、土地和人体影响的认识也多于其他硫化物。SO_2 来自煤和油，运输和化学反应可使其转化为 SO_3、H_2SO_3 和 H_2SO_4。SO_2 会袭击人体上呼吸道。在比尔市，1980—1982 年间，城区儿童冬季患支气管炎的几率是周边乡村的 1.1～14 倍。1981 年 4—6 月，乡村儿童没有看医生的事件，可以认为他们比城市儿童更为健康。此外，受损害的皮肤黏膜会对花粉和灰尘产生过敏反应。同时，SO_2 也会对心脏循环系统造成损伤；在降雾区，10 岁儿童骨折康复期大概是 6～12 个月，由于白细胞中缺少消耗病原体的亚硫酸盐氧化酶，因此会导致感染或出现其他危险（表 3-04）。

表 3-04　二氧化硫对人体的影响

平均浓度（$\mu g\ SO_2/m^3$）	延续时间	影响
50	1 年	对人体尚无影响
120	约 20 年	肺癌风险增高 33%
150	2 天	支气管炎几率增高
230	7 天	死亡率加倍
1000～3000	—	支气管炎甚至出血

（来源：F. Fezer. Das Klima der Städte[M]. Heidelberg: Justus Perthes Verlag Gotha，1995.）

SO_2 会对动物生存产生影响，也会对植物的光合作用产生影响，可能影响植物根茎生长。1950 年左右，在东京有冷杉树枯死，95% 的柳杉、赤松和日本栗死亡，很多地衣类的植物也无法忍受 SO_2 带来的负荷。在伦敦、法兰克福、曼海姆和慕尼黑，植物死亡扩散范围与 SO_2 浓度分布范围出

① M. Csicsaki, W. Mertineit. Die Auswirkungen von Smogepisoden auf die Sterblichkeit [J]. Das oeffentliche Gesundheitswessen. 1988, 50:319-324.

现相似的边界。在距埃菲尔铁塔 2 km 半径范围内，仅有 1 种地衣类植物得以生存；比较敏感的物种均分布在距巴黎市区 50 km 以外的郊区。

3.1.5.4.2 悬浮粉尘

空气粉尘来源有很多，且在空气中停留的时间会由于直径差异而各异。联邦环境局 1992 年针对机动车制动、橡胶摩擦等造成的粉尘比例做出估测，其结果为 10%。其中，发动机引发的粉尘量值得关注，它含有 5～6 μg/m^{3}的致癌物——苯并芘。其他粉尘则由石英、石棉、氧化铁和煤烟组成。

雨后，建成区和街道会很快干燥，于是汽车尾气可以轻易地扬起粉尘。这会阻碍能见度，更容易形成大雾。空气中的微粒会充满电荷；离子吸收污染物、HCO_3^-、NH_4^+和 H_3O^+，并且被水偶级子包围。粉尘会向支气管和肺部传播过敏源及其他危险物质，它将与烟草烟雾共同作用，造成癌变。

直径大于 5mm 的粉尘可直接由鼻腔或呼吸道滤除，而直径小于 2 mm 的粉尘却会侵入支气管和肺部。沉积物会阻塞呼吸道。

在德国“莱茵—内卡”区域，1992 年，开放空间的平均粉尘含量为 70～90 mg/m^3，村庄和中型城市中的平均粉尘含量增量过多，在某个位于国道与采石场之间的村庄中粉尘含量为 160 mg/m^3。1969 年，科学家针对美国水牛城中由哮喘、支气管炎和肺气肿引发的死亡率展开研究①。只要空气中的粉尘含量高于 80 mg/m^3，50～69 岁年龄段男性的死亡率就会快速增加。当城市居民经常或长期遭受病毒和病菌性疾病困扰时，粉尘会将病菌带入呼吸道，同时对免疫系统造成损伤。

3.1.5.4.3 一氧化碳

当空气流通受限时，燃烧过程会生成一氧化碳。每当烟囱、煤炉、燃气炉或发动机关小开关时，或人类吸烟时，一部分碳被氧化生成一氧化碳而非二氧化碳。

据调查，1992 年，曼海姆城郊一氧化碳浓度为 0.5～0.6 mg/m^3，而市中心则为 1.4 mg/m^3。在有交通灯的十字路口、隧道或停车楼中，一氧化碳浓度则更高(表 3-05)。

① W. Winkelstein, S. Kantor. Respiratory symptoms and air pollution in an urban population of northeastern United States [J]. Archives of environmental health. 1969, 18: 760-767.

血红蛋白对一氧化碳的吸收能力比对氧气的吸收能力大240倍。血液中如侵入一氧化碳，血红蛋白即使已与氧气结合，也会由一氧化碳把氧气置换掉，由此血红蛋白将失去运输氧的能力。此即所谓一氧化碳中毒。当血液中的一氧化碳血红蛋白含量为2.7%时，心绞痛病人会出现痉挛现象。世界卫生组织认为一氧化碳血红蛋白为3%时，就会危害健康。在小城市居民人体中一氧化碳血红蛋白含量平均值为0.85%，科隆市中心则为1.1%；在其他城市中，干道两侧建筑物底层居民的一氧化碳血红蛋白含量平均值为5%。

表3-05　城市交通路网中机动车在不同行驶速度时的发动机污染物释放量

污染物	机动车时速为30 km/h时		机动车时速为50 km/h时	
	无尾气处理器	有尾气处理器	无尾气处理器	有尾气处理器
一氧化碳	4.0	<1.0	4.0	<1.0
氧化氮	0.5	0.1	1.4	0.3
碳氢化合物	1.0	0.2	0.6	0.1

（来源：H. Diehl. Verkehr. In：Lufthygiene und Klima. Ein Handbuch zur Stadt-und Regionalplanung［M］. Berlin，Heidelberg：Springer-Verlag Berlin Heidelberg GmbH，1993.）

3.1.5.4.4 氧化氮

当燃烧过程温度过高时，氧气不仅会与燃料发生反应，也会与较为稳定的氮气作用生成一氧化氮，继续氧化便会生成二氧化氮。因此氧化氮的统计通常同时涉及这两种氧化物。

除氮设施能够将大型热电厂的氧化氮含量降至5%，与此同时，机动车发动机的催化转换器可将其降低到20%（表3-05）。如果内城快速路允许最高时速100 km/h，则发动机放热会增加，且氧化氮释放量将是时速50 km/h时的两倍。而机动车行驶速度从50 km/h降至30 km/h时，污染物排放量将会下降到30%～50%。

很多措施能够明显降低机动车行驶每公里的污染物排放量，但是由于机动车交通量一直在增加，大城市市区空气中的氧化氮含量并没有明显减少。例如，1992年，曼海姆市中心，空气中的氧化氮含量为60 $\mu g/m^3$；而高速公路交叉口、临近街道的开放空间附近空气中的氧化氮含量则为40 $\mu g/m^3$。

德国国家环保局1992年提供的数据显示，交通干线两侧40 m范围以内，空气中的氧化氮含量会逐渐降低至60%；但在此后的150 m范围内，该数值并不会继续降低。

氧化氮与碳化氢会促成水蒸气凝结，这会加厚城市上空的云层。1971年，在美国查塔努加的若干街区，氧化氮的浓缩及其影响得以研究。氧化氮对人体的影响过程类似于二氧化硫的影响，会损伤呼吸道和肺部组织，使免疫系统更易受到细菌攻击。如果二氧化氮进入细胞，则会终结细胞与氧气结合的能力。适当的氧化氮浓度可以作为养料经由树叶或者菌根被植物吸收。高浓度的二氧化氮与二氧化硫则会造成系统损伤（表3-06）。

表3-06　二氧化氮的影响

空气中的浓度($\mu g/m^3$)	持续时间	影响
30	全年	瑞士国家标准边界值
100	8小时	德国国家标准边界值
100	1年	美国和日本国家标准边界值
140	2年	儿童患支气管炎
150	1天	欧洲标准边界值
500	9个月	橘树落叶
1000	1年	支气管炎
	1小时	老鼠患上肺气肿
200000	1小时	老鼠死亡

（来源：F. Fezer. Das Klima der Städte[M]. Heidelberg: Justus Perthes Verlag Gotha, 1995.）

3.1.5.4.5 近地面臭氧

很多燃烧过程均会释放一氧化碳、氧化氮和碳化氢，主要还是机动车气缸内的燃烧过程。太阳紫外线辐射会从二氧化氮分子中分离出一个氧原子，它会马上附加在充裕的氧分子上，形成臭氧。近地面臭氧不会与平流层中的臭氧发生交换，因此与位于12～40 km高空的臭氧空洞并无关联。

清晨，随着太阳升高，近地面臭氧逐渐增多。中午开始，臭氧浓度保持不变；只有在某些天（特别是周日和周一），海德堡的臭氧浓度直到当地时间17时还在升高，意大利拉文纳市中心的臭氧浓度直到当地时间16时还在升高①。在慕尼黑及其周边区域，1990 年 7 月，开放空间较内城臭氧污染严重。即使在夜晚，当臭氧分解时，奥林匹克公园上空 200 m 高空的臭氧污染也同样十分严重。在山地城市，半山腰或山坡常成为理想的居住用地；当高压持续时间较长时，夏日浓雾会影响到该地区居民的身体健康与生活品质。

臭氧分子也会丢弃多余的氧原子，例如，转移给从排气管排出的未燃尽的碳化氢残余物。这就可以解释，夜晚大城市上空的臭氧会大幅度减少，而良好天气中林区上空臭氧会逐日积累。至此，这也可以解释臭氧浓度的每周变化趋势，通常周日的碳化氢含量较少。当周末云层稀少时，阳光能够分解很多污染物。总之，城市中夏日清晨 7 时的臭氧浓度最小，14—17 时臭氧浓度最高。只有 10%～15%的居民对一定浓度的臭氧产生反应，这一人群会在下午臭氧浓度最高时感到身体疲乏。高龄者、心脏循环病患和哮喘病患在臭氧的高危人群中占很大比例。

水溶性的氧化硫和氧化氮会被拦截在上呼吸道黏膜上。非水溶性的臭氧会到达肺泡。此后，它会氧化蛋白质胺，损伤细胞膜的脂质，导致发炎。通过此类慢性影响，人体会对传染病更加敏感；规律性的臭氧会刺激眼睛。在洛杉矶，当臭氧浓度边界值被超出一周之后，意志消沉、过分恐慌和敌意等情绪的发生几率有所增加。消极作用多数发生在臭氧聚集区域，也会受时间和吸入空气量影响，如在体力工作或者运动中此类症状较多发生（表 3-07）。

表 3-07　臭氧的影响

臭氧浓度（$\mu g/m^3$）	持续时间	影响
50	生长周期平均值	农作物收成损失 10%
40	2 小时	在从事体力工作的园丁的血液中，氧分压减少，气体交换率降低 10%
60	2 小时	同上，警察群体也会发生相似情况
60	8 小时	敏感性植物受损
120	0.5 小时	德国工程师协会指导方针边界值
240	2 小时	咳嗽

① T. Tirabassi, F. Fortezza, W. Vandini. Wind circulation and air pollutant concentration in the coast City of Ravenna [J]. Energy & Building. 1990/91,15/16:699-704.

续表

臭氧浓度($\mu g/m^3$)	持续时间	影响
90	日平均值	哮喘病人的 PEF 值变差
300	4 天	儿童肺功能在一周后恢复正常
	1 年	肺气肿

(来源:F. Fezer. Das Klima der Städte[M]. Heidelberg: Justus Perthes Verlag Gotha, 1995.)

3.1.5.4.6 有机化合物

1986 年,只有少部分机动车装有尾气处理器,当时空气中一半的碳化氢含量都源自机动交通。尤其是在缓慢行驶或在红色交通灯下汽车发动机空转时,此时燃料燃烧不完全。

木头燃烧释放碳化氢不多;煤炭燃烧会放出木头燃烧碳化氢释放量的一半,焦炭燃烧完全没有碳化氢释放。其余碳化氢来源有很多,例如,木材防腐和生产流程等。

在德国北莱茵—威斯特法伦州博尔肯县,5～7 岁儿童的血液中苯的平均含量为 0.065%,科隆市中心该数值则为 0.105%。甲苯含量分布情况也非常类似。这些芳香基会在骨髓中集聚,于是将导致血细胞制造能力下降,提高白血病的患病几率。进入室内的芳香基(如正己烷、正壬烷、环丙烷等)不会溶解于呼吸道黏液中,将到达肺部。曾经有 14 位病患宣称,他们的房间会激发疾病(即所谓"病态建筑综合征"),表现为肺功能衰退、结膜排出更多细胞、刺激三叉神经。

大多数肺癌死亡案例会被归因于烟草,但事实上其他污染物也有同等作用。研究显示,北爱尔兰地区的非吸烟者的癌症患病率要比每日吸烟 1～10 支的农民还高①。乡村空气仅含有 1 μg 苯并芘,市区空气含有 100 $\mu g/m^3$,它们会附着于粉尘表面,被带入人体。光化学烟雾带来的危害由表 3-08 可见一斑。

燃料中不再含铅以来,发动机运行产物被苯、甲苯及二甲苯代替。部分苯存在于石油中,其余的在提炼设备中得以监控,汽油成品中最终仍含有 1%～2%的苯。尾气处理器虽然能够从尾气中过滤掉 85%的苯,但是

① G. Dean. Lung cancer and bronchitis in northern Ireland 1960-62[J]. Britisch Medicial Journal. 1966,1:1506-1514.

只能在行驶了0.5～2 km之后(即发动机足够热时)才开始奏效。因此,在每日短途交通中尾气处理器对于苯的过滤作用并不大,而短途交通恰恰是城市交通的最大组成部分。受到机动车交通的影响,市区空气中苯含量因位置差异而有所不同:加油站空气中苯含量极高(小于等于300 $\mu g/m^3$),其次是冬季市区街道较高(小于等于40 $\mu g/m^3$)与交通繁忙的广场(21～27 $\mu g/m^3$)。

大城市8%的癌症危险来源于苯污染,乡村仅为4%。科学家研究了呼吸道疾病、扁桃体发炎、皮肤湿疹、过敏与芳香基的关系。氧被添加到苯环上形成甲苯和二甲苯。这两种酚对人类的作用类似于苯。世界卫生组织推荐,人体应该待在甲苯日平均含量低于8000 g/m^3的地方。在德国一些大城市,年平均值为10～20 g/m^3;二甲苯为2～4 g/m^3。

表3-08　光化学烟雾的影响

浓度($\mu g/m^3$)	持续时间(小时)	对象	影响
0.1	4	敏感性植物	树叶受损
0.13	1	动物	癌症
		体育生	奔跑速度变缓
0.1	每日峰值	哮喘病患	病的发作增多

(来源:H. W. Schlipköter. Auswirkung von Autoabgassen auf die Stadtbevoelkerung [J]. Umschau in Wissenschaft und Technik, 1973,73:111.)

3.1.5.4.7 *花粉及其他过敏源*

1987—1988年间,在乡间小城博尔肯县,9%的5～6岁儿童存在敏感问题;而该数值在杜塞尔多夫则为10.5%、在科隆为16.5%。每日在街道空间逗留1小时以上的儿童的过敏几率较平均水平高出40%～65%。

出于多种因素,城市居民较乡村居民更易出现花粉过敏症状。城市道路空间中的灰尘更多,灰尘污染的空气会被吸入呼吸道。空气污染物腐蚀花粉,使其更具攻击性。在交通量较大的道路上,桦树在其树叶表面生成过敏源。花粉会对城市居民构成长时间的严重影响。乡间小城博尔肯县的花粉周期为4月17日到20日;而1988年,大城市科隆的花粉周期则为4月12日到21日,共多出6日。与此相关,在城市中阳光充裕的广场,树木较早茂盛;而在阴影庇护区树叶发芽时间则未开发的与开放空间相同。

拂晓对于过敏症患者影响最大。为了解释一日中花粉密度是否会有所变化，海德堡的科学家针对三个连续夏日中每两小时的花粉成分进行研究(图 3-13)。研究表明，松树释放的大量花粉并不会对人体构成影响，花粉浓度曲线几乎不会改变；日落前后空气中的花粉含量最小；此后花粉浓度会增加，直到清晨醒来时人体还较为敏感。

为了解释花粉浓度的日走势，图表中还描绘了每半小时的平均风速。风速与花粉浓度并非完全相关。夜晚风速峰值发生在 2 时，它会扬起花粉，但是大多数花朵此时还是闭合状态。由太阳高度驱使的日间风时强时弱，此时花粉密度变化与风速走势相关。8 时以后，日出后 4 小时，风速会显著提高。能够引起过敏的花粉浓度会在 13:30 升至最高，这会对人体带来轻微影响。日落前两小时风速突然减小，该情况会持续 4 小时，直到空气中的大颗粒花粉沉淀到地面。花粉下降大约持续 12 小时。当然，由于地方性和时间性对流的强烈变化，该研究成果并不能作为普适性规律。

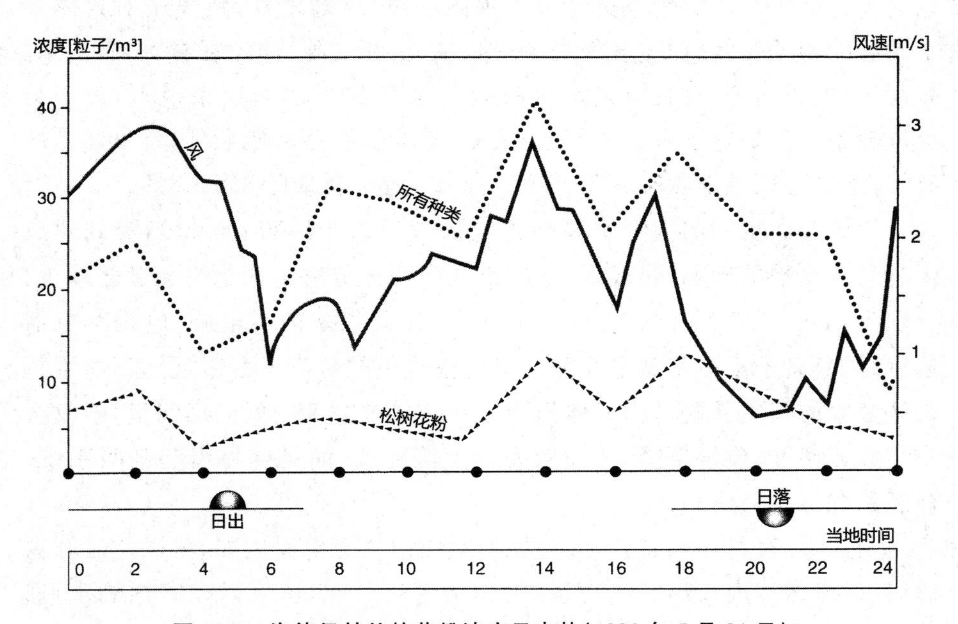

图 3-13　海德堡某处的花粉浓度日走势(1992 年 5 月 31 日)

(来源：F. Fezer. Das Klima der Städte[M]. Heidelberg: Justus Perthes Verlag Gotha, 1995.)

3.1.5.4.8 重金属

虽然沿交通道路的铅排放量已经严重减少，但是它仍然可以被监测仪器识别出来。铅会阻碍血红蛋白合成、妨碍细胞酶生成，从而阻止血红蛋白将氧气由肺部传输到人体其他细胞。孕妇的体内循环会将铅带给胎儿，从而影响其大脑发育。儿童注意力缺乏、极度活跃等症状将会伴随而来。较大的铅浓度会损伤肾脏和肌肉骨骼系统，甚至导致腕关节瘫痪。欧洲社会确定空气铅含量边界值为 0.5～1 $\mu g/m^3$①；而 1992 年曼海姆内城某些区域的空气铅含量为 86 $\mu g/m^3$。

同时，空气中的镉含量仅在内城中增多，在肾脏中堆积并造成伤害；铁和含锰的粉尘会加速空气中的二氧化硫被氧化成三氧化硫。

3.1.5.4.9 正负离子

鉴于闪电产生的电磁波及其传播，空气中出现了正负离子，它们对人体健康具有显著影响。19 世纪末，德国物理学家菲利浦·莱昂纳德博士就证明了负离子对人体的功效，随着研究的深入，负离子更多的好处也得以显现。除了杀菌除尘、清洁空气、消除静电、保健之外，负离子对人体多个系统的相关疾病（如支气管炎、哮喘、鼻炎、肺气肿、神经衰弱、头痛头晕、高血压、糖尿病等）有良好的辅助疗效。对于 30%的居民来说，正离子会促进健康。如果离子被非吸烟者吸入，人体血液会多吸收 10%～15%的氧气，于是心脏跳动频率会降低 3%～4%，血压会减低 3%～8%。

干燥开放空间的大气负离子含量最高（500～1000 个/m^3）；受到建成区高大建筑物的影响，建成区、室内空气中的正负离子含量均会显著减少，分别为 100～500 个/m^3、10～30 个/m^3。尤其当室内有电脑、电视等电器运行时，负离子量更是微乎其微。室内空气中的负离子含量远远不能维持人体健康的基本需要。当人体长期处在负离子浓度较低的房间里，不仅会产生疲劳、睡眠质量下降、工作效率低下等症状，而且容易引起呼吸系统、神经系统等相关疾病。

当然，已有科学家想到，人为地为室内空气充电。例如，可以适时开窗通风，以增加室内负离子的含量，提高室内空气质量；可以在室内洒水，通过运动喷溅过程中水分子的撞击，生成负离子；饲养能增加负离子含量的植物，如仙人掌、令箭荷花、仙人指、量天尺、昙花、金边虎皮兰等。这些植物的肉质茎上的气孔白天关闭，夜间打开，在吸收二氧化碳的同时，释放大量的氧气和负离子，从而使室内空气中的负离子浓度和氧气浓度增加。

---

① U. Ewers. WHO-Leitwerte fuer die Luftqualitaet in Europa [J]. Das oeffentliche Gesundheitwessen. 1988,50:626-629.

3.1.5.5 室内气候

在地球温带，人类每日会在封闭空间中度过 70%～90%的时光。德国劳动保护局在一百年前就已经开始关心工作岗位的室内气候条件，而居住空间的气候条件则在几十年前才开始得以关注。医生、建筑物理学家、气候工程师等专心致力于相关问题的研究；1983 年，德国首个“室内空气质量”手册问世。

数十年来，墙壁、窗户和门的气密性一直在被不断提升，但室内空气仍然会渗透出去。窗户开启会浪费暖气能源；最好每小时或每半个小时为室内通风一次。每小时都会有大量新鲜空气由墙体材料的细孔、百叶窗缝隙及其他开口渗入室内。且室内外温差越大、室外风速越高，每小时的空气渗入量就越多。

每小时需要新鲜空气 15 m^3，吸烟者则每小时需要新鲜空气 60 m^3。当空气流动速度超过 0.2 m/s 时，人体会感觉到风。当相对湿润的空气流入较暖的室内空间时，各类皮肤器官会报告两种相互矛盾的感受，人体会颤抖。二氧化碳通常会堆积在有人居住的通风不好的空间中，因此地窖中较为危险。日间植物会吸收很多二氧化碳，因此下午空气中的二氧化碳含量会比日出时低 7%～10%。如果燃烧时空气供应不足，则会产生一氧化碳；由此，室内一氧化碳浓度将是交通繁忙的十字路口的 10 倍。

为了进行木材防腐，早些时候会用五氯化苯酚(PCP)试剂浸泡木材。1989 年以来，德国国家标准对木材中的五氯化苯酚含量提出限制(5 mg/kg)。根据 1991 年海德堡大学妇产诊所的数据，如果孕妇长期待在采用老方法处理的木材搭建的空间之中，流产的几率将会增加。多氯联苯也常用于预防木材生虫。德国联邦健康局建议，当室内空气中的多氯联苯含量大于 300 $\mu g/m^3$时，则需要进行建筑更新。当然，室内空间的芳香基浓度过高时，一些植物也可以在 2～3 天内将其分解至 45%～80%。

人体或动物的汗液会被细菌分解，而后引发不适感。年幼儿童经常触及的绝缘材料、胶合板家具、地毯及其他织物和皮革都含有污染物，并会缓慢释放污染物。最常见且最危险的影响来源于烟草烟雾，它含有 100 余种能够激发癌症的物质。

在建筑基地上，存在于一定深度的花岗岩、片麻岩之中的放射性气体“氡”会缓慢渗入地下室。因此，推荐在寒冬或盛夏对其彻底通风，避免有害气体上升至居住空间。1994 年，科学家测量了维也纳若干居住区内的氡浓度①。数月之后顶层氡浓度平均值达到 34 Bq/m³，接地层为 57 Bq/m³，通风状态不佳的住宅则为 157 Bq/m³。如果人体长期暴露于氡含量较高的空气中，会引起肺癌。

室内空气湿度应介于 40%～60%之间，这不仅对人体健康有好处，而且对家具、小提琴等物品的存放也最为有利。当室外空气很冷、室内供暖时，空气湿度经常会超出上述范围。例如，清晨室外气温在 −5℃时，相对湿度为 80%。居民开启卧室的窗户，以便更换整个房间的空气。此后，新鲜空气被加热到 20℃；空气中水蒸气的绝对数值保持不变，但是相对空气湿度会降低到 13%。这一数值已经远远低于最佳湿度范围。

在干燥空气中，黏膜弹性很小，人体会呼出灰尘和细菌。如果饲养蒸发性能较好的植物（如莎草、风车草），则可以节省空气加湿设施。当然，人体也可以使空气更加湿润，因为人体呼出的空气相对湿度为 95%。

热舒适度不仅与室内气温有关，而且也与从窗户入射的太阳辐射引起的墙体辐射，以及衣物和人体运动等因素相关。科学家于 1972 年的一个夏日在日本御茶水进行了室内墙体温度比较研究。结果显示，东墙温度在 15—16:30 时达到峰值（33.8℃），强烈辐射红外线。西墙在 18:30—20 时最热（达 39℃）。因此，在适当位置种植常青藤或其他外墙植物，可以使室内保持凉爽。在更为炎热的印度城市街区，室内空间很低，通风条件较差。室内空气非常稳定地保持着上方较热、下方较冷的状态，这将导致感冒、咳嗽和哮喘等病症高发。对此，印度建筑大师查尔斯·柯里亚曾基于当地此类特有的室内气候条件，在建筑剖面设计上和平面设计上进行了大胆创新。

在现代医学上，“空调综合征”（或作“空调病”）常见于长时间在空调环境中工作学习的人群中。由于空间密闭，空气不流通，致病微生物滋生、霉菌繁殖加快，且室内外温差较大，机体适应不良，人体出现疲乏、头痛、黏膜干燥、风湿、角膜炎、感冒及其他类似疾病的发生几率升高 10%～110%，还常伴有一些皮肤过敏的症状，如皮肤发紧发干、易过敏、皮肤变差等。气流流速边界值通常未得到遵守，或者因距离墙面太远，无法满足空气流通要求。在热带，气温已降至 24℃、但人体在 28℃时感觉更加舒适的情况经

---

① P. Wallner, F. Steger, G. Obermeier. Langzeitintegrierte Radonmessungen auf kleinraeumiger Ebene in Wien und Kommunikation mit der Bevoelkerung [J]. Gesundheitswesen, 1994, 56:335-337.

常出现。

在某些国家(如日本),为室内空间供暖、降温、加湿等保持舒适度的措施所消耗的能源占能源消耗总量的一半。在德国,12 月份供电网压力最大;在东京,7、8 月份供电网压力最大。事实上,如何节制室内采暖或降温所需能耗以减少二氧化碳排放量,从而减轻人类活动对全球气候变化的影响,已经成为重要课题。

3.2 数据获取方法

在我国,传统城市建设关于气候条件的考量多源于风水学思想、遵从“天人合一”理念,新中国成立以来则主要通过风玫瑰图、污染系数玫瑰图指标来指导城市规划设计,以应对气候问题。现代城市规划与建设过程中,必须将有关气候环境特征与空气质量的精确数据作为规划设计基础。例如,高精度的空气污染程度现状与期望值的时空分布信息是制定城镇层面的大气污染控制概念的基础。为了在规划中合理地关注空气污染控制因素,鉴于在空气污染成分及多种成分共同作用机制、聚积效果方面人类知识水平的有限性,必须找到合适的评价标准与决策辅助手段。

理想模型中,能够最为清楚地显示城市气候特征的建成区必须呈圆形;建筑物应该越靠近中心越高、越密集;平坦的乡村应该被相似的植物覆盖,河流湖泊应该细小、狭长。梯度风较弱的晴朗天气(即反气旋或高压天气)周期经常会持续数日。此时,如果按照季节、时间、工作日或周末,以及多种天气类型,对这一城区的气候数据进行研究,则可以得出一些规律性的结论,且能建立近乎完美的模型。但唯一缺点是,这样的建成区根本不存在。

因此,科学家必须猜测,为什么位于坡地住区的空气很少会过热?是应该归因于松散的建筑布局方式,还是应该归因于山坡区域的空气循环?如果宽阔河流两侧的空气更加舒适,其原因在于密集建筑群被打断,还是在于山谷风循环?为了剥离各类影响因素,人们会按照规模、地形中的位置,或者大气候中的相对位置比较不同的城市。但是,由于多个因素的共同作用且研究成果来自于不同时段,研究成果之间的比较仅仅能够提供一些线索。相反,人们也可以对城市扩张和加密建设的不同阶段展开研究。

当人们针对某个城区、内城中或者城市附近的空地开展研究时,不仅应该关注它们自身的气候特征,还应该关注它对于整个城市的意义。如果问题是应该将基地作为工业区还是接近自然的小公园，以及如何进行建设活动，那么应该通过气候学研究指出当地气候将会如何发生改变及其改变的程度。因此，为了在城市建设中考虑气候发展目标并制定相应的建设导则，有必要寻求观察城市气候或多个气候因素的工作程序与方法。

3.2.1 基础数据

在早期的研究中，科学家试图在城市各发展阶段的气候数据与人口数量之间建立关联，因为这些数据较易获取。但是，城市气候的恶化程度似乎无法与人口规模的增长产生紧密联系。例如，1951 年以来，维也纳的人口数量并未显著增长，其城市气候效应却自二战开始变得更为严峻，与此同时由砖瓦与沥青覆盖的土地比例却在不断上升。利用卫星拍摄的土地利用图可以有效界定城市土地面积，孤立建筑物则可以忽略不计。

因此，各地必须开展当地的土地测量与气候监测活动，以便为城市管理部门提供精确数据。主要应该包括以下几类内容。

第一，应将房屋平面、大尺度的航拍图像按比例备案，或者进行数字化备份。

第二，应获取地形信息，最好建立数字化的地形模型。

第三，为了评价下垫面粗糙度，必须获得建筑物高度。对此，航拍图像可提供高度分布梗概。

第四，容积率、人口密度、绿地率同样与城市气候状况相关。此类数据应该获取。

第五，交通流量可以通过监测、估算等方式得到。

3.2.2 比例

研究对象会因区域与规划任务的不同而产生差异(表 3-09、图 3-14)。

大多数情况下，人体位于 10 m 高接近建筑物的空气层(即“城市冠层”)中。但是，为了解释很多现象必须研究“城市边界层”中的气流运动，其日间厚度为 1000 m、夜间厚度约为 200 m。气象卫星记录下来的图像足够确定明显城市化与较弱城市化区域之间的边界。利用飞机、直升机拍摄的照片，或者利用其他交通工具测量获得的数据使土地分类及其解释更加容易。

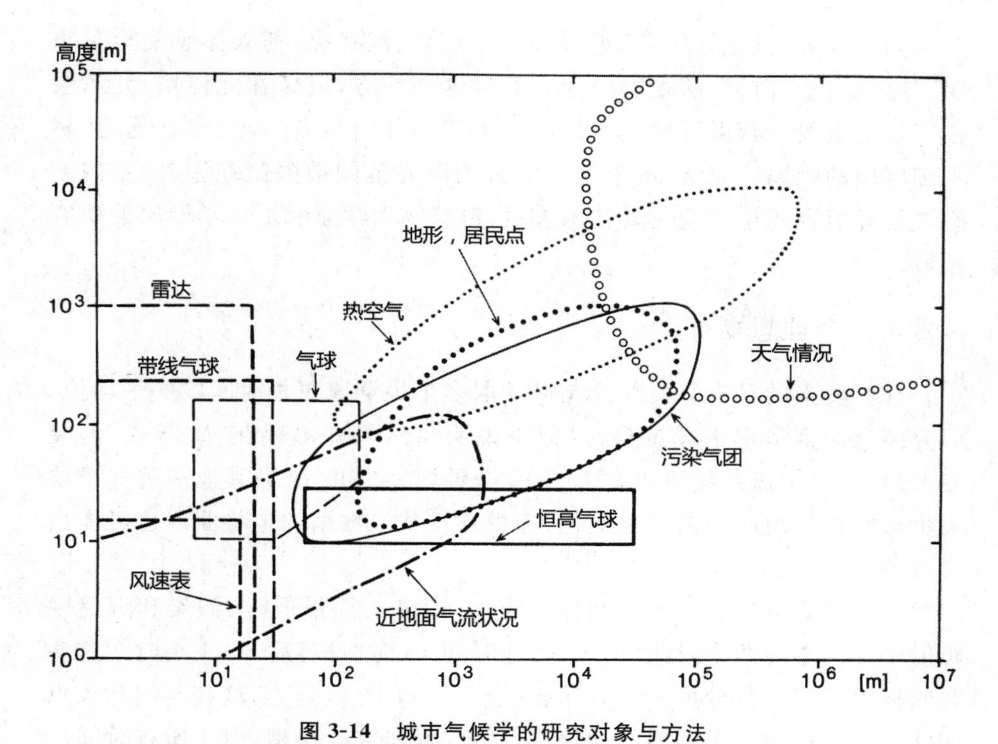

图 3-14　城市气候学的研究对象与方法

（来源：F. Fezer. Das Klima der Städte[M]. Heidelberg：Justus Perthes Verlag Gotha，1995.）

表 3-09　研究对象及相应的研究方法与比例

研究对象	人口聚集区或大都市	城市	区块	建筑群、街道、院落	墙体、窗户
气候要素	雾、积云、降水	热岛、风环境		生物气候、洪水	能量流动、通风
监测配置	气象局、永久性气象站	固定或者特殊监测网络			监测仪器
测量采用的交通方式	城市铁路、卫星	汽车、飞机	自行车、直升机	步行、气球	消防梯、肥皂泡
分辨率(m)	200	25	10	2.5	0.1
图片比例	250000	25000	5000	1000	100
服务对象	区域规划	城市规划	建筑师		建筑物理

（来源：F. Fezer. Das Klima der Städte[M]. Heidelberg：Justus Perthes Verlag Gotha，1995.）

如果仅关注街道、广场、花园、内院的微气候状况，则人体感受至关重要。原因在于，白天、傍晚居民均会经过这些地方，或者在此停留，儿童会在广场上玩耍。其微气候状况取决于太阳的相对位置、人与空气通道、树木和墙壁的距离。通常，城市气候学家的研究范围被限制在室外，室内空间气候环境则属于空调设备技术人员、建筑物理学家和卫生学专家的研究领域。

3.2.3 一个理想夏日

气候要素的日走势曲线绘制通常取多个星期或更长时间段的平均值，研究结果通常呈现平缓走势，这似乎说明自然界并不存在“跳跃式”的突变。但是，某个风系统可以在15～45分钟内发生并完结；其他一些气候要素也可能在很短时间内发生变化，理想夏日某一数据的走势曲线也可能出现棱角。

一个理想夏日的重要时间标志点为：夜晚气温最低时、清晨和近傍晚辐射平衡为零的两个时段、中午、当地时间15时、日落后3～4小时。这些时间标志点将一日分为7个时间段(表3-01)。也就是说，这些时间标志点能够胜任乡村中一个晴朗的理想夏日的气候研究。但是，由于所有时间点都涉及日出、日落，因此它们对于四月和九月或多或少也是有效的。在城市中，对流活动较乡村早发生1小时，所有其他时间标志点均会根据建造方式(开放式、周边式等)的不同而推迟1～3小时。

3.2.4 永久性气象台与特殊测量网络

1937年，艾伯特·克拉策博士将大城市与小型居民点的气候条件月均值进行比较。此后，各地科学家则选择了在大城市与机场(而非小城市)之间开展对比研究。原因在于，机场区域的气候条件更类似于乡村，且与大城市毗邻。

气象台、气象站均装备了多种多样的设备，可获取每小时的气象数据。但是对于城市气候研究而言，气象站之间的间距太远，难以满足精度要求。例如，在德国每个气象站的监测覆盖范围为500 km^2。但是，由于气象台或气象站拥有长达数十年甚至上百年的数据，因此城市气候研究仍然需要来自这里的数据，以便为特殊测量网络的建设、行使测量的开展提供参考。

如果将市区划分成1 km^{2}见方的栅格，那么气象学家希望在每一个栅格中都有临时性气象台。但实际情况是，气象站往往相距太远，鉴于经济因素的影响上述理想目标难以达成。因此，可以在重要位置（如在经常有人停留的地方、可能作为空气通道的地方）安装一些监测仪器。为了获取市区垂直方向的气象数据，可以在塔楼、烟囱、山坡或者气球上安装仪器。另外，人们也在一些非传统位置进行测量，例如，内院、阳台和小型花园，或者位于高处的游戏场，儿童将在那里呼吸空气。

这些仪器必须对气候元素测量若干星期、月份甚至1～2年。在整个周期里，重要的天气类型都会发生。处理要获取在城市气候学研究中受偏爱的理想夏日的气象信息以外，还必须获得刮东风或者西风的阴天或者多云天气的气象数据。

一些研究机构和政府机构尝试使用新型仪器测量不同空气层中声波和微波的状况，如雷达。光雷达系统也可用，有时还可以被装配在飞机上。激光的波长可以根据待测量污染物而设定。根据回声出现的时间可以算出污染物气团的高度，根据回声强度可计算出其浓度。该系统可以覆盖若干公里直径的范围。降水雷达的工作原理类似。

随着研究范围的扩大，测量数值将被存储为数字模式；然后用合适的软件进行整理和提取（如每小时的气温变化）。对于城市规划而言，夜晚霜冻的出现频率，冰雪天气数量，冻融天气数量，雾持续时间等数据至关重要。在德国，平均气温低于15℃的天气需要供暖。如果将一年中所有的供暖时间相加，则可以为能量消耗量的预测提供基础。

目前，城市规划与设计所掌握的气象数据以及对其作出的回应还较有限。鉴于各地气候条件与城市建设的差异性，很多问题还需各地自行开展研究。寒冷天气中供暖能量的消耗量和二氧化碳排放量都会明显增加。哪个风向的风会大于5m/s，并且伴随着降水？暴风雨可能损坏建筑外立面。风速在超过5 m/s、10 m/s、15 m/s时，对垂直墙面造成的压力是多少，强风发生频率是多少？能够对人造成严重影响的炎热天气发生频率是多少？空调必须开启多长时间？这些问题答案的明晰化将为城市规划与设计提供更多帮助。

当然，测量活动必须获得人力支持，如由学生、公众组成的工作组。此外，科学家还可以从多种途径获取数据支持。例如，业余爱好者观察天气、农民关注降雨、污水处理机构观测风环境、环境部门与释放污染物的工业企业常会监测污染物浓度。

3.2.5 车载测量与步行测量

1927 年 5 月 12 日的维也纳的一个霜冻夜晚，科学家驾驶汽车行驶于栅格路网上穿过维也纳，由此获得了气温分布的详细数据，热岛强度可由此得以细致分级。由此获得的气象数据比大间距气象站网络提供的数据要精细很多。此后，能够自行记录气象数据的仪器被安装在拖车、自行车、船舶及有轨电车上。后来，德国大众汽车公司生产了标准的监测车(Messwagen)，并添加了可以记录大气污染物浓度的仪器。目前，由于需携带的仪器越来越多，因此较重的汽车不再适用。

当然，也可以开展步行监测活动。研究步行街时，可令研究人员携带少量便于携带的设备，穿越研究范围开展数据监测。对此，进气管的高度最好位于人体重心处，即 1.1 m；而研究空气质量时，则应将进气管高度调整到人类鼻孔的高度，即 1.5～1.7 m。

车载测量通常在弱风傍晚或者夜晚进行。此时普通风速计很晚开始或者完全不转动，使用热线风速仪更为合适。无论如何，必须在当地滞留若干分钟。鉴于位置和交通条件等因素，只有某些位置适合进行测量，因此车载测量的车行路线必须谨慎规划，或者选择平行路线以得出若干剖面，或者选择栅格网络路线。要观察和记录下露水和雾的出现、来自热电厂的蒸汽团及其对针叶和阔叶树造成的损伤，以及对人体造成的热负荷等信息。在测量过程中，在某些交叉口、广场或者标志性建筑设定标记，以便此后能够为曲线定位，并且能够根据建筑物的布局结构进行数据分类。

同时，在研究范围内必须至少设立 1 个温湿度自动记录仪，以便每隔 15 分钟记录一次数据，给出降温和升温曲线。在其帮助下，某一时间点上(最好大约在测量路线的中央)所有的测量数据将能够得以折算。

3.2.6 利用飞行器进行测量

车载测量的问题是：无法保障所有测量点的数据来自同一时间点。原因在于，监测车辆可能在某个重要位置逗留很久，于是中断了整个测量过程。但是利用气球、直升机、普通飞机和卫星进行数据测量则能够避免这一问题。科学家早在 1910 年就报告了利用气球测量柏林市中心至 50 km

以外的菲尔斯滕瓦尔德之间的烟雾①;科学家曾于1936年利用飞机横穿15 km的柏林市区,测量气温、湿度和能见度,最终到达城市背风面50 km以外的烟雾云团,并发现了多个气团及大型公园的作用。

二战时期发明的半导体探测器可以测量发动机或人体的热量辐射。1970年以来,红外线扫描仪可以用于民用用途,此后科学家们利用它开展城市热岛的定位研究。

通过镜面旋转,可以探测到与风行方向垂直的一个狭窄细条区域的空气温度,并得以记录。数据可利用软件转化成相片或者温度图片。为了进行检验和校准,辐射计必须安装在飞行器上,以便记录飞行路线上的地表气温。

后来,测量学中普遍使用的航空相机生成的照片,简化了不同表面的热力状况获取及其联系;立体照相镜还可估计建筑物的高度。为了测量气温和污染物浓度,人们同时在街道空间中放飞小型飞机。由于不同表面温度相似,接近日出和日落的时间段并不合适开展此类研究。

当然,也有学者全面阐述了热成像图的不准确性。吸收的热辐射不仅取决于测量表面的温度,而且也取决于放射率,因此沥青表面和混凝土表面看起来总是非常热,通常比实际温度高出1～2 K。金属屋面的热成像测量值却比实际值冷。由于空气层“吞噬”了一部分红外线辐射,因此如果在1000 m高的高空飞行,观测到的温度还会低0.6 K;在2000 m高空得到的数据则要比实际情况低2 K。考虑到地形影响,如果某一区块在地形上较其他区块高出200 m,则热成像测量成果就会产生误差了。

科学家曾利用直升机测量纽约及其周边区域的气温、空气交换条件、污染物含量等,并将测量数据绘制为剖面图。当然,利用携带仪器的氦气球更为便宜。但是,需要指出,如果将飞行物放飞到100 m高空之上,则必须向飞行安全机构提出申请。

此外,科学家经常采用气象卫星扫描仪提供的热成像图,但是比较粗糙,对于小型和分散的居民点的气候研究作用有限。

为了找出住区间的气候条件差异或者确定气流的影响,图纸可选比例为1∶25000。为了得到单一建筑物或者街区的状况,飞行器高度则需较低,图纸比例应控制在1∶5000。

---

① C. Kassner. Der Einfluss Berlins als Grossstadt auf die Schneeverhaeltness [J]. Meteorological Zeitschrift. 1917,34:136.

大多数情况下，为了模拟烟雾扩散状况，飞行器测量需选择弱风晴朗的天气。但是，也可以选择在强风中飞行，可以找到通风条件较好的位置和通风条件不好的区域。半自动和全自动评估装置则适合每个白天和每个夜晚各飞行一次。白天和夜晚的温差越大，则城市化的面积越小。

极冷和极热区域的通风最差，住区的空间布局方式会影响其通风和气温变化。例如，来自山体和水面的冷空气流如果能够流入住区，则可以带来降温作用。山脚区域在近傍晚时段的热成像图并无显著变化，但从傍晚的热成像图则可识别出冷空气流带来的降温作用，从而识别出山风通道。居民点边缘区域气温极低，这里在每个晴朗夜晚均能形成近地面逆温。

除了热力扫描仪，飞机上还可以安装其他仪器。为了测量烟雾含量，光雷达系统得以开发。碲锡铅三元固溶半导体发射出接近太阳光谱的接收波，每个光谱区域可以用于测量水蒸气、二氧化碳、一氧化碳、臭氧、氨气或者灰尘。科学家曾通过上述方法划定了热电厂废气气团的边界。法兰克福巴特尔学院于 1980 年发明了二氧化碳激光雷达 DIALEX，可以用以从 500～1200 m 的高空确定二氧化硫、氯乙烯、臭氧、氨气等痕量气体的浓度。在多普勒导航系统的帮助下，水平风速可被获取。

3.2.7 生物气候学观测

植物学家卡尔·冯·林奈早在 1750 年就在瑞典建立了一个用于观察植物开花、果实成熟和落叶的网络。另一位植物学家 Morren 在 19 世纪将这一方法称为“生物气候学”。虽然该概念并不明确，但它还是得以采用。1937 年，艾伯特·克拉策博士顺便指出了市区和乡村的花期；1955 年，弗朗克研究了汉堡连翘的花期。几乎在同一时期，埃伦贝格同时绘制了更多植物物种，并且按照植物的“生长气候”对土地进行分类。1978 年，杜温首次为蒙斯特市绘制了剖面图，然后绘制了“生物气候光谱”。他按照一定距离寻找植物的多样性；其发展过程每隔两天得以追踪。整个区域基于更大的时间间距得以详细绘制。对科学家来说，开花或者结果日期并不重要，位于市区与市外的不同地点之间的植物生长周期差异才最为重要。

研究结果显示，如果建成区位于较为平坦的丘陵或者采用非常松散的建设方式，那么建成区内外的植物生长周期的差异较小，在早春和春季差别较为明显；如果建成区位于山地或者谷底，则建成区内外的植物生长周期差异明显。在较为平坦的建成区，虽然市中心热岛会促使花期提前，但是建筑物阴影会起到反作用；在陡峭的南向山坡在太阳高度较低时，花期的提前会被冷空气回流打断。

3.2.8 风洞试验

风洞试验在街区规划中很少使用,在高层建筑设计实践中却能够得以广泛应用。已经有很多文章或著作阐述了相关方法与思路。

被高层建筑的迎风面阻碍的气流推开近地面空气,在高层建筑背风面的低压区重新向上运动(图 3-11)。在建筑群拐角处的底层,高速气流高发,甚至可以卷起动植物和人体。在英国,类似事件已经造成人员伤亡。因此,科学家早在 1965 年就用木头、人工材料制作了建筑物模型(比例为 1∶500),将其置于风洞试验当中开展风环境研究。

如今,研究人员首先制作建筑群模型,拍摄下气流流线;然后,插入规划中的建筑物模型;由此可以获得新建建筑对周边区域的影响(图 3-15)。对于整个城市街区而言,可以制作 1∶5000 的简化模型。此外,风道必须宽 4～8m,长 15～30 m;风速必须能够设定在 0.2 m/s。可以对模型展开多个风向的风环境模拟实验;也可以用电子加热板模拟城市热岛。

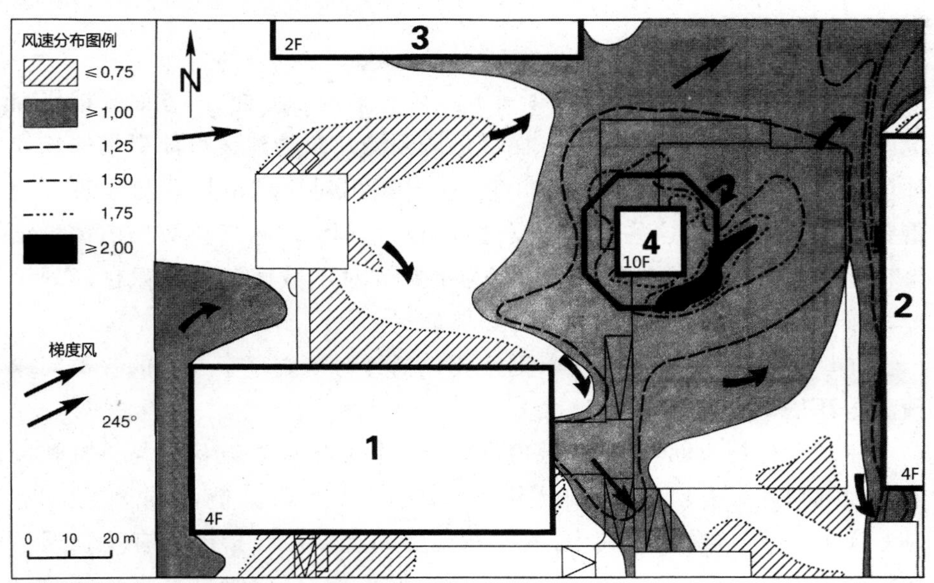

图 3-15 高层建筑风洞试验成果

(来源:A. Lohmeyer, H. Fasslrinner. Case study: quantitative determination of the pedestrian comfort near a high-rise building [J]. Energy & Building. 1988, 11: 149-156.)

可视化风环境的物理方法有很多。最简单的是，在模型及其周围铺设细沙，然后吹风，细沙遭到腐蚀的位置是经常出现强风的位置。该思路还在不同风速、不同风向的条件下反复实验。如果要得到具有更多细节的研究成果，还可以用烟雾填充整个空间。由此，气流流线就可得以拍摄，即使涡流也不会被漏掉。

为了准确确定风速，可以安装多个热线风速计。在建筑底部出现的零风速并不代表空气稳定不动，而是说明此处出现了严重的涡流。如果要模拟污染物传播，则可以掺入实验气体，并在至少 20 处位置测量其浓度。

当某一位置出现严重风污染时，建筑物的位置或建筑设计应进行调整，直到所有位置都能得到满意的风环境数值为止。除气流流动情况以外，新建筑是否能将机动车污染导向另一方向也是值得探讨的问题。

高层建筑及其周边环境的风环境测量在技术上较为困难，在经济上也十分昂贵。此类实验通常可以轻松消耗 5000 欧元。但是这总比竣工后再修改建筑物便宜得多，可以为建设活动带来经济与周期上的收益。

3.3 专项研究

建设指导规划框架下的专项研究主要包括两个方面：一方面分析研究范围内的气候环境现状；另一方面尽可能预测建筑物建设可能引发的气候环境变化。此类工作存在两个难点：其一，指出对于城市规划与建筑至关重要的气候数据，将这些气候数据进行图示化；其二，将气候数据的评价结果转化为建设规划者能够采用的行为准则。对于城市气候知识在规划设计领域中的应用，这些工作将成为必要前提。

在规划预期状况预测方面，则主要包括针对规划草案开展的各类问题预测与评估。

在现状分析方面，能够为城市建设指导规划提供基础信息与决策辅助的专项规划主要有：大气污染控制规划、气候保护概念、能源概念、城市通风专项研究、气候分析。其中，大气污染控制规划用于指出已有及预期污染物的种类与分布状况，并从交通、工业、城市建设、建筑物采暖与能源供给等方面提出规划措施，旨在将某个区域的大气污染状况维持在欧盟标准以下。气候保护概念基于对温室气体排放量的现状调查与发展趋势预测，针对温室气体排放问题，从建筑物、能源、交通、工业企业与服务业、不动产、农林业、垃圾与废水管理等方面提出气候保护措施。能源概念基于区域经济、人口与能耗现状及发展预测、各方面的能耗现状与发展预测、可用能源载体与能源供给方式的调查研究，从生态环境与经济利益出发，挖掘供暖与供电技术方面的节能潜力，推动可再生能源与废热利用，为区域提出合理的能源供给方式。城市通风道规划则基于近地面大气运动监测数据及城市下垫面的形态与结构特征，分析典型局地环流运行条件下城市通风系统中各组成部分的气候功能及其在空间与内容上的联系，确定城市通风轴线的位置与宽度，指出通风系统各组分的规划目标。气候分析基于气象监测数据及其分析成果，展示某一城市或地区的区域与城市气候现状与发展预期，分析土地的气候功能，为城市规划提出规划措施建议①。作为众多气候信息的汇总，在形态方面对规划设计产生重要影响的当属城市通风专项研究、气候分析，故此处对此二者进行详述。

3.3.1 城市通风道规划

城市通风道规划建设的有效性不仅与通风道下垫面的形态、结构相关，而且取决于城市通风系统中各组成部分的气候功能及其在空间与内容上的联系。城市通风系统各组分的气候目标必须根据其气候功能与气候特征得以初步划分，因此规划的首要任务在于对区域性通风系统的认识与分析。

3.3.1.1 区域性空气流通

风对于水平方向的空气交换意义重大。风速较大时不仅会促进垂直方向的空气交换，而且能引起水平方向的气团交换。但是空气运动的强度不仅取决于天气状况，土地利用类型扮演着更重要角色，它能够明显影响风速和风向。

在柏林，科学家们通过大量车载测量记录了各种土地利用类型上空的风速。在密集建设区域及非透水地表比例较高、绿地率很小的区域，夜间风速相对较大。一方面，特殊的街谷会引发“狭管效应”；另一方面，平坦硬质地面的空气动力学粗糙度非常小。另外，夜间在城市中心，平时近地面空气层的稳定性会被空气过热现象拖延。与此相对，在绿化率较高的松散建设区域或者开放式布局的建成区域，昼夜风速都会被降到中等甚至更低

① 刘姝宇. 城市气候研究在中德城市规划中的整合途径比较[M]. 北京：中国科学技术出版社，2004.

水平。小甚至极小的风速会全天候出现在林地区域。在这些区域，出现空气污染的危险较高。开放绿地（尤其是农业用地）上空的风速日间中等至高，夜间却为中等至极小，因为这里的夜间辐射损失会使近地面空气层更加稳定。在凹地或沟壑中，受到流入或停滞的冷空气影响，该效应更加明显。

风向同样会受到地形结构、布局方式和植被结构的影响。例如，受地形影响，密集建设城区中地方风向会严重偏离主导风向；周边式建造结构不仅会造成风向变化，而且能在平行街道中造成逆流。而疏导作用常常使气团运动加速，但这种空气交换并不会改善空气卫生条件，因为近地面气团不会与其上方气团产生对流。事实上，由于长时间停留，近地面气团中空气污染物含量会增加。

虽然水平和垂直方向的气团交换对于出现城市气候问题的城区来说至关重要，但是很多天气条件都无法确保此类现象的发生。例如，风速很小时城市和人口聚集区会更热，且空气污染物含量明显增加。晴朗夜晚中近地面空气层的稳定加剧了该问题。在静风天气，各表面的物理特性和地形会引起热力驱动的空气运动。水陆风、山谷风、城市局地风系统均属于此类空气运动系统。有必要了解此类风系统对大气污染的驱除作用，并在规划中加以利用。

3.3.1.1.1 海陆风系统

海陆风是因水体和陆地受热不均匀而在水陆交界处附近（海岸和河岸区域）形成的一种日变化风系统。在基本气流微弱时，日间风从海上吹向陆地，称为海风；夜晚风从陆地吹向海洋，称为陆风。白天，地表受太阳辐射而增温，由于陆地土壤热容量比海水热容量小得多，陆地升温比海洋快得多，因此陆地上的气温明显地比附近海洋上空气温高。陆地上空气柱受热膨胀、上升，在高空形成高气压、近地面形成低气压。在水平气压梯度力的作用下，上空空气从陆地流向水面；近地面空气从水面流向陆地。夜间气流方向相反，由于届时陆地近地面空气层会较水面上空空气层凉爽得多。海风从每天上午开始持续到傍晚，风力以下午为最强。海陆之间的温差在白天大于夜晚，因此海风较陆风强。海陆风的水平范围可达 10～20 km，垂直高度达 1～2 km，周期为一昼夜。有风天气中，这一效应会得以促进或者抑制。

海滨城市和人口聚集地区可能影响海陆风系统，在全球很多地方的研究工作均已证明了这一点。日间城市热岛促使气流从海洋流向陆地，这会强化海风，促进城市通风。但是，夜晚应该出现的陆风及由此带来的城市换气却相应地并不那么明显，这是因为人口聚集区的夜晚气温并不比海洋气温低。

在弱风天气中，海陆风效应也会发生在大型内陆湖附近，这一点已经在博登湖(536 km^2)和加达湖(370 km^2)得以证实。在静风天气中，在小型水面沿岸区域也会产生类似的空气运动。

3.3.1.1.2 山谷风系统

山谷风是一种由山谷与其附近空气之间的热力差异而引起的日变化风系。日间风从山谷吹向山坡，称为“谷风”；夜晚风从山坡吹向山谷，称为“山风”。清晨，受阳光照射的山坡比山谷升温快。如果山坡上升暖空气足够强，则山谷中的空气将会跟着向上运动，形成谷风。傍晚，在山坡上方形成的冷空气受重力驱使流向山谷，按照冷空气生成区域的规模形成或强或弱的山风。在弱风天气中，山谷风现象对促进城市通风、驱除大气污染非常有利。

在山谷城市亚琛进行的温度测量能够证明山隘和沟壑的气候功能。位于城市西南向的山谷区域的气候功能得以研究。根据温度和风速图，山顶树林渐渐向山坡农业用地过渡。山谷的侧向山坡已经或多或少进行开发建设。谷底临近为城市中心。在临近山坡的首排建筑后面建造了高起的铁路路堤。铁路路堤成为空气交换难以逾越的障碍。由于山谷中的障碍，城市中心产生的热污染和空气污染无法得以缓解。此例说明，对于在谷底进行城市建设的山谷，其山坡应尽可能地得以保护、山谷与山坡的交接区域应避免出现气流障碍。

较小的山坡坡度和相对较小的冷空气生产区域会制约新鲜空气气流的强度和有效性。但是，哈尔茨山北部边缘的奥克山谷，通风效应却较强。通风和空气交换对于奥克城来说至关重要，鉴于其工业发展与自然资源的空间结构，整个地区可以算作下萨克森地区的重污染区域。工业企业用地被群山环抱，且交通和生活燃烧也扮演着具一定影响力的污染源。奥克城的风环境受地形影响严重。山谷风循环主要出现在夏季半年和弱风天气。沿着南北走向的奥克河，以及东西走向通风山谷阿布族科特(Abzuchttal)设立的气象站测得的 10 m 高处风向几率与平原上盛行风风向不同。很明显，夜间测得的主要风向与日间相反，与山谷方向平行。奥克山谷上风区经常出现静风天气，同时山谷风系统却相当明显。在通风山谷中，由于山坡坡度较小，山风受到严重影响。这里夜晚静风天气已增至29%，近地面冷空气停滞常常会导致严重的空气污染。

虽然边界条件会影响山谷风循环，但该影响的几率仅为15%～20%，这一风环境会严重影响风速日变化。通常，开放空间中风速峰值出现在中午。奥克山谷中风速峰值还会出现在清晨。冷空气气流风速可以使弱风天气类似山谷的风速达到10 m/s。在坡度较小的通风山谷阿布族科特，缺乏足够的冷空气生成区域，夜晚风速降低明显。

3.3.1.1.3 热岛环流

如果城市位于地形坡度很小或者平原地形中，则冷空气气流的通风作用就无从发挥了。而此时，城市气温通常比郊区高出0.5～1℃。当大气环流微弱时，城市热岛的存在引起空气在城市上升，在郊区下沉。在城市与郊区之间形成了小型的热力环流，被称作热岛环流。来源于周围城郊的气流不断流向城市，因此这种热岛环流的地面部分被称为“局地风”或“乡村风”。

局地风风速通常较低，一般只有1～2 m/s。局地风通常较难观测到。在人口密集区，可能同时存在多个“暖池”和“冷池”，由此在静风天气将诱发复杂的近地面气团运动。这一较弱的热力系统通常会受到密集建筑群与植被结构的阻碍。如果城市热岛较为集中，且城郊环境的过渡较快，那么热岛环流则更加易于识别。

很多研究工作已经说明了热岛环流的重要作用。理论上，此类作用主要发生在夜晚（即城郊之间温差显著的时段），且局地风可通过合理的通风道得到疏导的情况下；日间，城郊间的气温差通过材料的蓄热能力及稳定层自身被减弱了，由此产生的热力循环也被弱化。尽管如此，科学家仍然曾经在波鸿观测到日间局地风的频发现象。在波鸿的观测与研究工作证实，局地风的发生频率与城郊之间的温差有关，且凌晨1—6时局地风最常发生。同时，在像波鸿这样的人口密集区，局地风的发生频率非常高，且通常发生在存在热污染与空气污染的静风天气之中。夜间的局地风发生频率是日间的2倍，同时夏季局地风发生频率是冬季的3倍。

为了促使冷空气向城区渗透，尽早规划建设城市通风道具有重要意义。如果存在充满绿化设施的通风道，则冷空气的作用距离将被扩大；而在硬质街道上方，流经气团将在热污染和大气污染方面受到影响。此类现象已经通过风洞试验、气体跟踪实验得到证实。

3.3.1.1.4 通风道

只有通过保护和建设合适的通风道，才能有效地改善城市气候条件。通风道能够将未出现热污染和空气污染的乡村空气尽可能地引入人口密集区；通风道的构建既要考虑冷空气气流流入和流出，又要考虑局地风系统。通风道的有效性取决于其地形、长度、朝向、非透水地面比例、植被结构及很多其他因素。由于存在很多来自其他方面的空间使用冲突，通风道的理想要求经常难以在规划中全部贯彻。

然而，保护对区域通风至关重要的山谷和沟壑，使其免于开发建设，确实是值得开展的工作。1978 年，亚琛景观规划鉴定基于土地的自然植被、地形、土地、水资源和气候因素，将研究范围内的用地划分为 49 个空间单位。其中，鉴于其对于区域通风的重要作用，沟壑被划为独立的空间单元。在评价过程中，沟壑很少被作为农林业、休憩、居住、企业、工业、垃圾堆放场等用途，而其气候特征及作为城市通风道的潜力却受到重视。

山谷和沟壑非常适合作为通风道，它们经常能够分隔出现大气热污染的城区，因此，既能承担通风又能满足换气任务，能够避免冷空气停滞。在地形变化较少的情况中，不只要关注主导风向的影响，更要关注近地面冷空气的影响，即静风天气中重要的风向应该得以重视。通风道的重要性不仅在城乡之间的空气交换过程中得以体现，而且在人口聚居区中的公园设施及其密集建设的周边地区之间的空间交换过程中得以体现。在内城中，存在气温差的区域之间也存在局地风系统，有条件时应得以研究。

在上述情况中，必须基于其空气动力学粗糙度、气流截面、植被结构及其土地功能判断某一区域是否适合作为通风道运送冷空气。各类用地作为通风道的潜力有所不同。

● 城市街道运送冷空气的能力有限。因为气团在其中会很快升温，在日间尤其会受到机动车交通及其沿线土地用途与人类活动（如家用燃料燃烧）释放热量的影响。在这里，气流截面会受到桥梁或高大的沿线建筑群的限制。

● 铁路设施适合运送冷空气。虽然其表面温度和气温在日间相对较高，但是由于碎石表面及毗邻土地的导热性较小，铁路设施用地在夜晚一般会出现明显降温。如今，铁路设施的电力化发展再次提高了此类用地传送冷空气的能力。

● 水面更加适合运送冷空气。鉴于其极小的空气动力学粗糙度，水面在日间可以为运送气团降温，而夜晚可能导致其轻微升温；同时，上方气团无污染源的特性、水体吸收污染物颗粒的能力可以降低运送气团的污染物含量。

● 绿地是最佳的通风道。鉴于其中植被的蒸腾作用、夜晚的辐射损耗，绿地自身就可以生产冷空气；这不但增加了冷空气传输的有效距离，而且提高了传输气团的降温效率。至少，绿地可以在小范围内促进其与毗邻土地用途之间的空气交换。但是考虑到近地面空气层的稳定性，绿地必须避免污染源（如机动交通、有污染的工业企业）侵入。绿地降低空气污染物的能力能够通过采用松散的、不会阻碍气流运动的植被结构（如独立的树木或者树群）而提高。同时，城市中的绿地及绿化网络能够推进动植物物种多样性。

目前，通风道的规划、建设、具体尺寸仍需得以明晰。有效性取决于补偿空间（空气来源地）的气候和空气卫生质量、通风道自身、作用空间的规模和结构。

3.3.1.2 通风系统

规划当中，每个措施都必须被用在适当的区域。在气候学方面，补偿空间、空气引导通道、作用空间在空间和内容上的联系具有研究价值。只有正确认识三者的联系，才能妥善为各类用地制定规划原则。

首先，补偿空间、作用空间这一组相互对应的概念及其联系应得以研究。对于承载人类活动的重要环境，缓解作用空间中已有的气候负荷和空气污染应成为规划设计的出发点；鉴于两类空间的位置关系及其间的气流交换过程，补偿空间中的气候负荷与空气污染也应得以削减。

需要指出，污染负荷与补偿性能取决于天气状况，即它们并非持续发生作用，而是受制于某些天气状况、时间与季节。例如，补偿空间只在地表不再接受太阳辐射时才能生成冷空气；也就是说，冷空气生成仅发生在近傍晚到清晨甚至上午的某些时段，且主要发生在空气交换较弱的静风晴朗天气。

其次，基于气候分析指出土地利用中至关重要的区域，并描述其作用和特征。为了尽可能缓解作用空间中的气候负荷和空气污染，必须研究通风系统中每个组成部分的气候问题和规划措施。

3.3.1.2.1 补偿空间

补偿空间附属于一个毗邻的、存在热岛与空气污染问题的空间；基于补偿空间、作用空间之间的位置关系和气流交换过程，城市气候问题将得以缓解。

补偿空间对于城市规划的重要意义取决于其缓解热岛与空气污染的程度。科学家曾将补偿空间的城市气候问题缓解作用定义为：由气候生态补偿空间引发的地方性和区域性空气循环，以及对于来自作用空间的大气污染的缓解作用①。也就是说，补偿空间可以被分为以下两种基本类型。(1)第一类补偿空间能够降低流入其中气团的大气污染，即补偿作用发生在补偿空间中，例如，具有灰尘吸附能力的内城绿地和近郊林地；(2)通过气团流动条件的改善，通过空气充分混合，来自第二类补偿空间的补偿气团在作用空间中仍能够激发空气循环，降低热污染或空气卫生污染，即补偿作用发生在作用空间中。

补偿空间在土地面积、植被结构等方面需具备某些特征。如果补偿空间“高度活跃”（即补偿气团的作用效率很高），则其土地规模应该是对应作用空间的 8 倍；如果补偿空间“活跃”（即补偿气团的作用效率较高），则其土地规模应该是对应作用空间的 5 倍。另外下行山风的气候生态补偿作用至少来源于 3 km^2 的农田或者牧场，补偿空间与作用空间之间的高差至少为 50 m，山坡坡度角至少为 5°，谷底坡度至少为 1°。

在补偿空间中，对作用空间至关重要的气候要素（主要包括能够在作用空间中促进空气交换和降温的要素）应得以保护或者优化。对于市区而言，补偿空间主要表现为能够生成冷空气并允许冷空气流出的区域，即与作用空间相对的“冷空气来源地”、日间能够为生物逗留提供舒适条件的近郊林地、市区内能够改善空气卫生条件的大型绿地和公园设施。以下对每一类补偿空间的规划措施进行阐述。

A. 冷空气生成区

日落之后，某一区域上方空气的冷却程度主要取决于地表类型和土壤性质。地表热导能力和热容均很小的未开发区域是理想的冷空气生成区域，包括农业用地、绿地、耕地和草原。冷空气生成区域生成冷空气的最高

---

① Kress, R., et al.. Regionale Luftaustauschprozesse und ihre Bedeutung für die räumliche Planung. Dortmund: Institut fu r Umweltschutz der Universita t Dortmund, 1979.

效率为 12 $m^3/(m^2 \cdot h)$。这意味着，在无空气流动时，冷空气层每小时会增厚 12 m。另外，山坡上的林地同样可以生成冷空气，且冷空气会从树冠以下流出。大型气团在林地中较在开放空间上空更容易降温，但是鉴于树冠对地表辐射的遮挡，林地中气团的气温通常不会低于农业用地上空气团的气温。在城区，冷空气降温效率的决定性因素是地形。这对位于山谷中的城市尤为有利，因为冷空气可以越过山坡涌入作用空间①。

为了提高冷空气气团在作用空间中降温效率，科学家针对理想的冷空气生成区域提出景观维护或城市规划要求②：

● 保留和扩展耕地、牧场及山坡上的林地；

● 避免改变地利用类型（如造林或者建设城区）；

● 避免使冷空气生成区域的面积缩小 5%以上；

● 内城废弃地应作为冷空气生成区域和冷空气流出区域得以保留，至少不应妨碍冷空气的生成与流动；

● 避免由于城市开发和平行于山体等高线的建筑群开发而形成气流障碍；

● 避免在冷空气来源地建设污染物排放源对空气质量造成危害；

● 保持冷空气生产区域之间的空间联系；

● 在出现城市气候问题的城区与无气流障碍和污染物排放源的冷空气来源地之间建立直接联系。

在弱风天气频发地区，利用夜晚冷空气气流促进城市通风至关重要，因此冷空气生成区域是最为重要的补偿空间，必须在城市规划中给予保护。

B. 近郊林地

林地的气温日走势平稳，因此近郊林地即使在日间也能为城区提供冷空气。另外，北向和西向山坡接受太阳辐射最少，此处的林地尤其利于日间降温。但是，林地可能形成气流障碍，减低空气流动速度，阻碍冷空气流动。然而，降低风速这一特点却决定了林地的空气卫生作用。尤其是松散

---

① Horbert, M.. Klimatologische Aspekte der Stadt-und Landschaftsplanung. Berlin: TU Berlin Universitätsbibliothek, Abt. Publikationen, 2000.

② Kress, R., et al.. Regionale Luftaustauschprozesse und ihre Bedeutung für die räumliche Planung. Dortmund: Institut fu r Umweltschutz der Universita t Dortmund, 1979.

林地，风吹过时，它会对空气中的污染物进行过滤、梳理。林地对于污染物颗粒的滤除作用要比农业用地高很多。为了在冬季保证林地对空气污染物的过滤作用，林地应该同时种植阔叶树和针叶树。

位于周边山坡和山顶的林地对缓解谷底城区的热岛和空气污染具有积极作用。它不仅能够作为冷空气生成区域和冷空气通道，也能够作为市区污染物的过滤器。每日，山谷中的排放物被上行谷风带到山坡，在那里得到过滤。此外，该区域积极的生物气候特征也为生活在密集建设的、气候和空气卫生问题严重的城区中的城市居民提供了重要的逗留和休憩场所。

适用于近郊林地的规划要求如下：

- 通过降低林间地表空气动力学粗糙度、连接树林与作用空间，保护冷空气生成区与冷空气流出区域；
- 通过混合树种种植，保护和优化林地的空气过滤功能；
- 避免在冷空气通道中造林，以保留和促进冷空气流动；
- 保留城郊林地，它能够为居民休憩和逗留提供良好的生物气候条件。

C. 内城绿地

能够作为补偿空间的内城绿地必须满足两个气候功能：一是为使用者创造适宜的生物气候和空气卫生条件；二是缓解周边建成环境中的高热、闷热和空气污染问题。内城绿地的特性取决于其规模、非透水界面比例、植被比例、植被结构及空气动力学粗糙度。此外，风向、地形、位置和朝向也起到重要作用。

规模在 50 hm^2 以上的绿地才能测到长距离的气候调节作用；鉴于周边密集建设区域的影响，小型公园的气候作用不明显。绿地周边的建筑物宜松散建设，由此绿地中的冷空气可通过建筑物之间的开放缺口渗入周边建筑群。城市绿地系统的布置要遵守主导风向或者主要通风轴线(包括夜间冷空气流动方向)，并组成空气动力学粗糙度较小的彼此相连的空气引导通道，以便能够促进密集建设的作用空间的通风、缓解热污染和热岛效应。众多小型绿化的共同作用也可以达到上述效果。植被松散的绿地会降低风速，使得空气污染物颗粒在此沉积。因此，绿地可以用于隔离污染物排放源与敏感性功能区域。但是，较严重的空气污染会降低绿地的逗留休憩价值。

适用于内城绿地的规划要求如下：

● 设置大型绿化设施的目的在于降低内城中的热岛效应、尽量实现夜晚降温；

● 大型公园设施周边的建筑群宜通透、密度较低，从而支持绿地与作用空间的空气交换；

● 所有城区都应该设置足够的绿地设施，以便为居民休憩提供积极的生物气候条件；

● 内城中开放空间应松散种植，以增强通透性、提高粉尘沉积效率；而大比例的开放草坪和地被物会促进夜间冷空气生成，较小的表面粗糙度能够促进空气流通；

● 空气动力学粗糙度较低的小型绿化设施应组成网络，以便提高其气候调节作用的有效半径，使夜晚空气流通成为可能。

3.3.1.2.2 空气引导通道

能够在静风天气维持城市聚集区空气流通的区域，被称为空气引导通道。对城市气候至关重要的空气引导通道指表面空气动力学粗糙度较低的区域，即气流阻力很小，尤其在静风天气中不会阻碍来自市区周边补偿空间的气团传输。它们有助于缓解作用空间中的热污染和空气污染问题①。

空气引导通道可以根据传输气团及其来源地的热力和空气质量划分为三类：通风通道（Ventilationsbahnen）、新鲜空气通道（Frischluftbahn）、冷空气通道(Kaltluftbahn)。其中，通风通道是具备不同热力和空气卫生水平的空气引导通道，它气流阻力较小，但气温和空气质量不被关注。它将具备不同热力学特性的、存在大气污染或者未被污染的气团运送到作用空间。新鲜空气通道是具备不同热力水平、无污染物的空气引导通道。它将无污染的气团运送到城市中，气温不被关注。冷空气通道是具备不同空气卫生水平，但是与毗邻作用空间相比热污染很小或无热污染的空气通道。它将气温低于城市空气的气团运送到城市中，空气质量不被关注。某一区域是否适于作为对城市至关重要的空气引导通道，以及它属于哪种类型，取决于多种因素②：(1)区域的几何特征（朝向、长度、周边建筑群和绿

① Mayer, H., et al., Bestimmung von stadtklimarelevanten Luftleitbahnen. UVP-Report 1994,(5):265-268.

② Mayer, H., et al., Bestimmung von stadtklimarelevanten Luftleitbahnen. UVP-Report 1994,(5): 265-268.

化的宽度和高度)；(2)区域的土地利用类型及其空气动力学粗糙度、区域中的障碍物(如独立建筑物或者高大树木)；(3)区域及其用途、气团来源地的热力学特性和空气卫生特性(热污染和空气污染情况)；(4)城市及其所在区域的地形地貌、每日变化的空气循环(斯图加特主要为山风和谷风)；(5)大范围内的风状况及区域性和地方性因素对它的影响。由以上因素可以导出多类用地作为通风道的潜力。

● 大多数山谷和沟壑对空气流通非常重要，因为夜晚冷空气在其中聚集、溢出。如果同时考虑其他生态因素，那么这些位置应该避免铺设硬质地面、避免开发建筑群[①]。部分山坡也可以作为空气引导通道，因此建筑群需要尽量避开存在通风潜力的山坡区域，至少应在已开发山坡区域充分发挥山峡作为天然空气引导通道的潜力，并应避免建设垂直于气流方向的建筑群。

● 植被高度较低的绿地、水面应主要作为通风通道，其他开放空间、较宽的轨道交通设施片段、较宽的直线街谷及通往城外的公路干线也可作为通风通道。

● 由于机动交通在日间释放大量污染物，同时路面及其附近气团被严重加热，因此道路作为通风通道的潜力有限。

● 轨道交通设施表面温度较低，夜间降温强烈，且污染较小，适合作为通风通道。

● 水面是很好的空气引导通道，同时可以为日间运输的气团降温，但夜间可能使其轻微升温。水面不会释放污染物，且水面能够与空气污染物结合，能够有效降低运送气团中的污染物含量。

● 绿地非常适合作为空气引导通道，它自身的冷空气生成能力提高了夜晚冷空气运输的效率、加大了有效距离。

缓解作用空间中城市热岛和空气污染的有效方法只有保护和建设合适的空气引导通道。夜晚输送冷空气流的下行山风系统、市区对流形成的日间上行谷风均需以有效的空气引导通道为载体。理想状态下，空气引导通道应该从无城市气候问题的乡村尽可能地延伸到人口聚集地中心。根据慕尼黑市区的气候研究，科学家曾总结有关通风通道建设的建议：

---

① Horbert, M.. Klimatologische Aspekte der Stadt-und Landschaftsplanung. Berlin: TU Berlin Universitätsbibliothek, Abt. Publikationen, 2000.

● 表面粗糙度参数要小于 0.5 m；

● 长度最好超过 1000 m，至少不小于 500 m；

● 宽度至少为其边缘树林或建筑的 1.5 倍，最好能达到 2～4 倍。任何情况下通风通道宽度不应小于 30 m，最好能达到 50 m；也有科学家认为，冷空气通道的宽度应为 400～500 m，至少 200 m；

● 边缘尽量平滑，即通道中无大型建筑和植被突出物；

● 通风通道中障碍物的有效宽度（即垂直于气流流动方向）应尽量小，不得超过通道宽度的 10%，且障碍物高度不应超过 10 m；

● 如果存在多个障碍物，则相邻两个障碍物高度与其水平间距的比值不应大于 0.1（建筑物）和 0.2（树木）。

当然，以上建议尚不全面，研究成果仍有必要在个案中得以检验。但是，这些结论仍然能够为城市规划与建设的制定提供一定参考。

3.3.1.2.3 作用空间

作用空间是已经开发或有待开发建筑群的空间，它附属于某一气候生态补偿空间，补偿空间的补偿效应可缓解作用空间中的城市热岛和空气污染。城市规划不但应充分发挥作用空间中的补偿效应，而且应缓解已有的城市热岛和空气污染。这将涉及缓解热岛效应和避免空气卫生负荷的若干独立措施。

原则上，建筑群密度是引发城市热岛和导致空气停滞的原因。也就是说，在生物气候不良的空间（已经出现高温天气的区域或者静风天气贫乏而引发空气卫生污染的区域）应该限制或完全避免建筑群开发。例如，在 1994 年莱因兰—法尔兹的区域景观发展项目中，对于高密度建成区的气候保护提出如下发展目标：(1)保护和改善生物气候条件；(2)保护和改善气候再生区域的现状和功能；(3)避免在冷空气生成地及冷空气传输途径上开发建筑群、建设污染源；(4)减小城区中的热污染。

在建成区和存在热污染、空气污染的城区必须通过适当的措施缓解城市气候问题。

第一，针对作用空间中热污染的措施主要有：

● 减少硬质地面，主要涉及停车场和道路等；

● 降低建筑密度、提高绿化率，即在新规划中限制可建区域，拆除原有的高密度周边式建筑群；

● 提高城市中的绿化和水体比例，如增加公共或者私人开放空间、普及立面绿化和屋顶绿化等；

● 减少生物气候不良的城市开放空间，通过绿化措施提高街道空间和周边式建筑群的环境质量（如种植树冠较大的树木、立面绿化、草坪、去除硬质地面等）。

第二，针对作用空间中空气卫生污染的措施主要有：

● 通过多种措施避免污染物排放。（1）减少私人机动交通、推动公共交通；（2）在通风较差的区域（如较窄的街谷或弱风城区）避免较高的交通密度和污染物排放量；（3）采用污染物排放较小的能源供给和集中供热方式。

● 控制污染物排放源的空间分配。（1）与敏感性功能保持足够的距离；（2）避免将污染源布置在主导风向、空气引导通道、冷空气生成区域和冷空气汇集地。

● 保护新鲜空气通道直至城区内部。（1）保留流通通道；（2）保护内城绿地，使得从城市边缘到市中心形成绿化网络。

第三，提高已有补偿气团在作用空间中的补偿效率及其作用范围。也就是说，在建造规划之前必须要求，即使在静风天气中也能够保证补偿气团的流入建筑群，主要指允许冷空气从建筑物之间穿过，从而使热岛蔓延最小化。主要措施包括：

● 控制建筑群高度和密度，减少冷空气流动障碍；

● 在过热的城区边缘区域建设绿化率较高的、松散的、开放式建筑群，它有助于使补偿气团渗入密集建设的内城，同时避免了冷空气提前升温及升温引发的对流，由此使降温作用到达城市中心。

A. 坡地建筑群

在位于山谷或盆地中的城市，山坡及其建筑群对于区域气候而言具有特殊意义，因此需要在规划中予以重视。例如，基于山坡与密集建设的内城的位置关系和大部分仍维持松散建筑群的现状，在斯图加特山谷周边的山坡具备重要的气候功能。在这里，生物气候负荷较小，并且承担着补偿气团（如新鲜空气和冷空气）的传播任务。出于气候和空气卫生等原因，山坡对于提高土地利用强度而言非常敏感。为了保持具备生物气候优势的区域，以及对于山谷城区重要的气候功能，该区域的规划需要给予特别关注。如果不能避免在山坡上建设建筑群，则必须通过规划措施保持山谷风系统循环。需要指出，在山风风速较低时，冷空气只能渗入间距较大的开敞式建筑群。同时，出于空气卫生观点，必须避免在山地建设污染源。污染物会被山风带入谷底，在内城中引发额外的空气污染。从维护区域气候角度出发，山坡建筑群的规划必须注意以下几点。

第一，减小热污染，从而避免冷空气提前升温引发对流。主要措施包括：

● 采用建筑物间距较大的开放式建筑群；10 m 宽的通道足以疏导受阻的冷空气流；加大建筑物间距可以缓解建筑物释放热量引发区域升温，以避免空气提前升温；

● 减少建设面积、缩小建设用地范围。

第二，为谷风和山风的补偿作用保留空气引导通道。主要措施包括：

● 保护未经开发的垂直于等高线的空气引导通道，如山峡；

● 使建筑物朝向垂直于山坡等高线，减少垂直于冷空气通道的封闭式建筑群和植被群（如树列）；

● 保持较低的建筑物高度，使其最高不能超过树木高度；

● 在交通轴线位置和开放空间布置及建筑物屋脊方向的确定等问题中，考虑冷空气气流方向；

● 在较为平坦的山坡上，具备大面积绿地和开放空间的点式建筑群足以保证冷空气的生成与流动；

● 在林地覆盖的山坡上，建筑群必须与树林边缘保持足够距离，以确保日间稀缺的冷空气能从树冠下方流出。

3.3.1.3 各子空间的规划目标

德国《建筑法典》和《自然保护法》规定，空间规划必须保证自然资源的运行效率，为人类创造和维护有利的生存条件。在气候和空气卫生方面，这主要体现为保护、发展和重建对气候生态环境极其重要的表层结构，以保持和改善生物气候条件、空气质量和地方气候状况。法律规章赋予了规划人员关注气候要求的义务，规划目标的发展必须依据基地和用地范围内的具体的气候条件和气候功能而定。

事实上，补偿空间、空气引导通道、作用空间仅仅是粗略的空间划分。这种划分无法代替针对具体规划任务开展的专业、细致的基地调研与气候分析。尽管如此，仍然可以这种划分为根据，为整体的空间规划制定规划目标和措施。对于每个特殊的气候生态功能区域，应提出适宜的发展目标。

● 针对补偿空间,应维护、保护和拓展气候补偿功能,特别是维护对区域存在气候方面积极意义的区域。

● 针对空气引导通道,在气候补偿空间与作用空间之间维持和建立理想的联系。

● 针对作用空间,避免和减少气候损伤,特别是减少建成区的气候和空气卫生不利状况,避免城市气候问题的进一步恶化。提高作用空间中的补偿气团的工作效率。

3.3.2 气候分析

气候分析能明确提出空间规划面临的挑战,并为其提供设计依据与规划决策辅助,但各地气候分析成果并无统一格式。例如,在斯图加特表现为《气候图集》(Klimaatlas),而在柏林则与其他生态要素评估一同编入《环境图集》(Umweltatlas)。通常,开展气候分析所需的基础资料主要包括三个方面:(1)太阳辐射、气温、气压、降水、雾、风、空气质量、噪声污染等气象要素监测数据;(2)地形与土地利用状况;(3)数值模拟模型。

3.3.2.1 发展历程

20 世纪 50 年代,德国应用气象学者开始探索开展气候分析的方法,用以在城市气候学与城市规划之间建立联系,进而引导城市规划有效缓解雾霾、热岛等城市气候问题。半个世纪以来,德国城市气候地图的研究对象日渐广泛、技术方法趋于成熟、控制精度不断提升、普及程度逐步提高。目前,该工具已在其他欧亚发达国家与地区得到借鉴与推广。

3.3.2.1.1 奠基阶段(20 世纪 50 年代初—70 年代末)

A. 个案研究的开展

为了科学地分析人类生存空间在气候方面的利弊、基于区域气候环境改善为土地利用提供建议,德国气候学之父 K. 诺赫(K. Knoch)于 20 世纪 50 年代初提出建立以规划应用为目标的城市气候地图系统[①]。随即,

① KNOCH K. Die Landsklima-aufnahme, Wesen und Methodik[M]. Offenbach am Main: Selbstverl. des Dt. Wetterdienstes. 1963.

规划应用导向下的气象数据整理与分析在基尔①、斯图加特②、波恩③等地相继开展(图 3-16);内容主要涉及太阳辐射、气温、湿度、大气污染等基本气象信息。70 年代末,首部服务于城市规划的《气候图集》由斯图加特化学研究所编制而成。该图集虽精度有限(图纸比例为 1∶1000000),但已可在建设申请环境评估、居民环境建议处理、城市建设结构调整等方面提供切实依据。为了规避低精度图纸带来引导偏差,一些土办法(如建设用地选址优先考虑毗邻气象站的区域)在规划部门与气象部门的协同工作中得到采用。

B. 分析方法的探索

随着个案研究的展开,规划应用导向下气候分析的基本原则得到统一。

第一,"利用局地环流驱动下的冷空气对城区实施降温与污染物驱除",被作为气候分析的重要出发点。20 世纪五六十年代,利用盛行风的传统思路在德国受到摒弃,静风条件下的局地环流及其城市气候影响则受到广泛关注。德国各大城市局地环流的基本特征、局地风的影响范围、冷空气气团对内城的降温与空气净化作用等问题均得到深入讨论④。在此基础上,气象学家 R. 克雷斯(R. Kress)于 1979 年统一了气候分析的基本原则与理论模型,并通过弗莱堡市德莱萨姆塔区(Dreisamtal)、法兰克福市韬努斯巷区(Taunushang)、多特蒙德市的实践验证了该模型的有效性(图 3-17)。

第二,针对评价过程通常难以排除主观因素的问题,气候分析的发展方向得到修正。对于气候分析的两大核心问题(气象参数选取、客观评

① ERIKSEN W. Beiträge zum Stadtklima von Kiel-Wittersklimatologische Untersuchungen im Raume Kiel und Hinweise auf eine moegliche Anwendung bei Erkenntnisse in der Stadtplanung[M]. Kiel: Selbstverlag des geographischen Instituts der Universität Kiel. 1964

② HAMM J M. Untersuchungen zum Stadtklima von Stuttgart[M]. Tübingen: Selbstverlag des geographischen Instituts der Universität Tübingen. 1969.

③ SPERBER H. Mikroklimatisch-oekologische untersuchungen an Gruenanlagen in Bonn[D]. Bonn: Institut für Landwirtschaftliche Botanik der Rheinischen Friedrich-Wilhelms-Universität. 1974.

④ HAMM J M. Untersuchungen zum Stadtklima von Stuttgart[M]. Tübingen: Selbstverlag des geographischen Instituts der Universität Tübingen. 1969.

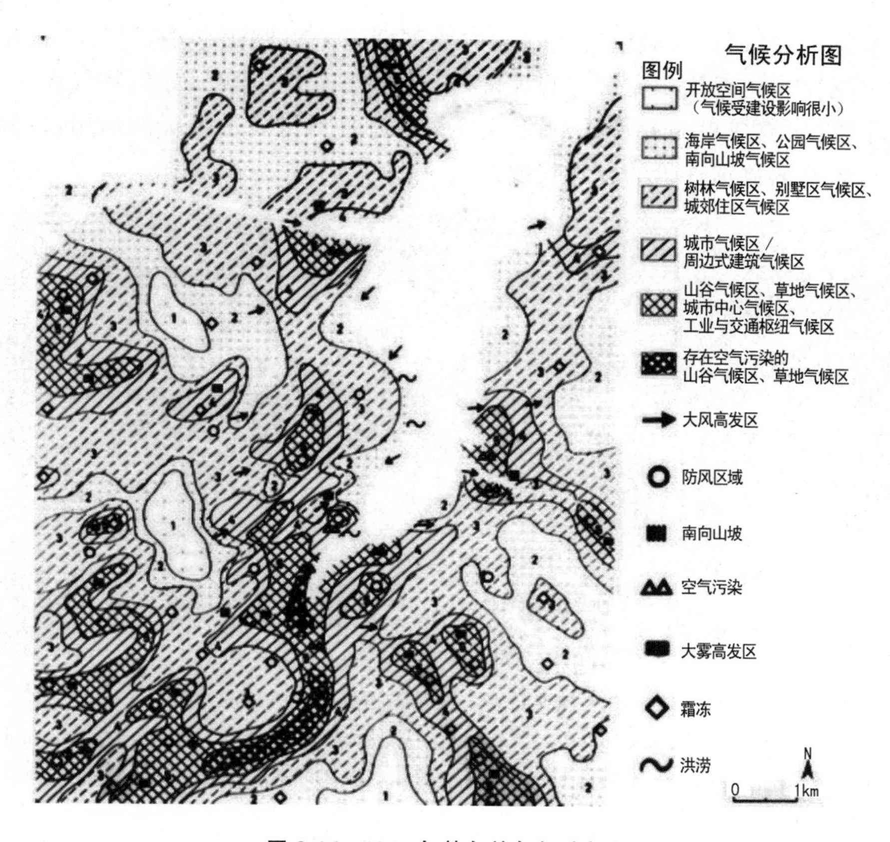

图 3-16　1964 年基尔的气候分析图

（来源：根据文献 ERIKSEN W. Beiträge zum Stadtklima von Kiel-Wittersklimatologische Untersuchungen im Raume Kiel und Hinweise auf eine moegliche Anwendung bei Erkenntnisse in der Stadtplanung[M]. Kiel: Selbstverlag des geographischen Instituts der Universität Kiel. 1964. 改绘 .）

价），与城市规划、建筑设计各阶段相关的气象要素虽不难提出①②；气象要素及其综合作用对人体的影响在实践中却很难得到客观评价。20 世纪 70 年代，为了提高气候分析方法的有效性与实用性，规避主观因素的两条道

① VON STÜLPNAGEL A. Klimatische Veränderungen in Ballungsgebieten unter besonderer Berücksichtigung der Ausgleichswirkung von Grünflächen, Dargestellt am Beispiel von Berlin(west)[D]. Berlin: TU Berlin, 1987.

② Kommunalverband Ruhrgebiet, STOCK P. Synthetische Klimafunktionskarte Ruhrgebiet [M]. Essen: Kommunalverband Ruhrgebiet, Abt. O ffentlichkeitsarbeit/Wirtschaft. 1992.

路被提出:将地形与城市气候状况的监测资料进行制图存档,以气象数据的可视化表达替代非完全客观评价;不断加强与其他学科(如生物气候学、医学等)研究成果的紧密联系,注重室外舒适度等综合性指标的运用,以提高气候监测数据评价的客观程度。

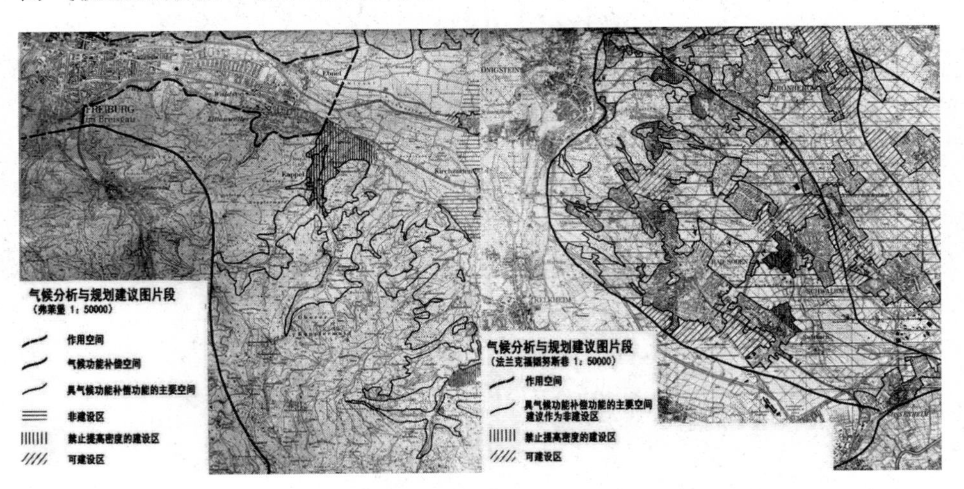

图 3-17　1979 年弗莱堡与法兰克福的气候分析图片段

(来源:根据文献 KRESS R. Regionale luftaustauschprozesse und ihre Bedeutung für die räumliche planung[M]. Dortmund: Institut fu r Umweltschutz der Universita t Dortmund, 1979. 改绘.)

H. 莱塞(H. Leser)依据上述原则编制的"规划导向下的气候分析图"成为此阶段气候分析的典范(图 3-18)。

3.3.2.1.2 发展阶段(20 世纪 80 年代初—80 年代末)

A. 示范项目的开展

该阶段,气候分析示范项目先后在西德大城市与南部经济发达地区开展;除基础气象数据收集以外,项目还涉及冷空气流动情况调查、精细气候区划(Klimatop)编制等内容。在西柏林,根据建设开发对城市气候的影响程度,城市用地被分为五级,涡流区与闷热天气高发区被指出,城市发展建议被提出(图 3-19)。在鲁尔区,25 个城市(如多特蒙德、埃森、杜伊斯堡)针对旧工业区金属污染物扩散问题分别编制了"气候功能图",并从空气交

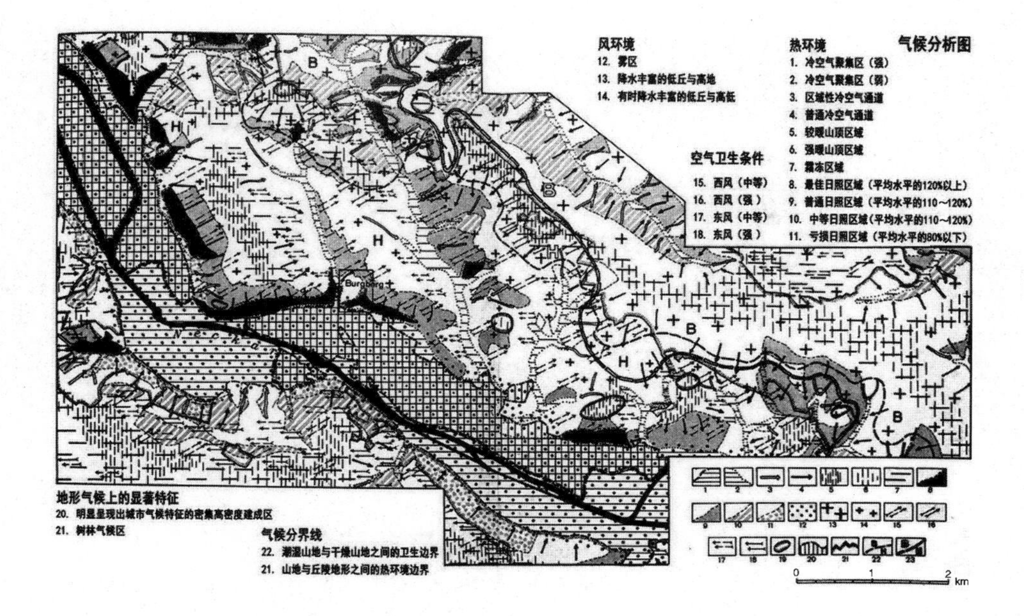

图 3-18　1973 年莱塞的气候分析图

（来源：LESER H. Physiogeographische Untersuchungen als Planungsgrundlage für die Gemarkung Esslingen am Neckar[J]. Geographische Rundschau. 1973，25(8).）

换通道、建筑体量、开发强度、土地用途等方面提出规划建议①②。在巴伐利亚州的三个城市(慕尼黑、纽伦堡、奥格斯堡)，气候分析示范项目受"巴伐利亚州城市气候"(Stadtklima Bayern)项目驱动得到开展。其中，慕尼黑示范项目基于气象网络、热成像技术、车载测量、航拍与热成像等技术获得了当时最高精度的城市气候地图(分辨率为 250 m，图 3-20)，并针对城市气候结构、城市通风、大气污染等问题陆续开展系列研究。

B. 量化分析模型的发展

随着计算机与信息技术的发展，普适的气象数据整理与量化评价模型得到发展，为此后气候分析的普及提供了基础。1986 年，作为数据整理分析

① Kommunalverband Ruhrgebiet，STOCK P . Synthetische Klimafunktionskarte Ruhrgebiet[M]. Essen：Kommunalverband Ruhrgebiet，Abt. O ffentlichkeitsarbeit/Wirtschaft. 1992.

② BECKRÖGE W. Dreidimensionaler Aufbau der städtischen Wärmeinsel am Beispiel der Stadt Dortmund[D]. Bochum：Fakultät für Geowissenschaften der Rhur-Universität Bochum，1990.

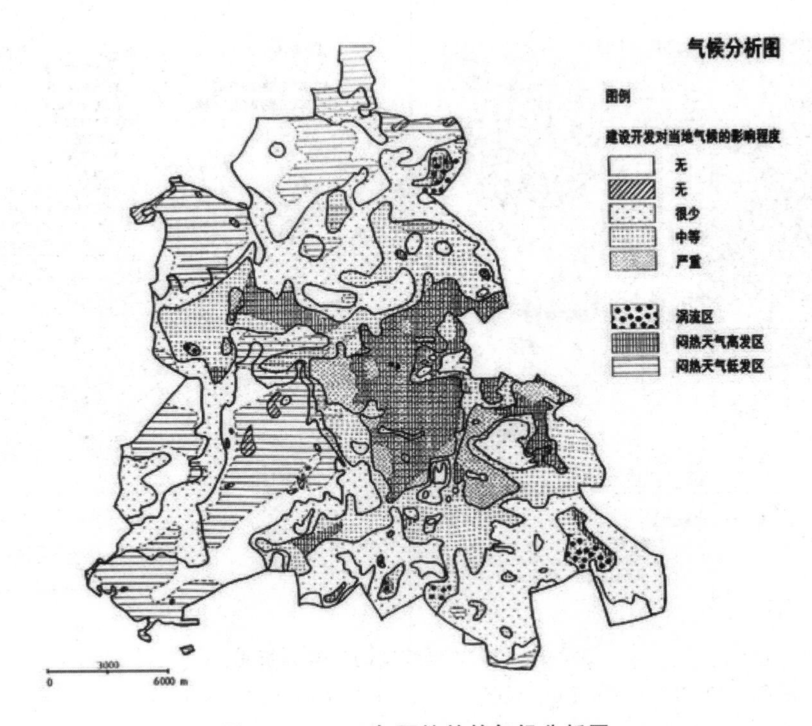

图 3-19　1987 年西柏林的气候分析图

（来源：根据 VON STÜLPNAGEL A. Klimatische Veränderungen in Ballungsgebieten unter besonderer Berücksichtigung der Ausgleichswirkung von Grünflächen, Dargestellt am Beispiel von Berlin(west)[D]. Berlin：TU Berlin，1987.）

与城市规划决策的辅助工具，德国气象局开发的数字地形气候模型可根据地形与植被状况计算出静风条件下的冷空气生成区范围、由自然或人工阻碍引发的冷空气堆积状况，模拟并呈现土地利用状况变更引发的气候影响（如冷空气生成区变更、气流路径改变）。至 20 世纪 80 年代末，多尺度气候分析模型已获开发。其原理、使用方法与局限性在德国工程师协会委员会编著的《城市气候与空气净化——环境规划实践知识手册》①中得到总结。

3.3.2.1.3 成熟阶段（20 世纪 90 年代初至今）

A. 气候分析的普及

20 世纪 90 年代初，针对原东西德城市间人口流动与发展不平衡问

---

① Verrein Deutscher Ingenieure Kommission Reinhaltung der Luft. Stadtklima und Lufteinhaltung-Ein wissenschaftliches Handbuch für die Praxis in der Umweltplanung[M]. Berlin：Springer-Verlag，1988.

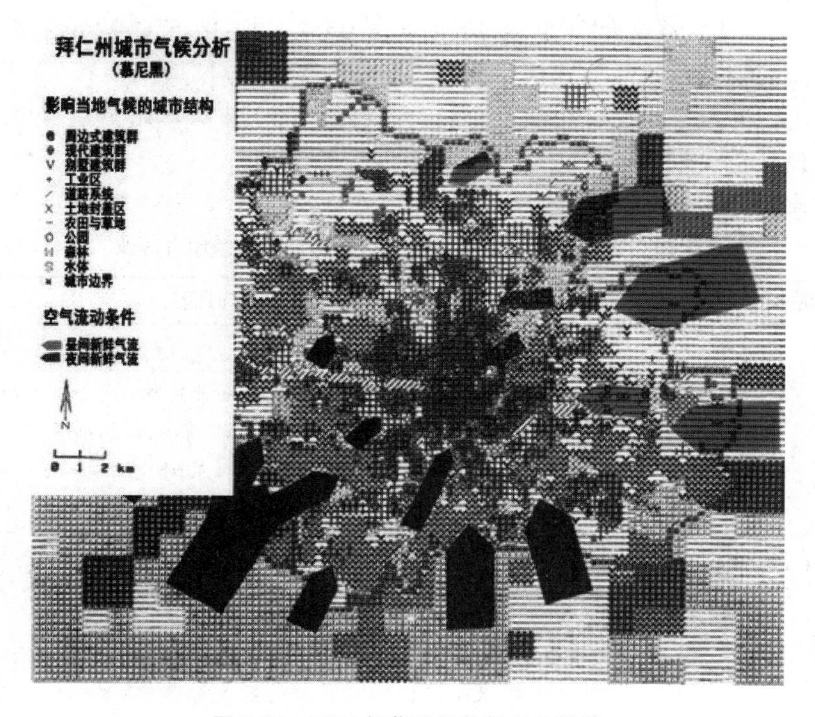

图 3-20　1986 年慕尼黑的气候分析图

（来源：根据参考文献 MATZARAKIS A，MAYER H. Learning from the past：Urban climate studies in Munich[C]. //The 5th Japanese-German Meeting on Urban Climatology. Freiburg：[s. n.]，2008：271-276. 改绘。）

题，统一后的德国开启了新一轮全国性规划。期间，随着环境问题在城市发展中的地位提升，气候分析在德国城市规划中的应用日趋广泛（表 3-10）。一方面，在研究基础相对薄弱的地区（如德累斯顿、魏玛等原东德城市），城市气候地图编制工作开始启动；另一方面，在研究基础相对完善的地区，城市气候地图得到更新、再版，研究对象更为广泛（表 3-11）。例如，在柏林，高精度的“气候生态功能图”与“规划建议图”（图纸比例为 1∶100000、1∶20000）于 1990 年被“城市与环境信息系统”工作组纳入为全市及毗邻勃兰登堡州部分地区编制的《环境图集》（Umweltatlas）中，可作为规划环评的重要依据（图 3-21）；1995 年，数字版《环境图集》登录网络，并不断更新。在斯图加特，环保局城市气候研究所（Landeshauptstadt Stuttgart，Amt für Umweltschutz，Abteilung Stadtklimatologie）于 1992 年为该市及其周边地区编制了《斯图加特联盟气候图集》；于 2008 年为整个辖区编制了超高精度的《斯图加特区域气候图集》（图纸比例为 1∶20000、

1∶5000)，从气候变化角度为辖区内6个县市(总面积365400 hm^2)多层面的空间规划提出挑战与建议(图3-22)；并于近年针对“斯图加特21世纪”项目组织开展小尺度城市气候分析，为斯图加特中央火车站更新与市中心城市设计提供依据。

B. 工作方法的标准化

表3-10　至2010年初已制作城市气候地图的德国城市与地区

联邦州或联合区域	主要城市与制作时间
柏林州	柏林(80′,2009)
巴登—符腾堡州	斯图加特及周边区域(70′,1992)、斯图加特辖区(含斯图加特、伯布林根、埃斯林根、格平根、路德维希斯堡、雷姆斯—穆尔县,2008)、乌尔姆与新乌尔姆(1996)、米尔阿克(2007)、弗莱堡(2003)
莱茵—内卡河大都市圈	卡尔斯鲁厄(2008)、曼海姆(2008)、路德维希港(2008)、海德堡(2008)、达姆施特(2008)
北莱茵—威斯特法伦州	多特蒙德(1986,2007)、埃森(1985,2002)、明斯特(1992)、科隆(1997)、杜伊斯堡(1982,2009)、雷克林豪森(1988)、希尔登(2008)、代特莫尔德(1999)、杜塞尔多夫(1995)、瓦尔特罗普(2002)、克雷费尔德(2003)、奥斯纳布吕克(2007)、波鸿(2008)、盖尔森基兴(2010)、波恩(1986,1990)、阿尔夫特(不详)、施托尔贝格(1993)、亚琛(2001)
拜仁州	慕尼黑(80′,1992)、纽伦堡(1985)、奥格斯堡(1985)
莱茵兰—普法尔茨州	凯撒斯劳滕(2000,2010)、特里尔(2007)
下萨克森州	汉诺威(2006)、不伦瑞克(1992)、沃尔芬比特尔(2003)
黑森州	卡塞尔(1990,2003)
汉堡州	汉堡(2009)
萨克森州	德累斯顿(2008)
图林根州	格拉(2000)
	魏玛(2006)

(来源：笔者自制。)

表 3-11　各时期气候分析信息采集范畴

信息采集范畴		基尔(1964)	埃斯林根(1973)	慕尼黑(1986)	斯图加特(1992)	斯图加特辖区(2008)
气象参数	气温	●	●	●	●	●
	降水	●	●	●	●	●
	雾	●	●	●	●	●
	风	●	●	●	●	●
	大气污染物	●	—	●	●	●
噪声分布		—	—	—	●	●
冷空气流动信息		—	●	●	●	●
生物气候指标		—	—	—	—	●
精细气候区划		—	—	●	●	●
地形地貌		●	●	●	●	●
土地利用		●	●	●	●	●

说明:●表示所涉及的范畴;—表示不涉及的范畴。

(来源:笔者自制。)

通过陆续出台一系列国家标准,德国工程师协会委员会为气候分析方法及其成果表达提出标准化技术规程。它们不仅为德国各地气候分析提供技术指南,而且被作为其他国家开展气候分析工作的参考标杆。如《环境气象学——城市与区域气候与大气污染图则》(VDI 3787 Blatt 1,1997)、《环境气象学——城市规划与区域规划在区域层面关于气候与空气质量的人类生物气候评价方法之第一部分:气候》(VDI 3787 Blatt 2,2008)、《环境气象学——地方性冷空气》(VDI 3787 Blatt 5,2003)、《环境气象学——在区域规划中关注气候与空气卫生问题》(VDI 3787 Blatt 9,2004)、《环境气象学——人类的生物气候要求》(VDI 3787 Blatt 10,2010)。

由此,作为气候分析的工作成果,德国城市气候地图的组成部分("气候分析图"与"规划建议图")及其编制方法被固定下来。实践中,此二者常被作为某地区气候信息图纸汇编《气候图集》的核心内容,也可与土壤、动植物生境、地理、水文等其他各类环境信息一同录入《环境图集》。

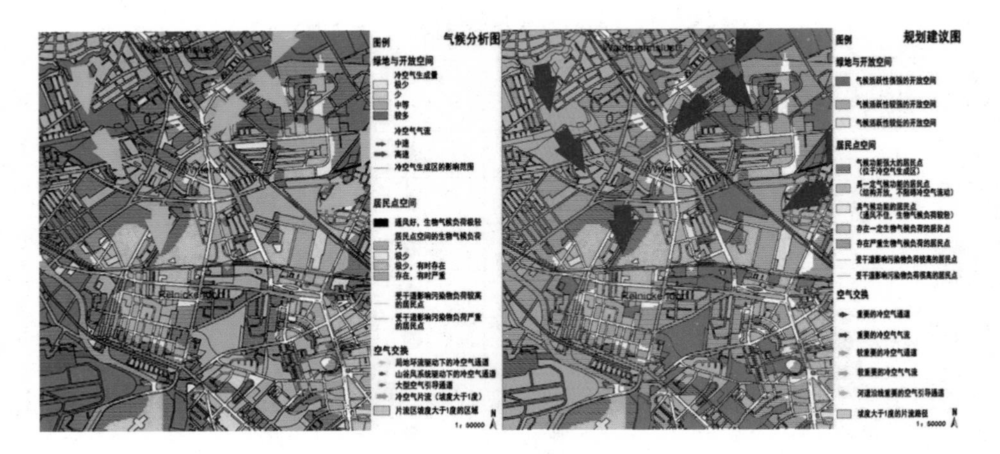

图 3-21　2004 年柏林城市气候地图片段

（来源：根据 Senatsverwaltung für Stadtentwicklung und Umwelt. Umweltatlas [EB/OL]. Berlin：Senatsverwaltung für Stadtentwicklung und Umwelt，Informationssystem Stadt und Umwelt，2000(2012-12-30)[2013-08-02]. http://www.stadtentwicklung.berlin.de/umwelt/umweltatlas/index.shtml 改绘.）

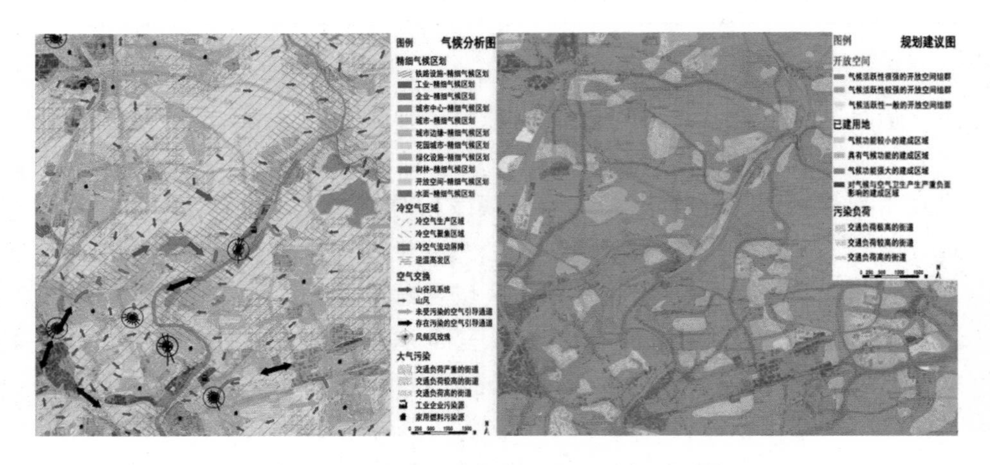

图 3-22　2008 年斯图加特区域城市气候地图片段

（来源：根据参考文献 Verband Region Stuttgart. Klimaatlas Region Stuttgart[R]. Stuttgart：Landeshauptstadt Stuttgart，Amt für Umweltschutz，Abteilung Stadtklimatologie 2008. 改绘.）

3.3.2.2 工作方法

气候分析主要包括三部分内容：气象数据收集处理、气候功能分析、规划建议提出。

其中，气象数据收集处理工作主要涉及太阳辐射、热岛效应、风环境、大气污染、休憩适宜性、空气交换、逆温、噪声污染等研究对象，而鉴于湿度与太阳辐射等对象与气温、风环境的紧密相关性，此类气象要素未被列入待考量的研究对象。

气候功能分析工作则基于已有的气象资料、地形与土地利用状况资料，利用地理信息系统与数值模拟技术，简明扼要地展示城市气候现状、土地的气候功能（气候生态补偿空间、作用空间、空气引导通道等），为规划建议提出目标框架。气候分析图在各种城市气候现象之间建立起联系，它将为气象学家、规划师等使用者对特殊的规划要求寻求依据与解决途径提供方便。

规划建议提出工作基于气候分析图、地形与土地利用状况资料，利用地理信息系统，应用气象学家对研究范围内的土地进行土地用途变更与构筑物三维尺寸变化敏感性评估、为各级别土地划定边界，并分别提出有针对性的规划建议与实施步骤要求。具体方法见参考文献①，此处不再赘述。

3.3.3 项目的气候影响预测

在获取建设用地的气候状况之后，在落实之前，必须针对规划方案展开评价。也就是说，待建建筑群对气候的影响必须得以预测，以便进一步提升优势、弥补不足。对此，预期效果必须与极限值及允许的违反频率相比较。其中，极限值多从生物气候角度得出，以便在建筑物之间形成必要的、可接受的微气候环境。例如，如果在开发建设之前，当地气候数据的数值就已经超过极限值，那么就应该在相关区域采取改善措施；拟订方案则应尽可能地对当地气候产生正面影响，并且扩大影响范围。如果当地气候数据尚未超过极限值，那么新建建筑群则应避免建筑区域微气候环境受到不利影响，同时避免建筑群对相邻区域微气候造成负面影响。

其中，与设计形态相关的气候环境预期状况预测主要集中在建造规划层面。建造规划设计方案的城市气候影响预测主要涉及四个城市气候问题：太阳辐射与建筑物能耗、风环境、空气污染、热岛效应。在允许的情况

---

① 刘姝宇. 城市气候研究在中德城市规划中的整合途径比较[M]. 北京：中国科学技术出版社，2004.

下，有时还包括噪声污染问题的预测与评估。由于确保公众利益是德国城市建设指导规划的核心任务，因此城市气候影响评估主要针对城市公共空间与室外环境质量展开。针对建筑物能耗的评估项目也旨在通过低能耗方案的选取降低污染物排放，从而提高环境质量。具体方法见参考文献[①]，此处不再赘述。

3.4 城市形态与城市气候特征

某地不同高度(1.5 m、10 m、20 m、30 m)的等温线图可以反映热岛垂直与水平分布状况的联系。在距地面 1.5m 高处的等温线图中，“暖池”较开放空间气温高 1.8 K。在 10 m 高处的等温线图中，“暖罩”扩展呈蘑菇状；在 20 m 高处的等温线图中，气温温差缩小；在 30 m 高处的等温线图中，气温温差则更小。

在人口聚集区，距地面 1.5m 高处的等温线图中，等温线向城市边缘拥挤，这表示那里气温变化较快，被称为“热量断崖”。建筑覆盖率小于10%的、错落分布的居民点位于城市边缘，可见分散的 1～2 层建筑物并不会使气温显著上升。只有在市中心，等温线才会受到建筑群空间布局结构的复杂影响。

由此可见，近地面空气层中城市形态对气候特征的影响非常显著，须加以认识。

3.4.1 建造方式

与开放空间中的绿地不同，建筑物能够吸收太阳辐射、转化辐射，建筑用砖则可以传导并存储热量。

20 世纪 30 年代，科学家在首批车载测量中就已发现，宽敞、树木稀少的街道与广场在午间会变得很热，在夜晚却会迅速冷却；而林荫大道的状况则截然相反；狭窄小巷的日气温走势会较开放空间延后若干小时。不久之后，科学家研究了不同建筑体型的微气候特征。对中世纪城市中心、巴洛克城市、密集街区、花园城市及周边式住宅街区的观测显示，午间草地会显著升温。

---

① 刘姝宇. 城市气候研究在中德城市规划中的整合途径比较[M]. 北京：中国科学技术出版社，2004.

在曼海姆,14 种土地利用类型的热力学特征得到测量(表 3-12)。

表 3-12 土地利用类型与热岛强度调查

土地利用类型	16 时(K)	4 时(K)
高密度的城市中心(几乎无绿化)	1.7	6
周边性、行列式布局的 3 层楼房区(绿化很少)	0.7	5
被新区围绕的高密度村庄中心	1.0	3
2～4 层行列式住宅区(有绿化)	0.6	4
将较大的建筑间距作为绿化用地的高层建筑区	—	2
花园城市(以 1～2 层建筑为主,建筑间距较大)	0.6	2
工业用地	0.9	6
3 轨以上的轨道交通设施	—	2
配有侧向停车位的交通干道	0.4	1
水体	0.6	2
公园、公墓用地	0.4	1.5
林业用地	—	0
农田	0.3	0.5
草原	0.7	0
测量日期:1974 年 8 月 15/16 日,曼海姆日气温峰值和谷值时的热岛强度		

(来源:F. Fezer. Das Klima der Städte[M]. Heidelberg: Justus Perthes Verlag Gotha, 1995.)

在法兰克福市土地价格最贵的区域建有很多高层建筑。在德国其他城市,高层建筑往往仅在城市周边 20 世纪 60 年代的城市边缘建设,呈现围绕城市的环形高层区域。在建筑物高度分布上,此类高层建筑打断了由城市边缘到市中心的过渡。

除了可视化土地利用类型的尝试,科学家还进行了定量化的描述。例如,日本南部小城市大垣的密度图与等温线图得以叠加,以便获得两者之间的关系;科学家曾经将热岛强度指标与建筑物高度结合起来,得到相关系数 0.90。事实上,建筑密度并非绿化面积比例的倒数,因为它们并未计入非透水性路面与庭院。

3.4.2 密度、高度、建筑材料

当人体位于街谷中央时，便可从建筑物檐口之间以某个角度看到天空。这可用沿建筑物高度与街道宽度间的商值或者“天空能见指数”(sky view factor)来表示，该数值与长波辐射通量和街道表面温度有关。

热岛的主导因素之一在于，来自传统建筑材料和地面的能量在夜晚向外辐射。因此，热岛强度取决于下垫面的类型、建设密度、空气含水量，以及温度落差。开放空间的地面材料并不会像建筑物的密实材料一样向外辐射大量能量(表 3-13)。

表 3-13　墙面和屋顶建筑材料性能

建筑材料	密度(g/cm^3)	热容量[$J/(cm^3 \cdot K)$]	导热性能[$J/(cm^3 \cdot K)$]
石灰石	1.7	1.5	9.34
花岗石	2.6	1.74	27.2
砖	1.8	1.49	10.05
轻质混凝土	1.5	0.89	5.72
细石混凝土	2.4	1.28	9.34
钢	7.8	3.62	628.05
玻璃	2.6	1.74	8.79
木材	0.6	0.53	0.84

(来源：S. N. Goward. The physical nature of the interface as a factor in the urban climate [D]. Terre Haute: Indiana State University, 1979.)

有顶棚的大型购物街、有建筑物覆盖的通道、内院等设施比街道空间更热。热量外辐射在地面、墙体、屋顶表面发生，被上述表面上的通风口(如出入口、上方开口等)划分。可以说，放热墙面越大，通风越差，夜晚空气流通就越少。在极端状况下，由于拥有临街的展览橱窗，室内店面外表面的气温比常规热岛高 6.5 K。由于通风状况不仅取决于截面开口状况，还与位置等因素有关，高温空气会扩散到有建筑物覆盖的通道中。

大多数城市的发展都同时或交替地发生以下两种过程：市区以外的农林业用地被不断侵占，用于城市建设；市中心区域得到加建或扩建。虽极为罕见，在 20 世纪 70 年代的海德堡却发生了上述过程的逆转。在老城中的很多街区，内院中的建筑物被拆除，建筑密度又回到了 1890 年的水平，

内院重新被绿化覆盖。此后,该区域的气温日走势仅仅滞后开放空间 1～2 小时,不再会像此前那样发生滞后 3～4 小时的情况。

卫星图片揭示,街区中的天然地表越少,该地区气温就越高。在日本南部九州岛的熊本市,迎风面的夜间气温与硬质地面比例得以研究。虽然整个城市的气温差异很大,但是气温变化程度仍然与建设用地面积存在很强的相关性:建设用地面积每增加 10%,气温就上升 0.3 K;当 50%的地表被混凝土或沥青覆盖时,气温则上升 1.5 K。各种用地在一日当中的气温变化通过“拜仁州城市气候”得以较好诠释(图 3-02)。虽然绿化率不同的各类用地在上午升温状况有微小差异,但是它们都能够在 15 时开始迅速降温。

3.4.3 建筑密度

由于可建设用地被限制在城墙以内,古典城市和中世纪欧洲城镇的建筑物间距都很小。19 世纪不再需要建设大型花园和喂养家畜的草场,这导致了建筑密度的剧增。20 世纪,内城中仅存的绿地也被停车空间占据了。

为说明相同开发面积上运用不同布局方式、容纳数量不同居民的城市气候影响,科学家针对位于曼海姆边缘规模相当的三个住区展开研究。在所有布局方式中,花园城市对当地自然气候的扰动最小(热岛强度最大值仅为 1.5～2 K),点式高层区其次(热岛强度最大值为 2 K),老城区带来的扰动最大(热岛强度最大值为 4～5K)①。但别墅供暖耗能为 100～130 W/m², 多户合住型住宅的供暖耗能为 70～100 W/m²。由于土地是最为重要的资源,因此能够提供更高容积率的布局方式与建筑类型更值得在人口密集的大都市采用。柯布西耶在 1922 年提出了“光辉城市”概念,首个实施案例是位于马赛的一栋高层建筑。它能容纳的人口相当于建造在同等面积上的独立别墅的十倍。于是,其他 90%的面积就可以作为花园、公园、游戏场、休闲区域等。但是,从可持续发展的角度讲,高层建筑群的城市性受到质疑,在某种程度上是对城市空间的破坏。

在中世纪的欧洲,建设者或许可以相对自由地决定建筑密度。经济利益驱使高密度区块不断增加,其中还包括必要的区域性的发电厂、能量供

① F. Fezer. The influence of building and location on the climate of settlements [J]. Energy & Buildings. 1982,4:91-97.

应及其他基础设施管道。供暖设施的进步导致废气排放减少，气体排放高度增加。此后，虽然人均所需道路面积不断减少，但是道路上的机动交通污染却愈加严重。在德国，当来自机动交通的废气排放量超过工业废气排放量时，避免交通量的增加变得比以往更加重要。如何避免交通量的增加成为城市建设者面临的重要课题。道路方向必须能够更加自由地选择；具有极热或极冷季节或位于大风区的区域，合理的道路朝向及其周边建筑物方向更利于驱散机动交通污染物。

当政府决定开发新区时，建筑密度将通过容积率得以确定。出于气候学观点，开放空间和绿地的比例则需要得以提高。研究显示，地表越平整，产生涡流的几率将会越小。同时，在群山围绕的谷底建设城市或住区会引发严重的大气污染问题，在斯图加特、艾森等地该问题已得到显现。在德国，来自热电厂的水蒸气、二氧化碳的传播会在“环境承受力评估”中得以计算。而虽然上述气体在山坡和谷底之间引起的气流循环已得以研究，但常规计算还略显不足。

3.4.4 旧城更新

具有几何平面、或多或少具有统一建筑结构的古典理想城市在文艺复兴时期再度流行；巴洛克时期，狭窄的街巷不再受到欢迎；自 19 世纪中叶，图形秩序已经不再是唯一的理想城市准则，“获取新鲜空气”已成为城市发展的主要推动力量之一。1886 年，布鲁塞尔政府没收了“最肮脏”的、对健康最有害的地块。新建中心大道两侧的土地被加价出售，大型更新项目的成本被提高，于是出现了“更新”这一概念，该概念在二战时期更为流行，数年后开始出现“大面积城市更新”。1976 年出台的德国《城市建设推动法》(Städtebauförderungsgesetz)坚决地提出：城市结构应该尽量提供健康的生活条件。20 世纪 90 年代，出现了以个别建筑为对象的文物保护与修复活动。

更新措施在气候方面获得的成功在海德堡案例中得到研究。街巷越窄，建筑越高，空气流通性越差。冬季，老城内近地面墙壁几乎晒不到太阳；夏季，很晚才能晒到太阳。老城储存了很多热量，使气温走势晚于太阳高度变化数个小时。较之新区，老城区在中午更加凉快，但日落前两小时却最热，夜晚降温较慢。如果城市位于山谷中，则只有沿山谷轴线方向的街道通风良好，与山谷轴线平行的街道通风情况一般，与山谷轴线垂直的街道通风情况最差。例如，在 1975 年 5 月 20 日，海德堡内卡河沿岸西风风速为 2.5 m/s;与其平行的街道风速为 1 m/s,而在与其垂直的街道风速几乎为零。较大的建筑排间距能够促进空气流动,但同时也会促使来自街道的汽车尾气和噪声的无序蔓延。

基于气候学观点,更新区域应通过拆除废旧房屋、建造地下车库等措施,为绿化设施留出空间,激发微循环。如果更新前院落内的风速只有屋顶风速的 45%,那么更新后会达到 55%,同时昼夜温差变化也将变得类似新区(表 3-14)。

表 3-14 位于海德堡的两座周边式布局庭院更新前后的气候条件

<table>
<tr><th colspan="2" rowspan="3">气候条件</th><th colspan="4">气温</th><th>风</th></tr>
<tr><th rowspan="2">日温度走势</th><th colspan="2">与开放空间的温差</th><th rowspan="2">日走势延迟</th><th rowspan="2">占屋脊风速的百分比</th></tr>
<tr><th>冬季(K)</th><th>夏季(K)</th></tr>
<tr><td rowspan="2">更新前</td><td>日间</td><td rowspan="2">较屋脊温度走势小 2～7 K</td><td>0～5</td><td>−8～0</td><td>1～4(晚)</td><td>20～80</td></tr>
<tr><td>夜间</td><td>3～5</td><td>1～7</td><td>1(早)</td><td>10～70</td></tr>
<tr><td rowspan="2">更新后</td><td>日间</td><td rowspan="2">较屋脊温度走势小 1～2 K</td><td>0</td><td>−2～0</td><td>1～2(晚)</td><td>50～85</td></tr>
<tr><td>夜间</td><td>1～2</td><td>0</td><td>0～1(早)</td><td>35～70</td></tr>
</table>

(来源:F. Fezer. Klimatischer Erfolg einer Stadterneuerung: Messungen in Heidelberg vorher und nachher [J]. Mainzer Geographische Studien. 1990,34:161-176.)

3.4.5 城市扩张

3.4.5.1 密度增加

城市人口数量必然对气温差异范围有所影响。因此,在城市气候的研究工作中,"人口规模"成为一个不可缺少的限定词。如今,鉴于世界级"大城市"的巨大影响,越来越多的研究活动以巨型城市为研究对象。

通常,人口规模越大,建筑密度越高,城市气候问题就越严重。也就是说,一般条件下,在花园城市和高层建筑区域中,热岛强度较小;在密集建设的城市中心,升温趋势线陡峭,在极度负荷天气中情况最为严重。

不同地区的热岛研究也为此提供了支撑。在亚洲,城市中的人口密度通常是欧美的 4 倍甚至更多。因此在人口规模相同时,韩国和日本城市的热岛比欧洲城市和南美城市弱 4～6 K。只有人口多于 30 万且布局方式类似时,亚洲城市的热岛才与美国城市相似。

3.4.5.2 范围扩大

每个城市因其地形位置、与海岸间的相对位置关系、城区划分而创造出自身特点，因此不同规模建成区的比较经常遭受批评。通过研究快速成长中城市的不同发展阶段，这一问题得以避免。

此类方法看似清楚，实则存在着隐患。例如，海德堡气象台自从1780年以来，8次被向西迁移。此外，仅有某些元素（主要是气温）得以评估。同时，早期的监测数值来自7时、14时和21时的数据，而在美国则仅仅记录了气温的最高值和最低值。在一定规模的城市或者扩张缓慢的城市中，1950—1970年间欧洲城市的平均气温有所降低，只有在像纽约或者东京这样的城市，平均气温一直呈明显升高趋势。

伴随着城市扩张，市区气象站的气温监测数据通常远远高于乡村。夜晚最低气温最为敏感地反映了城市化过程的影响。在凤凰城，1950—1985年间，夜晚最低气温从27℃上升至31℃。除了1965年以外，热污染经常出现。东京居民在1925年以前经受“炎热夜晚”（气温不低于25℃的夜晚）频率仅为5次/年，而1990年却经历了25次此类负荷①。

3.4.6 高密度条件下的松散布局

1930年，多层住宅被布置成行列式大板楼，不久后则出现了布置在公园般绿地中的高层住宅。1960年以来，地价的不断攀升导致了高层住宅增加。混凝土的导热能力是普通砖墙的6倍，而金属（如不锈钢、铝）则会反射几乎全部的太阳辐射。因此，新建居民点与原有居民点之间气候差异不仅源于建筑高度的差异，而且还源于墙体形态的差异。

在夏季太阳照射下，大面积墙体向光面上的空气因会受热，最高气温达到50℃以上。如果太阳照射面平整，则热空气将沿墙面爬升。因此在午后，位于住区中部的高层建筑可以从周边吸取新鲜空气，促成微气候循环。而多数情况下，鉴于景观视线、城市性等方面的考虑，高层都被布置在住区边缘。需要注意，住宅西墙在17时温度高于午间南墙3～5℃，且夜晚降温缓慢，因此西面不适合布置卧室。

如果自由布置高层住宅，则夜间降温不会受到严重阻碍，且通风条件

---

① T. Ojima. Changing Tokyo Metropolitan Area and its heat island model [J]. Energy & Building. 1990/91,15/16:191-203.

良好。如果建成区位于谷地，则应沿山谷轴线布置高层建筑。在大风天气里，在风压的压迫下，室内热量极易被带走，研究显示，居住在三层楼以上的居民更容易患感冒。

3.4.7 花园城市住区

如果只有部分基地得以开发，其他地表由树木、灌木、菜园或花园覆盖，那么这里的气候会类似于公园；城市气候效应也会相对较弱。虽然住区边缘气温会升高 1 K 左右，但中央气温将不再攀升。

在此类住区中，40%～50%的土地面积被用作街道、入户道路、停车场、建筑基地或被闲置。规划师应该尽量减少被非透水材料覆盖的土地面积，使雨水能够通过自然途径得以蓄积、排导或渗入地下。在此过程中，雨水将通过植物蒸腾作用回到大气当中，以缓解气温升高的趋势。此外，在此类住区的住宅院落中，动植物生存条件及其多样性要比密集开发利用的建设用地丰富 10 倍以上。如果每栋建筑物高度增加以便容纳更多家庭、墙体和屋顶面积增大，则对当地气候将产生严重影响，同时机动车停车需求也会增加，城市气候效应就会更加严重。

3.4.8 工业和交通用地

多数传统工厂用地被过度开发，其气候特征类似于内城。现代化工业区只有保留预留用地或建设贯穿的绿化带，才能使其气候特征类似于新建居民点。未来，监管机构必须鼓励土地集约利用。如果企业规模很大，但基地较小或资助不足，那么产品应该被安置在多层建筑中，并将屋顶作为停车场。

通过法律可以要求暂时将预留用地作为绿地，以改善区域气候。位于厂区周围的树木能够发挥多种作用，如吸收多数大颗粒浮沉物、阻止噪声蔓延等。同时，污染物危害越大，烟囱就应该建得越高。在工业区，高度不同的烟囱可将污染物排放到风向不同的空气层。只要企业的烟囱高度较低或中等，它就必须与居住区保持 2 km 距离。

交通设施会严重释放噪声和废气。此外，发动机发热尚未引起足够重视，车流附近的气温一般高于周围气温 1～2 K。此外，尾气涡旋会扰乱所有弱风系统。原则上，私人机动交通和大型公共交通都会带来危害，只是人均排放量相差很多。因此，快速公共交通系统的规划和投资都应考虑气候影响。此外，公共交通系统应尽量将人口聚集区限制在车站附近，相邻车站之间预留的未开发区域将对维持区域气候作出贡献。

在狭窄街谷采用单行交通最为合适。从微气候方面讲，单行机动交通路网具备以下优点：机动车运动能带动废气流动、排出街谷。而双向机动交通却会使废气保持在临近区域；而只有在极端气候条件下，风、冷、热等气候要素才会对污染物驱散发挥重要作用。因此就通风而言，两条较窄的单行道路比一条较宽的双向道路更加有益。鉴于现行交通设施的特点，隧道口的污染物经常超标，因此最好在隧道中部垂直设置有驱动装置的排风井，其作用如同蒸汽机车时代在较长的火车隧道内设置的通风设施。

从前由于经济原因沿街道或铁路建设的低层建筑，现在可以作为噪声屏障。与高墙相比，矮树篱和矮墙打断噪声的效果更好。4 m 高的障碍物可以反射 80%～90%的噪声和污染物，但只能保护近处的房屋；在防护区域以外，噪声直到几百米才能完全消减。4～7 m 宽的矮树篱带可吸收 70%的污染物，但只能将废气控制在一定范围以内(50%～90%)。相比之下，由于用地不足而设置的隔墙只能控制 40%的污染物。

在地下水位线允许的地区，可使用下凹式道路。建设此类道路所挖出土方可以铺于上层表面或用于覆盖垃圾堆放场。且侧墙绿化的噪音防护作用更好。在经济方面，虽然栅栏的消声效果很好，但高空交通方式远远贵于下陷交通方式。基于气候学观点，高空交通方式只适合在必须越过低地中受保护的大型绿化带时被采用。原因在于，仅 1 m 高的障碍就可能阻碍空气流动，增加盆地中的霜冻几率。

当建成区中的机动车行驶速度被限制于 30 km/h 以下时，机动车道路就不需要铺设沥青。相比之下，地砖在日间蓄热能力更弱，且可允许部分雨水渗入地下，干燥周期又较短。科学家研究了降雨和强辐射时的材料性能。结果显示，表面越粗糙，吸水能力越强。5 分钟后，多孔材料内部已经全部潮湿。带有涂层的混凝土复合式路面最值得推荐。它能够在降雨时吸收雨水，使雨水既能够逐渐渗入地下，又可以随后蒸发。暴雨时也不会产生地表雨径，从而减轻市政排水系统的压力，又不会侵蚀周边绿化。

利用红外线温度计和辐射平衡测量仪，可以对不同表面的太阳辐射吸收程度展开研究。沥青和红色铺装以热辐射形式向周围空气传递热量；浅色铺装反射可见光，当然也能够使空气适度升温。因此，在温带和寒带，步行街、露天咖啡馆、儿童游乐场等设施可以利用红色铺装延长使用时间，但是这也将导致炎热天气里这些场所不会有人停留。因此，种植阔叶树成为唯一的补救办法。由此，阳光能够在早春和晚秋照射到地面，夏季阳光被有效隔离，强风得以阻挡，弱风缓缓吹入。而停车空间不宜用沥青铺装，适合采用地砖，以避免增温效应。日间频繁使用的停车位不宜采用植草砖，长期处于阴影中的草地将会在两年内干枯。夜间频繁使用的停车位和日间偶尔使用的停车位更适合采用植草砖。另外，停车场的规模必须得到谨慎估算，很多停车空间在使用中会被证实过大(如轮班制员工住区)或过小(如购物中心)。

快速交通道路应与自行车道、人行道路相隔离，它与建筑之间的间距应更大。间隔区域应种植落叶树，使道路成为林荫道。降水只有通过植物根部的有效引导才能渗入地下，所以只有深根茎植被才适合种植在这些地方，如法国梧桐、刺槐、银毛椴。在夏季，庞大的树冠投下阴影、吸收灰尘，降低强风风速，对微风风速影响较小。以上特性使林荫道成为优秀的空气通道，以便连接城郊未经开发的开放空间与城市广场或公园，将城郊冷空气引入市区。同时，人行道也很适合作为林荫道，但是在广场上种植树木费用很高。

3.4.9 公园

公园是可以为市民提供短时间休憩的理想场所，水面和绿色会镇静神经系统。同时，城市居民可以在此感受季节交替，感受鸟类和昆虫的物种多样性，感受微气候差异，人类的皮肤和激素腺体将对此做出良好反应。在此，植被应该在寒冷季节得以保护，以防受到强风损害，只有如此才能在夏季投下阴影。在气候方面，小型公园可以阻断城市热岛，其气候特征类似于松散林地。公园面积越大，中央区域的夜间气温下降就越多。

在风速大于 1 m/s 时，大中型公园可以为临近建成区降温。虽然研究对象选自不同气候区，且植被种类不尽相同，但对相关研究的比较仍可明确得到以下趋势：公园面积越大，公园中的冷空气就越容易影响到更远的区域。在任何风速条件下，面积在 15 hm^2 以上的公园的影响能力均能显著提升。因此，应将多个大中型绿化公园均匀分布在城市中，这将有助于减缓气候恶化，同时也能满足可达性的要求。

建筑与树木间的温差将造成气压差，引起"补给风"(Ausgleichswind)。研究显示，50 m 宽的绿化带上就可以测量到明显的微气候循环。墙壁会完全挡住弱风，将强风转化成涡流；而树木会降低强风风速，几乎完全允许弱风通过。

由于城市中阔叶植被的树叶发芽较早，直到秋季树叶还很茂盛，因此它调节气候的效率高于市郊开放空间中的同类树木。1 m^2 草地对二氧化硫和氧化氮的日吸收量为 100 mg。树木和灌木可滤除空气污染物和粉尘:杉树篱能够滤除 1/3 的微小粉尘,针叶树群可以滤除 80%的大微粒粉尘,阔叶树可以滤除 60%。阔叶树吸声降噪的能力很弱,密集种植的梧桐可以使噪声降低 10 dB。经雨水冲刷,沥青路面干燥时产生的灰尘会在强风时被再次卷起;与此相对,灰尘可以被公园植被固定住。在树木稀少的城市道路中,空气含尘量是林荫道的 3 倍,是公园的 10 倍。如果道路粉尘浓度过高,该地区大气吸收红外线的能力将被提高,从而植被枝叶会被损伤,甚至造成局部死亡。

公园的位置至关重要:市中心的街道和广场适宜种植植被;内城中的小块绿化必不可少;新区中可以规划建设区域公园或直接建造花园城市。无论是内城还是新区,都有必要在绿化设施附近布置养老院和幼儿园等设施。气候学的要求必须得以考虑,气候学要素至少要得以评估,如通风在多大程度上受到限制,夜间气温能够上升多少。决策者必须决定在规划中是否需要增加绿化面积,或者如何保护绿化。以下给出有关绿化保护和种植顺序的优先性建议:(1)内城附近经常面临气候压力的区域;(2)与其他公园或未经开发的开放空间连接性很好的区域;(3)形态较好或具有历史价值的公园;(4)山坡;(5)难以开发利用的地形,如泄洪区、原有要塞、铁路与高速公路间的剩余空间;(6)地下水采集区。当然,绿地的形态是景观建筑师和园艺工作者的研究对象,形态设计应尽量尊重专业人员的意见。

由于凹地供水方便,且日落后降温明显,因此非常适合作为草地。从气候学观点出发,除了作为形态要素或游戏场以外,草地并不适合在其他区域使用。

林荫道适合选用阔叶树。通过阔叶树和针叶树的比较研究,科学家推荐选用以下树种:紫杉、黑松、欧洲赤松、生命树、杜松、柏树。

私有花园与公共绿地对城市气候具有相同价值,而前者较难得到保护。只能通过政府游说、绿化竞赛等方法鼓励居民种植对气候更为有益的植物。地方政府可降价促销当地树种,并承担清理脱落树枝的法律责任。

除了需要花费大量资金维护的公共公园、公墓及私有花园,城市以外还拥有小型花园、苗圃、体育活动场、荒地、建筑间距预留地等重要资源。在俄罗斯,规划师必须尊重居住区和工业用地之间用地的原有用途;食品生产企业与居住区间的预留距离为 50～100 m,化学、冶金和水泥工厂与居住区间要求的预留距离为 1 km。预留土地中的植物会消耗二氧化碳,释放氧气，产生新鲜空气。此外，只有面积大于 50 hm^2 的预留用地才可能被允许改为经济用途。

依据德国《建造法典》，建造规划必须保护开放空间。鲁尔区人口密集区域的区域规划保护大型绿带①。黑森州 1970 年的“联邦州土地项目”在“专业原则”中明确提出必须保留或建设对气候至关重要的大型绿带的要求。为了保证区域通风，其宽度必须为 1～3 km。绿带必须既能将不同城区分开，又能将来自市区以外开放空间的新鲜空气引入市区。另外，由于局地风一般较弱且规律性不强，轮轴放射型绿化系统不足以完成以上任务，而交叉型绿化系统却可确保城市向多个风向保持开放。

大型绿带并非永远是条状，大多数绿化带是由开发剩余的空间组成，宽度和用途各异。这些空间之间的缝隙和空缺适宜用草地填补，较宽的绿化带也可以种植树木。

大型绿带还可以被用作“生态补偿空间”。城市和乡村之间发生着多样性的资源交换，由乡村流向城市的新鲜空气对城市气候有利。几乎所有种植绿叶植物的区域都会生成氧气含量较高、二氧化碳含量较低的新鲜空气，如玉米地、草坪或者森林。德国各地政府有权出于某些原因限制对某些区域的使用权，如确定某区域长期作为草原。而位于城市盛行风向方向上的市郊区域意义重大。

当然，农林业用地也可以有规律的为城市提供新鲜空气。夜晚，来自高度在 200 m 以上、坡度大于 30％山坡的谷风系统影响范围可以达到 2 km^2。冷空气越强大，流速越快，城市就可以建造得越高、越粗糙。

夜间谷风强度可以根据热力学照片计算出来。首先测量有冷空气流动的山坡宽度，并根据比例尺换算成真实长度；测量最高等高线到山脚的距离；由宽度和高差算出山谷横截面；而由截面面积可以算出空气流动速度。

日间，水面比其他地方升温慢，直到日落前 3 小时都相对凉爽。研究显示，炎热夏日的冷空气气团厚度可达到 20 m。湿润的冷空气在水平方向上可以传播 50～400 m，具体表现因街道宽度和建筑密度不同而各异。

---

① 在德国空间规划和景观规划中，彼此相连的未开发地块被称作“大型绿带”，它能够构成生态网络，分割居民点。通常规模较大，因此能够为城市居民提供休憩空间。大型绿化带主要包括可以被用于农林业、公园和体育活动场地的开放空间。通常，空间规划会为大型绿化带规定 1000 m 的最小宽度，以保证其中的物种多样性的生态环境品质。

炎热夏日，冷空气由 40 hm^2 的阿瑟湖流向蒙斯特市，降温可达若干摄氏度。将小溪河流汇集成大型水体，并在其周围布置公园，这可以吸引游人，又能提高生态多样性，动植物数量也将增加一到两倍。

科学家曾经跟随墨西哥城东北部最主要的大型绿化建设项目①。1972 年，当地开始为已经干涸的德克可克湖建设绿地，并建成 5 个 5 km×5 km 的湖泊，用于在雨季储存雨水，并在旱季增加空气湿度；此后，降雾天气时常出现，日气温走势减弱，良好的微气候环境形成；目前，当地气温较从前降低了 2℃，但雨季效果比预期小。

3.4.10 内城绿地

人类喜欢在公园中的老树下散步，树木投下的“绿影”比建筑投下的阴影更加让人感觉舒适。植物蒸腾有利于区域降温；且植物的降温作用恰恰发生在一年中、一日中人体最需要的时候。成组或成排种植的树木附近的气温垂直分布类似于树林。老公墓中的气候条件类似于公园，而运动场和其他草地上的空气却能够被严重加热。在等温线图上，公园周边的气温变化显著。公园越大，其内部夜晚越凉爽。

内城绿地可以显著提高周围环境的空气湿度。例如，1970 年 12 月，墨西哥城还在旱季，其大气相对湿度为 45%～55%，而在 2 km 宽度卡普特裴珂(Chapultepec)公园内大气相对湿度则为 65%～76%；鉴于老榉木的影响，卡尔斯鲁某内院中 8000 m^3 空气的相对湿度甚至可以从 40%提高至 70%。

内城绿地的功能是仅仅打断热岛还是高效地减弱热岛，这取决于绿地面积、形态及周边建筑群形态。例如，凉爽的公园空气只有通过宽敞的林荫道才能被引入附近街区。

林荫道投射的阴影是其影响区域气候的重要原因。在慕尼黑 16 时，林荫道下的平均辐射气温下降了 25 K；在匈牙利南部城市塞格德，种植 15～20 年的菩提树和杨树却能够使 13—18 时的城市区域气温与开放空间保持一致。

---

① E. Jauregui. Effects of revegetation and new artificial water bodies on the climate of northeast Mexico City [J]. Energy & Building. 1990/91,15/16447-455.

3.4.11 水体

很多城市位于河岸、湖畔或海滨，其气候条件明显受到水体影响。日间，一部分太阳辐射在水体表面得以反射，大部分太阳辐射则投入干净水体数米深，并在其中释放能量。水储蓄能量的能力较强，水面上空的空气升温很少。因此，空气经常在日间下降，在水面附近升温，形成雾或云。

水体在日间相当凉爽，在夜间则较为温暖，在12—14时温度变化最为剧烈。大型湖泊或海洋与陆地之间的温差足以催生区域性的风系统。当早晨太阳尚未升到30°角或者下午晚些时候低于30°角时，被水面反射的辐射被岸边建筑物立面吸收，这会造成其严重升温。

在日本广岛，鉴于200 m宽大田河的影响，距其60 m远的城区气温仍然可降低1 K。河流最重要的影响在于，能够为城区的多个气流提供宽阔的输送带①。当城市被河床及其绿化带环绕时该效应最为明显（如曼海姆）。另外，科学家也证明了一个规模为12 hm^2 的池塘的气候调节作用。池塘注水后，城市更为凉爽，即使在16时于距离池塘1 km的地方温差也达到1.2 K。

当儿童踏入公园中的水池，其头部应该位于水面以上。因此从安全角度出发，水池最深深度应该被控制在1 m，但是这样的湖泊并无气候调节作用。

---

① S. Murakawa, T. Sekine, K. I. Narita. Study of the effects of a river on the thermal environment in an urban area [J]. Energy & Buildings. 1990/91, 15/16:993-1001.

4 应对城市气候问题的规划策略与原则

4.1 宏观策略

经过近半个世纪以来，通过不断的理论反思与实践检验，一系列有利于环境发展与污染物防护的城市建设指导方针及其转化方法在德国得到发展，为城市发展与环境保护提供了“整体解决方案”。以下，针对有助于缓解城市气候问题的宏观策略及其优势展开讨论。

4.1.1 多中心集中

作为当今德国空间规划的基本概念，亦即区域规划、城市规划与景观规划的指导原则，多中心集中（或被直译为“分散式集中”）概念源于“中心地理论”、“被分隔的松散城市”①等思想，旨在缓解人口密集地区的压力的同时避免城市蔓延问题。在思想方法上与新城市主义著名的 TOD 思想存在一定的相似性。“与中心地理论将中心与交通轴线沿途区域作为发展重点的概念相对，多中心集中概念同时关注‘中心’及其‘外围区域’的发展。重点在于追求多指导路线影响下的、紧凑型、功能混合的居民点发展，以便在人口聚集区形成‘大范围分散，小范围集中’的发展模式”②。

多中心集中策略与荷兰的“边缘城市”(Randstadt)概念紧密相关。在鹿特丹、阿姆斯特丹、乌德勒支、海牙等大城市边缘，集中建设的居民点用以减轻城市中心压力。随着该模型的出现，荷兰国土规划目标得以提出，即创造具同等价值的生存空间。依据荷兰国土规划意图，多中心集中的概念得以产生。对此，大城市城郊居民点的发展被视为老城复苏与价值提升

---

① J. GÖDERRITZ, R. RAINER, H. HOFFMANN. Die gegliederte und aufgelockerte Stadt[M]. Tübingen: Verlag Ernst Wasmuth. 1957.

② Dezentrale Konzentration. [EB/OL]. [2010-12-25]. http://de.wikipedia.org/wiki/Dezentrale_Konzentration.

的补充，但是这里并不为大面积居民点提供发展空间。在分散式集中的概念里，城市边缘被赋予多功能发展的任务，由此城郊居民点的独立性也得到提升。多中心集中的概念要求降低城市间的竞争，借此产生一种"区域城市"(Regionalstadt)。"边缘城市"概念在空间上的继续发展会导致"网络城市"的产生(详见下一节)。

多中心集中概念在解决城市气候问题方面存在的优势主要体现在：通过有秩序的人口疏散，避免内城热岛的持续加剧；通过保护与发展位于城市周边的开放空间，避免城市通风条件的恶化；通过保持功能混合、改善可达性，减少由私人机动交通引发的大气污染份额。

4.1.2 网络城市

多中心集中概念的实施直接导致了"网络城市"概念的产生。也就是说，可以用一个超越狭隘的、单个城市行政边界的城市群落或城市联盟来代替巨型城市的功能。"以生态建设优先为出发点，该概念对新建项目与居民点结构性改建项目均具有巨大意义。其目的在于形成并加强由多个元素(点、线、网络)组成的空间网络，并强调保护位于点状元素间的开放空间的重要性"①。

大部分居民点都经历着空间上从小到大的成长历程，历史上已经多次出现网络化的城镇发展(如鲁尔区)。根据如今的规划原则，没有明晰边界的城市将无法得以识别。根据此前的规划认识，人口密集区将作为一个空间单位单独得以规划。而今，作为人口密集区，网络城市的发展存在一个问题，即废弃地转化的必要性使得规划面临新任务。交通联系通常是形成城市网络的必要条件。今天，单个城市已无法在其有限空间中满足居民生活的多样性需求。客运交通与城市公共交通的完善、运行效率的提高、可达性的改善，是发展城镇协作、扩展城市功能的必要条件。此外，居民点都具有高密度、少开放空间的特征，多个居民点的自然景观可形成网络。

由于网络城市概念是多中心集中概念的延伸，因此该概念在缓解城市气候问题方面也与多中心集中概念一样存在诸多优势(详见上一节)。

---

① KOCH M. Ökologische Stadtentwicklung——Innovative Konzepte für Städtebau, Verkehr und Infrastruktur [M]. Stuttgart, Berlin, Köln: Kohlhammer, 2001.

4.1.3 短途城市

对于受到功能分区思想影响的城市发展而言,交通及其能耗问题成为可持续城市发展面临的重要课题。基于由私人机动交通所创造的可达性,较长的空间距离可方便地被跨越,居民活动半径在相同时间消耗与高速交通工具的帮助下得以显著扩大。上班族在位于不同城区的工作单位与住宅之间每日往返。虽然能量消耗总量难以估算,但多数情况下可得到粗略估算的近似值。城市交通的能源消耗与居民点结构、市郊联系、人口密度有关。研究显示,“高密度大城市的交通油耗量明显低于低密度大城市的交通油耗量”①。也就是说,对于大城市及其组成部分而言,城市建设密度越高,燃料消耗量与二氧化碳排放量越少。要解释这一规律也并不困难:密度越高,路途越短。在此背景下,“短途城市”概念于20世纪80年代应运而生,被作为可持续发展导向的德国区域规划与城市规划的重要指导方针。“一方面,该概念试图缩短居住、工作、供给、服务、休憩娱乐与教育设施的空间距离;另一方面,也试图降低交通需求、减少交通量”②。不可忽略,该概念的实施还需获得多个必要条件的支撑,如高密度城市开发、功能混合策略、建设绿色交通系统等。

功能与人口的空间聚集为生态与社会效应的提高提供了必要条件。但是,高密度也可能导致环境恶化、功能及社会成员间的相互干扰。“短途城市”策略可能带来的上述问题只能通过交通技术得以避免。密度过高时,“短途”概念必须与另一可持续的发展概念相结合,即“交通工具的快速可达性”,从而在跨越长距离的同时避免过渡环境负荷。对此,步行交通与公共交通(尤其是轨道客运交通)的可达性至关重要。提高密度对于私人交通向公共短途客运交通(ÖPNV)的转化有所帮助。高密度提高了居民利用公共短途客运交通的可能性;同时,公共短途客运交通的可达性也将得到改善;亦提高了持续性减少交通量的发展潜力。因此,从长期看,通过针对性的交通结构调整改善城市核心的灵活性是区域规划与城市规划可持续发展的重要内容。为此,价格调整、空间规划政策与区域经济促进项目对

---

① KOCH M. Ökologische Stadtentwicklung——Innovative Konzepte für Städtebau, Verkehr und Infrastruktur [M]. Stuttgart, Berlin, Köln: Kohlhammer, 2001.

② Stadt der kurzen Wege [EB/OL]. [2010-12-25]. http://de.wikipedia.org/wiki/Stadt_der_kurzen_Wege.

长期确保交通量消减目标有所帮助。除了在交通量消减方面的作用，“短途城市”原则也将对居民点供给与垃圾处理中的材料与能源消耗产生影响。“短途”压缩了建设、供给服务与垃圾处理的材料需求，降低了饮用水供给与废水处理的能量消耗，同时降低了能源或能源载体在运送过程中的损失。

短途城市概念在解决城市气候问题方面存在的优势主要体现在：通过降低材料与能源供给过程中的能量消耗与热量损失，缓解潜在的大气污染与城市热岛；针对城市气候问题、生态环境问题的重要诱因——交通能耗，通过缩短居民出行距离，减少城市交通总量，缓解潜在的大气污染；通过交通结构调整，减少由私人机动交通引发的大气污染。

4.1.4 功能混合

作为城市可持续发展目标的重要组成、实现短途城市目标的必要措施，功能混合试图通过居住、工作、服务等功能的毗邻安置，提高功能多样性、增强区域活力、促进小范围经济与物质循环、消减交通量，甚至“提高居民对新型与多种生活方式的接纳性；提高经济、大众传媒、科学、文化设施之间的合作可能性；修复公共空间，使其成为日常生活、和谐共存的有效载体”①。

然而，功能混合策略的落实往往面临着与经济扩张需求、社会发展趋势的矛盾。因此，功能混合究竟能够在多大程度上得到实施、如何得以实施，仍有待深入探讨。针对落实功能混合所面临的挑战与困难，1995 年至 1999 年，“城市建设中的功能混合”研究项目作为“实验性住宅与城市建设项目”(Experimenteller Wohnungs-und Städtebau, ExWoSt)②的下设课

---

① KOCH M. Ökologische Stadtentwicklung——Innovative Konzepte für Städtebau, Verkehr und Infrastruktur [M]. Stuttgart, Berlin, Köln: Kohlhammer, 2001:128.

② “‘实验性住宅与城市建设项目’(Experimenteller Wohnungs-und Städtebau, ExWoSt)是德国交通、建设与城市发展部(Bundesministerium für Verkehr, Bau und Stadtentwicklung, BMVBS)的研究项目，由土木建筑与土地规划局(Bundesamt für Bauwesen und Raumordnung, BBR)下属的建筑、城市与空间研究所(Bundesinstitut für Bau-, Stadt- und Raumforschung, BBSR)负责。该项目推动了城市建设与住宅策略等重要问题的创新规划与相关措施的发展。一方面，其研究成果能够促进住宅建设与城市建设的相关法规制定与推动性政策制定，促使原有规则系统适应社会发展的新需求；另一方面，城市规划师、建筑师、政府部门及其他感兴趣的社会团体可从中获得有关成功项目、合作形式、融资方式与分析方法的相关信息。”见 Experimenteller Wohnungs-und Städtebau (ExWoSt) [EB/OL]. [2010-12-26]. http://www.bbsr.bund.de/nn_66474/BBSR/DE/FP/ExWoSt/exwost__node.html.

题，针对功能混合策略在内城已有混合区域、废弃地更新用地、城郊新建用地等三类用地中的13个示范项目的实施情况展开跟踪与评估。研究得出以下结论："第一，只要项目框架条件、城市设计概念、实施方法三者相适应，功能混合概念就能获得成功；第二，功能混合概念将为居民点稳定与功能衍生提供必要条件与良好的接合点；第三，功能混合概念可在城市废弃地与城郊新建居民点项目中得以应用。"①在三类用地中落实功能混合策略所面临的机遇与挑战不尽相同：旧城原有的混合区域应得到保护与发展，它可为各类居民提供具吸引力的居住环境、为企业提供良好的基地条件；城市废弃地应尽量发展为混合区域，其位置优势将对多数使用者与投资者产生吸引力；城郊新区应优先发展混合型住区，对此长期的远景规划、功能与建设概念上的高度灵活性具特殊意义。该项目的研究成果为德国联邦、各州及地方政府加大力度推行功能混合策略提供依据。

功能混合概念在解决城市气候问题方面存在的优势主要体现在：通过避免不必要的道路建设，减少土地封盖，缓解城市热岛；通过提高就近工作与购物的可能性，减少居民日常出行的交通量，减少由私人机动交通引发的大气污染。

4.1.5 无车住区

无车住区（亦即不依赖私人机动交通的城区或居民点）策略是当代德国城郊生态城市建设的重要发展策略。其目标在于，限制小汽车使用，减少城市建设的环境负荷，促进城市的可持续发展。通常，建设无车住区需要政府提供资助。目前，在德国建设指导规划设计中，实现该概念的措施主要包括以下内容。

1. 降低停车率。虽然40%的大城市居民（如慕尼黑）无私人小汽车，但是建设法规中允许的新建项目户均停车率仍然较高。一些城郊新建住区[如慕尼黑里姆住区（Riem）、汉诺威克隆斯伯格住区（Kronsberg）]户均停车率被限制在0.8（常规为1.1），同时进行了停车空间资源管理；而在内城小型项目建设落实无车概念则较为困难，通常也只能利用地下车库提供停车位。

2. 集中建设停车场。在弗莱堡、图宾根的新建或改建住区，此措施已

① BREUER B, MÜLLER W, WIEGANDT C. Nutzungsmischung im Städtebau [M]. Bonn: Selbstverlag des Bundesamtes für Bauwesen und Raumordnung, 2000: 1.

经被证明是切实可行的。可以在密集建设区域边缘集中布置停车场或停车楼，从而建设“不配停车位的住宅”。这些措施无疑将动摇小汽车的特权地位，为游戏场与绿地提供更多空间。

3. 通过土地买卖合同限制私人汽车使用，如弗莱堡的沃邦住区。

4. 与公共短途客运交通（ÖPNV）建立便捷联系。在弗莱堡的沃邦住区，除建设城市轨道交通以外，当地政府还提供拼车服务；在太阳能住宅片区还为住户提供了轨道交通卡。

5. 在区域内部建设生活用品供给设施（如超市、周末市场等）。在20世纪90年代以后的德国城郊大型住区，在区域中心进行混合功能开发、布置必要的供给设施已经成为成熟的发展模式；而对于小型住区，则可提供购物专车①。

在解决城市气候问题方面，无车住区概念存在的优势主要体现在：通过较少道路与停车场建设用地，缓解潜在或已有的城市热岛与大气污染；避免由城市扩张带来的内城机动交通量激增问题；提升新区满足居民日常需求的能力，减少居民为获取日常生活用品而产生的交通量，从而使内城与新区的大气与噪声污染得到控制。

4.1.6 推动可再生能源利用

通过可再生能源利用满足采暖、热水甚至用电需求的住区概念，自20世纪90年代以来，在德国新区规划与城市更新中获得越来越多的实践机会。住区可根据各自潜力与优势选择合适的可再生能源，太阳能住区、风能住区、地热住区、生物能源住区、沼气住区、畜牧垃圾住区等示范项目均有成功案例。鉴于投资与运行成本的优势，太阳能、风能、生物能源最值得利用。②

鉴于相对简单的技术条件、较高的环境适应能力、不断下调的设施安装运行费用，太阳能住区最易普及。太阳能利用有两种形式：主动式、被动式。其中，主动式通过技术设施实现。具体而言，主动式太阳能利用主要是通过太阳能收集设施加热工业用水、采暖供水，为住宅或其他建筑设施

---

① GUNβER, C. Energiesparsiedlungen——Konzepte, Techniken, realisierte Beispiele [M]. München: Callwey, 2000.

② GUNβER, C. Energiesparsiedlungen——Konzepte, Techniken, realisierte Beispiele [M]. München: Callwey, 2000.

提供一部分能量来源。近年来,利用太阳能电池发电也得以实现。通常,该技术在建筑与城市规划中的整合不会遇到问题。通过相关研究与投资推动,该技术可以提供相当比例的电力。某些市政部门已经为大型太阳能收集设施的敷设提供颇具吸引力的推动基金。

被动式的太阳能利用则通过建筑学与城市设计实现。具体而言,被动式太阳能利用通过温室、大面积南向窗、特朗伯墙来提供能量来源。在建筑、规划与景观设计中应优化建筑物朝向、避免毗邻建筑带来的阴影遮蔽。对此,作为辅助工具的计算机软件在设计过程中发挥作用。此外,被动式住宅(Passivhaus)也值得一提。它提供了回收热量的特殊方式,利用高标准的保温绝热技术、太阳能利用技术、特殊的通风系统,使室内空气贮存的热量得到利用。

由此可知,可再生能源利用策略在解决城市气候问题方面存在的优势主要在于:通过降低能耗及温室气体排放量,缓解已有或潜在的大气污染,为气候保护提供帮助。

4.1.7 提倡可持续雨水管理

可持续雨水管理包括很多内容,从早期的最佳管理措施(BMP)到后来较为成熟的低影响开发(LID)和水敏性城市设计(WSUD)。此类概念被作为解决由大规模城市化所引发的雨洪内涝、沉降漏斗等问题的有效途径。

与常规雨水管理相比,可持续雨水管理在雨水径流控制、污染负荷削减、成本节约等多个方面具显著优势。常规雨水管理方法对场地自然水循环的修复作用十分有限,只有通过实施科学的、能够进行“一条龙”式处理的可持续雨水管理,雨水径流量才能得到有效控制。一方面,由径流量增加直接引发的城市雨水问题将得到缓解;另一方面,随着径流量得到控制,经雨径进入接收水体的污染物数量亦将显著下降,城市开发对于水体水质的负面影响也将得到大幅削减。20 世纪 90 年代起,德国联邦政府要求所有自然水体的质量至少达到 II 级[①]。雨径直排是引发水体污染的重要原因,故德国《水资源法》(Wasserhaushaltsgesetz,WHG)第 32 条规定,“雨

① BMU. Pressemitteilung von Bundesumweltministerin Merkel Zum Tag des Wassers vom 21.03.1997. Bonn.

水的排放不得造成水体水质下降"①。为了实现该目标,德国各级权力机关通过各级层面立法,要求优先选择可持续雨水管理。通过"精明的"场地布局,可持续雨水管理可有效减少场地基础设施的建设,如减少场地非渗透性表面、减少雨水排水管道与雨水口数量、减少终端大型雨水池规模与数量,甚至消除建设该设备的必要性,从而显著降低相关项目建设费用与维护成本②。

该概念在解决城市气候问题方面存在的优势主要在于:通过减少土地封盖、鼓励雨水蒸发,缓解已有或潜在的城市热岛;当然湿润的地表能够吸附部分粉尘,也能缓解部分大气污染问题。

4.2 规划原则

德国现行规划建设法规及污染物防控法规为城市气候问题解决导向下的德国建设指导规划提供了多种可能。根据污染传播链的组成进行分类,必须分别针对污染源、传播途径、污染物采取针对性的规划原则(表4-01)。其中,源头控制办法最多,传播途径控制次之,终端控制的办法最少。由此可见,对于城市气候问题的缓解,规划上应重在"防"而其次才在于"控"。以下,将简述各类规划原则在缓解城市气候问题方面的优势及具体的落实方法。

表 4-01 规划原则及其针对的城市气候问题

规划原则		城市气候问题		
类别	具体内容	城市热岛	城市通风	大气污染
污染源控制	限制建设用地范围	■	□	□
	提高土地开发强度	■	□	
	将阳光充裕的区域作为建设用地	□		■
	限制机动交通	□		■

① Gesetz zur Ordnung des Wasserhaushalts [EB/OL]. http://www.gesetze-im-internet.de /bundesrecht/whg_2009 /gesamt.pdf, 2012-02-23. 18.

② PRINCE GEORGE´S COUNTY, MARYLAND, DEPARTMENT OF ENVIRONMENTAL RESOURCES, PROGRAMS AND PLANNING DIVISION. Low-Impact Development Design Strategies: An Integrated Design Approach. [EB/OL]. http://www.toolbase.org/ PDF/DesignGuides/LIDstrategies.pdf. 1999-06-30. 1-3.

续表

规划原则		城市气候问题		
类别	具体内容	城市热岛	城市通风	大气污染
污染源控制	减少交通用地面积	□		■
	鼓励自行车交通与步行	□		■
	提倡公共交通	□		■
	进行屋顶绿化与立面绿化	■	□	□
	采用低导热、低蓄热的路面材料	■		
	建设道路绿化	■	□	■
	提倡适当的功能混合	□		■
	优化建筑物朝向	□	□	■
	采取保温隔热措施	□		■
	提倡主动式太阳能利用	□		■
	提倡风能利用	□		■
	普及集中供暖	□		■
	限制或禁用某些燃料	□		■
	规定取暖设备类型	□		■
	鼓励雨水蓄存与入渗	■	□	□
	提倡雨水收集与利用	■		
	为污染物高排放设施选址	□		■
	完善气象数据基础	■	■	■
传播途径控制	限制建筑物高度		□	■
	保护与建设城市通风道	■	■	□
	避免形成气流阻碍	□	■	□
	保护新鲜空气与冷空气生成地	□	■	□
	保护开放空间	■	□	□
	保护与建设大型公园	■	□	□
	保护水面	■	□	
	设立卫生防护距离	□	□	■
	建设城市绿化网络	■	□	□

续表

规划原则		城市气候问题		
类别	具体内容	城市热岛	城市通风	大气污染
终端控制	掌握污染物分布状况	□	□	■
	必要的功能分区			■
	选择合理的植物种类	■	□	□
说明:■表示主要作用;□表示辅助作用				

(来源:笔者自制)

4.2.1 源头控制

4.2.1.1 限制建设用地范围

人为的建设活动将有植被覆盖的自然地表转化为人工材料封盖的建设用地,这是引发各种城市气候问题的主要原因。合理地限制建设用地范围及其引发的土地封盖可以从根本上抑制城市热岛的蔓延、减少成片建筑群对近地面空气流动的阻碍、在一定程度上抑制污染物扩散,因此应作为应对城市气候问题的核心规划原则。

该原则在德国土地利用规划与建造规划层面均可得到落实。在土地利用规划层面,该原则的实施途径主要包括:将“节约土地”作为规划目标;规定建设用地及其用途、建设用途的规模;规定用于土地保护、维护与发展的用地。在建造规划层面,该原则的实施途径主要包括:通过建筑线、建筑限制线、建设深度来规定建设用地与非建设用地的空间分布、建筑设施的位置;利用建筑密度或建筑底面积规定建设用地土地封盖的上限;限制停车库、花园小屋、停车场与驶入道路等附属构筑物的建设;规定去除土地封盖的区域;规定用于土地与自然景观保护、维护与发展的用地。

4.2.1.2 提高土地开发强度

为了保护未经建设的开放空间及其中各类环境要素的自然属性,促使开放空间在数量与形态上均能对微气候产生正面影响,必须在建设用地中采用高强度的土地利用方式、提高建筑密度。适当的土地集约利用能够有效抑制城市热岛的蔓延,保护特定的近地面空气流动,因此应作为应对城市气候问题的重要规划原则。

该原则在德国土地利用规划与建造规划层面均可得到落实。在土地利用规划层面,该原则的实施途径主要包括:提高建成区建设密度,而非占用非建设用地;规定各类建设用地的建筑密度与容积率上限(表 4-02)。在建造规划层面,该原则的实施途径主要包括:规定建设用地的规模;规定住宅用地的用地规模上限,以此降低土地消耗量;规定容积率下限,以此在建设用地中确保一定的建筑密度;规定建筑密度的可超出程度,并未超出部分提出屋顶绿化、驶入道路采用植草砖等附加条件。

表 4-02　德国建设指导规划中各类建设用地的建筑密度与容积率极值

建设用地	建筑密度(GRZ)	容积率(GFZ)	体积指数(BMZ)
小型居民点(Kleinsiedlungsgebieten,WS)	0.2	0.4	—
纯居住用地(reinen Wohngebieten,WR) 一般居住用地(allgem. Wohngebieten,WA) 度假区(Ferienhausgebieten)	0.4	1.2	—
特殊居住用地(besonderen Wohngebieten,WB)	0.6	1.6	—
村庄用地(Dorfgebieten,MD) 混合用地(Mischgebieten,MI)	0.6	1.2	—
核心区域(Kerngebieten,MK)	1.0	3.0	—
企业用地(Gewerbegebieten,GE) 工业用地(Industriegebieten,GI) 其他特殊用地	0.8	2.4	10.0
周末住宅用地(Wochenendhausgebieten)	0.2	0.2	—

(来源:笔者自制。根据 Baunutzungsverordnung(BauNVO),§17(1))

4.2.1.3 将阳光充裕的区域作为建设用地

如果将建设用地置于阳光普照的区域,则建筑物被动太阳能利用的潜力将被提高,建筑物对传统采暖能源的依赖也将被明显削弱,由此燃料燃烧对城市热岛和大气污染的贡献也将有所降低。因此,该原则应作为应对城市气候问题的重要规划原则。

该原则在德国土地利用规划与建造规划层面均可得到落实。在土地利用规划层面,该原则的实施途径主要在于直接在南向或西南向山坡上指定建设用地。在建造规划层面,该原则的实施途径则主要在于将基地中阳光充裕的区域指定为建设用地。由此可见，在此项规划原则得到落实之前，必须有专项规划指出阳光充裕区域的位置及其范围。

4.2.1.4 限制机动交通

机动交通工具的行驶（尤其是城市环境中的低速行驶）不但会释放废气、制造噪声，而且会释放热量、扰乱附近的气流循环；同时，来源于发动机运行的污染物在大气中弥漫，会进一步吸收辐射，导致城市大气再次升温，由此引发新一轮恶性循环。研究显示，机动车发动机放热会导致车流附近气温上升 1～2 K。作为将私人机动交通转化为公共交通或其他低污染交通形式的重要方法，限制道路上的机动交通能够对缓解大气污染与城市热岛做出贡献，因此应作为应对城市气候问题的重要规划原则。

该原则在德国土地利用规划与建造规划层面均可得到落实。在土地利用规划层面，该原则的实施途径主要在于限制交通类型或道路使用群体，以确保街道被公共交通占用。在建造规划层面，该原则的实施途径则主要在于通过对道路形式的规定达到限制某些交通类型的目的。

4.2.1.5 减少交通用地面积

由于高频使用的机动车道路污染水平较强，因此在城市气候分析过程中此类用地通常被划为存在交通污染物负荷的区域。减少交通用地面积，一方面，能够促使私人机动交通向公共交通转化，由此减少受到大气污染与噪声污染侵害的土地面积；另一方面，随着人工地表总面积的降低，下垫面的蓄热能力也得以降低，由此城市热岛能够得到一定程度的缓解。因此，减少交通用地面积应作为应对城市气候问题的重要规划原则。

该原则可在德国建造规划层面得到落实，其实施途径主要包括：通过合理的空间布局减少机动车交通用地面积；在老城提出建设地下车库的规定，以便在某种程度上缓解路面停车对公共交通空间的压力、减少交通用地引发的土地封盖。

4.2.1.6 鼓励自行车交通与步行

自行车交通、步行交通等慢速交通作为最环保的交通方式，一方面，几乎不会产生大气污染或噪声污染；另一方面，慢速交通方式对路面平整度的要求较低，因此可以采用碎石、石板、植草砖等允许雨水下渗的地表铺装，从而降低道路建设对城市热岛的贡献。因此，鼓励慢速交通方式应作为应对城市气候问题的重要规划原则。

该原则可在德国建造规划层面得到落实，其实施途径主要包括：规定“特殊用途的交通用地”，即步行道路、自行车道路及停放场、生活道路；规定建设自行车停车场的义务。

4.2.1.7 提倡公共交通

在新区规划中通过合理措施有效地将私人机动交通转化为公共交通，这对新区和老城区的环境质量提升均有较大意义。一方面，随着土地封盖比例的降低，新区的大气污染与热岛强度将得到控制，另一方面，穿越老城的机动交通流量也将得到抑制，从而使老城中城市气候问题得到改善。因此，提倡公共交通应作为应对城市气候问题的重要规划措施。

该原则可在德国建造规划层面得到落实，其实施途径主要包括：通过规定各种类型的交通用地及其连接方式优化公共交通网络；开展以避免与减少交通量为导向的规划建设，降低停车场需求、减少停车场建设。这与时下流行的TOD思想非常相似，即在规划新区之初，先规划良好的公共交通系统，再在公交站点周边一定范围内安排建设用地。20世纪90年代以后在德国城郊大型住区中此原则具体表现为，城郊原有轨道交通线路的延长及新区内部增设的多个公交站点。特殊情况下，区域的户均停车率可被控制在0.1～0.5[①]。

4.2.1.8 进行屋顶与立面绿化

在高密度建成环境中，屋顶与立面绿化的微气候调节作用至关重要。首先，鉴于绿化设施的覆盖，城市中人工界面的比例有所下降，由此人工表面日间的蓄热能力得到大幅降低，夜间的热辐射量也得到控制，由此夜间的热岛强度将有所降低；同时，在植被覆盖之下，建筑物的保温隔热能力也有所提高，能耗将被降低；其次，鉴于绿化设施滞留与蓄积雨水的能力，暴雨雨洪将得到延迟、城市内涝问题将得到缓解；最后，鉴于植被的蒸腾作用，市区空气干燥的问题将得到缓解、建成环境的水循环与微气候将得到一定程度的修复。

该原则可在德国建造规划层面得到落实，其实施途径主要包括：依据

---

① ROLLER G，GEBERS B，JÜLICH R. Umweltschutz durch Bebauungspläne [M]. Freiburg，Darmstadt，Berlin：Öko-Institut，Institut für angewandte Ökologie e. V. 2000.

相应的城市建设目标,对部分建筑物提出绿化种植义务;通过地方建设法规对某些区域提出屋顶与立面绿化措施规定;规定采取补偿措施的区域,并将屋顶与立面绿化措施作为针对自然干扰的补偿或替代措施,以减小开发建设对自然环境的干扰;由地方政府通过经济支持政策等多种途径推广屋顶与立面绿化。

4.2.1.9 采用低导热、低蓄热的路面材料

道路面积通常占内城土地面积的10%,因此夜间道路的热量外辐射对城市热岛贡献明显。建筑物的蓄热能力取决于材料种类与性质:建筑材料比自然表面蓄热量大;深色建材比浅色建材蓄热量大。因此,低热导、低蓄热的路面材料在日间蓄热量较少,在夜间辐射热量也较少,由此采取此类路边材料的城区热岛强度较低。因此,该原则应作为应对城市气候问题的重要规划原则。

该原则可在德国建造规划层面得到落实,其实施途径主要在于:规定路面材料选用低导热、低蓄热路面材料。采用高反射能力的浅色混凝土较深色沥青面层更能减少土地升温;在停车场采用透水性路面更利于热量消散。

4.2.1.10 建设道路绿化

鉴于树木的阴影投射与蒸腾作用,道路绿化能够在日间为街道提供庇护,从而减少路面吸收热量,在一定程度上降低热岛强度;鉴于植被枝叶的吸附能力,道路绿化能够滤除其中行驶机动车排放的污染物,缓解街道周围的大气污染。事实上,种植植被的街道可以承载一部分城市通风任务。因此,建设道路绿化应作为应对城市气候问题的重要原则。

该原则可在德国建造规划层面得到落实,其实施途径主要在于:提出街道绿化的相关规定;针对街道与停车场绿化的植物类别、数量、高度、保护植被等内容提出规定。

4.2.1.11 提倡适当的功能混合

在城市建设中适当提倡功能混合有其必要性。理论上,通过居住、工作功能在空间上的毗邻布置,居民每日往返于两者之间所产生的交通量得到削减、交通用地数量得以适度缩减、交通污染物排放量也将得以压缩。由此,城区的大气污染及由粉尘吸收辐射带来的空气升温均将得到缓解。

但是，功能混合原则的实施还存在很多问题，需要在实践中不断积累成功经验。当然，污染物控制领域的技术发展与社会结构转型将使该原则更加可行。无论从生态学角度还是从社会学角度出发，功能混合原则都应作为重要的规划原则。

该措施在德国的土地利用规划层面与建造规划层面均可得以采用。在土地利用规划层面，该原则的实施途径主要包括：在城镇中心或公交车站周边直接采用能够敷设多种功能的混合建设用地类型，如住宅建设用地(W)、混合建设用地(M)、企业建设用地(G)、特殊建设用地(S)；德国规划建设法规允许为某些区域指定两种用地类型。在建造规划层面，该原则的实施途径主要包括：为某些区域(如居住区与工业区之间的缓冲区)指定混合建设用地类型，如村庄用地(MD)①、混合用地(MI)②、核心用地(MK)③；将用地划分为规模较小的建设用地，以促进多种土地用途的毗邻设置。

4.2.1.12 优化建筑物朝向

鉴于日照与风环境对建筑物采暖与散热的影响，建筑物朝向的优化将在很大程度上降低城区的采暖与降温能耗。这不但能够降低城区能源供给产生的大气污染，而且也将缓解城市热岛效应。从气候保护、节能减排、应对城市气候问题等多方面出发，优化建筑物朝向应作为重要的规划原则。

该原则可在德国建造规划层面得到落实，其实施途径主要在于：规定建筑设施的位置与朝向，使新建建筑物争取更多的冬日阳光、提高建筑物被动式太阳能利用的潜力，同时改善建成区通风条件、减少夏季空调使用量。

4.2.1.13 采取保温隔热措施

同样鉴于日照与风环境对建筑物采暖与散热的影响，建筑物外表面良

---

① 村庄用地主要用于安置经济作物企业与林业企业，以及所属的住宅与特殊居住功能。Baugesetzbuch(BauGB)[S]，§ 5(1).

② 混合用地用于建设住宅，以及不会对住宅造成严重干扰的企业。Baugesetzbuch(BauGB)[S]，§ 6(1).

③ 核心用地主要用于安置零售业企业，以及经济和管理等核心设施。Baugesetzbuch(BauGB)[S]，§ 7(1).

好的保温隔热性能可在冬季降低建筑物散热量，同时在夏季降低建筑物蓄热量，从而有效降低建筑物的采暖或降温能耗。与上一原则相同，该原则不但能够降低城区能源供给产生的大气污染，而且也将缓解城市热岛效应，同时也将间接服务于气候保护目标。因此，该原则应作为重要的规划原则。

该原则可在德国建造规划层面得到落实，其实施途径主要包括：针对建筑材料提出较高的传热系数，以控制建筑构件的隔热性能；规定能耗参数，以全面约束建筑物中所有与耗能量相关的要素；为建筑物或建筑群提出屋顶与立面绿化的规定，利用植物枝叶、空气层、植物蒸腾作用减弱太阳直射时的墙壁蓄热与冬季房屋的热损耗。

4.2.1.14 提倡主动式太阳能利用

利用光电池或太阳能收集器进行主动式太阳能利用能够有效降低建筑物能耗。这不但能够降低城区初级能源供给产生的大气污染，而且也将为缓解城市热岛效应、气候保护等目标做出贡献。从气候保护、节能减排、应对城市气候问题等多方面出发，该原则应作为重要的规划原则。

该原则在德国土地利用规划与建造规划层面均可得到落实。在土地利用规划层面，该原则的实施途径在于规定风力太阳能利用设施的建设区域。在建造规划层面，其实施途径主要包括：直接规定采取太阳能利用措施的区域，当然应配合相应的政府补贴政策；在屋脊方向、屋顶坡度与屋顶形式、屋顶结构的形式与规模、老虎窗与天窗等问题的处理中为相关设备的敷设提供必要前提。

4.2.1.15 提倡风能利用

风能属于可再生能源，且具备广泛分布、清洁环保等一系列优势。如果使用风能替代常规的非再生能源，则城区因初级能源供给所产生的大气污染，以及空气粉尘吸收热量引发次级空气热污染将能够在很大程度上得到控制。就人类目前的知识水平而言，提倡风能利用应作为应对城市气候问题与气候保护的重要规划原则。

该原则在德国土地利用规划与建造规划层面均可得到落实。在土地利用规划层面，该原则的实施途径在于：规定风力发电厂的建设区域。需要指出，风力发电厂建设项目可以作为享有特权的项目被安置在非建设区域。在建造规划层面，该原则的实施途径在于：规定用于风能利用的区域。

4.2.1.16 普及集中供暖

鉴于其管理的便捷性、供暖系统运转的高效性及排烟可以集中处理等特点,集中供暖称为经济节能、安全环保的采暖系统形式。较每户单独进行燃料燃烧、单独排烟而言,更利于城市气候环境的发展与维护,因此该原则应作为应对城市气候问题的重要原则。

该原则在德国土地利用规划与建造规划层面均可得到落实。在土地利用规划层面,该原则的实施途径在于规定敷设采暖供给设施的区域。在建造规划层面,该原则的实施途径则包括:规定敷设采暖供给设施的区域;提出强制连接与强制应用的规定,从而确保一定的管道连接密度、提高集中供暖系统的运行效率。

4.2.1.17 限制或禁用某些燃料

无疑,传统的初级燃料燃烧均能产生多种气体与固体有害成分。因此,有必要限制或禁用某些燃料,以便削减污染物排放,从而降低采暖活动引发的大气污染、热岛等问题。因此,限制或禁用煤、燃油等初级燃料应作为应对城市气候问题的重要规划原则。

该原则可在德国建造规划层面得到落实,其实施途径主要在于:规定限制或禁用某些燃料的区域,即针对化石燃料的、燃烧设备设置的"燃烧禁令"。具体而言,新建项目可规定限制或禁止使用某些引起污染的材料的区域;更新项目则可规定利用新设备取代原有供暖设施的区域。其中,天然气、轻质燃油通常允许使用;化石燃料通常不允许使用;生物燃料则在一定条件下允许使用。

4.2.1.18 规定取暖设备类型

鉴于取暖设备类型会对燃料种类、燃烧效率、污染物排除量等内容的直接影响,合理的取暖设备选择能够有效降低污染物排放量、燃料消耗量,从而缓解大气污染与城市热岛等问题。因此,规定取暖设备类型应作为应对城市气候问题的规划原则。

该原则可在德国建造规划层面得到落实,其实施途径主要在于:在某些区域指定采用某种取暖设备的类型,或可为再生能源利用指定区域。

4.2.1.19 鼓励雨水蓄存与入渗

从BMP到LID和WSUD,可持续雨水管理的理念与技术得到不断发展与应用。与传统的城市雨水管理方式相比,雨水蓄存与入渗对区域气候与生态环境将产生诸多有利影响。例如,能够缓解城区空气湿度小、土壤侵蚀严重、地下水生成率小、城市污水与雨水系统或下游水体负荷巨大等问题。研究显示,在住区其他所有建设措施完工之后,不透水地表覆盖率每增加10%,公共空间的长期气温平均值就会增加0.2℃,在晴朗天气中日平均气温会增加0.3～0.4℃。由此可见,鼓励雨水保留与入渗、降低地表硬化率能够明显抑制建成区热岛问题的蔓延,同时湿润的地表可以锁住粉尘,在一定程度上降低空气污染物含量,因此应作为应对城市气候问题及其他生态问题的有效规划原则。

该原则可在德国建造规划层面得到落实,其实施途径主要包括:在院落、露台、花园、自行车道、人行道、入户道路、停车场等场所采用透水型地面材料,以便补偿开发建设活动引发的自然干扰、在一定程度上修复自然水循环;通过地表入渗设备、凹地入渗设备、排水沟或排水管入渗设备、凹地—排水沟入渗设备、井穴入渗设备、雨水花园等雨水蓄存或入渗设备的辐射,提高基地的雨水滞留容量、改善土壤透水能力、提高渗入雨水的清洁度;规定减小场地坡度的措施及其范围,以降低雨水流速,从而增加雨水滞留时间、迟滞雨洪、改善入渗条件。

4.2.1.20 提倡雨水收集与利用

作为可持续雨水管理的重要技术之一,雨水收集与利用利于节约用水,从而减小城市建设对生态环境与区域气候的影响。同时,由于雨水利用的适用范围较广,该技术的可行性较强且各地区具体表现形式多样。因此,雨水收集与利用将作为应对城市气候问题的、简单易行的、首选规划原则。

该原则可在德国建造规划层面得到落实,其实施途径主要在于:规定用于采取雨水收集与利用措施的用地。

4.2.1.21 为污染物排放设施选址

根据《德国污染物控制法》,应针对污染源或者污染物排放设施(垃圾、污水净化企业)采取污染控制措施。在土地利用规划与建造规划层面,可规定可能引发高污染设施的位置。根据《建设法典》第5条第2段编号4，土地利用规划可规定垃圾、污水净化等设施的位置。安置区域要避免在一定范围内引发大气污染;《建设法典》第9条第1段编号14指出，“建造规划可指定垃圾或废水处理设施用地”。

此外，污染物防护许可亦可作为重要的管理工具。根据《德国污染物控制法》第4条，企业布置与设备安置均需获得污染物防护法的许可。《关于需要许可的设备的法令》按照行业分类将需要许可的设备进行分类整理;《大气净化技术指导》规定了污染物排放设备的边界值要求。据分类，《德国污染物控制法》第4条中“需要获得许可的设备”仅可在工业用地(GI)中使用，部分可在企业用地(GE)中使用;通常，“无须许可的工业设备”可在企业用地(GE)与混合用地(MI)中得以保留，其企业必须满足《德国污染物控制法》第22条的相关规定;而《关于需要许可的设备的法令》以外的设备，如无干扰的手工业企业、化工企业、某些加油站、原油企业，均可被安置在居住用地(WA)当中。但上述规定在实施过程中可适当放宽，各种需获得许可的设备甚至在混合用地(MI)中获准建设。这与如今污染物防护技术水平大幅提高有关，这些技术可以明显降低污染物排放设施的干扰，保障建设用地承载性能。由此，许可颁发程序可能变得更为复杂。

4.2.1.22 完善气象数据基础

事实上，几乎所有规划原则的落实均需建立在拥有完善的气象数据基础与气候分析成果之上。原因在于，每个原则或措施的落实均需要被指定范围，同时须获得来自城市建设方面的特殊理由的支撑。因此，及时获取并向气象学家或相关科研机构提供必要信息，应作为应对城市气候问题的重要规划原则。

根据《德国污染物控制法》第46条第1段，政府有义务针对规划区域编制污染源登记册;第46条第2段则授权联邦州针对所有区域编制污染源登记册;同时，第27条规定，如果企业位于作用空间，并采用需要获取许可的设备，则需要为相关设备提交污染源说明。

4.2.2 传播途径控制

4.2.2.1 限制建筑物高度

如果毗邻有污染物排放的烟囱，那么过高的建筑群可能引发较大危害。由于环境条件的改变,原本计算得出的烟囱高度很可能不再够用,这会使得烟道气体无法导入开放气流、影响污染源附近的空气质量。可以说,高层建筑本身就是极易招致污染的作用点,当其建在已有烟囱的烟道气影响范围以内时尤为如此。因此,针对城市气候问题,在特定范围内限制建筑物高度应作为重要的规划原则。

该原则可在德国建造规划层面得到落实。根据《土地使用规章》第16条,建造规划可规定建筑物的层数、体积及建筑设施的高度。该规定的合理使用也可避免规划范围内建筑物对风状况的负面影响。同时,由高层建筑引发的气流改变必须进行二度污染评价。

4.2.2.2 保护与建设城市通风道

"由于城市通风道可将低温、清洁的气团传送到污染严重的城市内部,因此在静风天气频发的区域或城市,它是缓解热岛效应与大气污染问题的重要途径。"①因此,保护与建设城市通风道应作为应对城市气候问题的关键规划原则。

该原则在德国土地利用规划与建造规划层面均可得到落实。在土地利用规划层面,该原则的实施途径主要包括:规定各类公共绿化用地、水面、防洪区、泄洪区用地、农林业用地区域与范围;规定采取保护、维护与发展土地与自然景观措施的区域;规定采取补偿措施区域,以补偿建设活动对自然景观的干扰;为具跨区域专项规划指定优先权。在建造规划层面,该原则的实施途径主要包括:规定公共与私人绿化用地、水面、农业用地的区域与范围;规定用于采取保护、维护与发展土地与自然景观措施的区域;为具跨区域专项规划指定优先权;规定采取补偿措施的区域;规定建筑群采取开放式建造方式、合理的建筑物布局;规定建设用地土地封盖的上限;提出限制附属构筑物建设的规定;对整个或部分区域提出绿化种植义务。

4.2.2.3 避免形成气流阻碍

在静风天气条件下,来自郊区冷空气生成区域的干净冷空气会经近地

① MINISTERIUM FÜR UMWELT UND NATURSCHUTZ, LANDWIRTSCHAFT UND VERBRAUCHERSCHUTZ DES LANDES NORDRHEIN-WESTFALEN. Handbuch Stadtklima. [EB/OL]. [2010-03-30]. http://www.umwelt.nrw.de/umwelt/pdf/handbuch_stadtklima.pdf.

面局地换流引导经山坡、城郊连接区域流入城区,从而驱散城区闷热、污浊的空气。因此,对于城区热岛、雾霾等问题的缓解而言,近郊山地、城乡结合部均属于引导局地气流的重要区域。如果在城市边缘垂直于气流方向建设带型建筑群,或在冷空气通道中垂直于山谷风方向建设条形建筑群,则会阻碍低速的局地气流流向城区。因此,避免在城郊与山坡形成气流阻碍应作为应对城市气候问题的重要规划原则。

该原则在德国土地利用规划与建造规划层面均可得到落实。在建造规划层面,该原则的实施途径主要在于避免在内城附近、位于冷空气流域中的山地上指定建设用地。在土地利用规划层面,该原则的实施途径主要包括:缩小山地建筑群的建设规模;采取大间距、低高度的建设模式。

4.2.2.4 保护新鲜空气与冷空气生成地

鉴于作用空间及新鲜空气或冷空气生成地的位置关系、局地换流导向下空气交换的过程,静风天气条件下作用空间中的热污染与空气污染能够被驱散,同时城市通风能够得以维持。其中,新鲜空气生成地主要包括近郊林地、大型内城绿地与公园设施;而冷空气生成地则主要包括近郊草地、耕地、山坡林地。鉴于对城市通风与城区气候环境的重要意义,保护新鲜空气与冷空气生成地应作为重要的规划原则。

该原则在德国土地利用规划与建造规划层面均可得到落实。在土地利用规划与建造规划层面,该原则的实施途径均主要包括:规定各类绿化用地、水面、防洪区、泄洪区用地、农林业用地区域;规定用于保护、维护与发展土地与自然景观的区域;针对自然景观干扰规定补偿区域;在权衡中为新鲜空气与冷空气生成区域的保护要求赋予优先权。

4.2.2.5 保护开放空间

对于市区而言,城郊未经开发破坏的开放空间具备气候调节功能,应视为补偿空间。一方面,城郊大片的开放空间可以扮演新鲜空气与冷空气生成地的角色,为城区热岛、雾霾的缓解做出贡献;另一方面,作为城区分隔要素的开放空间可阻止各城区的热岛联结成片,避免城市气候问题的恶化。因此,保护开放空间应作为应对城市气候问题的重要规划原则。

该原则在德国土地利用规划与建造规划层面均可得到落实。在土地利用规划与建造规划层面,该原则的实施途径均主要包括:规定各类绿化用地、水面、防洪区、泄洪区用地、农林业用地区域;规定用于采取保护、维护与发展土地与自然景观措施的区域。

4.2.2.6 保护与建设大型公园

位于市区的大型公园绿地具备强大的区域气候维护作用。此处夜晚生成的冷空气会在一定条件下流入周边建成区以带来降温效应，缓解其中的热岛、大气污染问题；“在公园规模超过 50 hm^2 时，远程气候调节作用会得以显现”①。事实上，市区中的小型绿化公园在夏日提供的阴影也足以为周边居民提供闲适的休憩场所。因此，保护与建设大型公园应作为应对城市气候问题的重要规划原则。

该原则在德国土地利用规划与建造规划层面均可得到落实。在土地利用规划与建造规划层面，该原则的实施途径均为：指定公园绿地，并松散种植，以增强通透性、提高粉尘沉积效率，利于夜间冷空气生成与空气流动；使毗邻大型公园的建筑群保持低密度、开放式布局，以支持绿地与作用空间之间的空气交换。

4.2.2.7 保护水体

水体有热容大的特点，因此在水面规模较大的情况下能够与周边建成区域发生热力驱动的近地面空气交换，即激发水陆风循环。鉴于水面上方空气清洁度较高的特点，来自水面的冷空气常常会为建成区带来降温效应，同时也可提高城区空气的相对湿度、改善通风状况，并在一定程度上驱散雾霾。需要指出，位于城市广场上的喷泉也能够在气温、空气湿度、负离子等方面在局部发挥微气候调节功效。因此，保护水面空间应作为应对城市气候问题的重要规划原则。

该原则在德国土地利用规划与建造规划层面均可得到落实。在土地利用规划层面，该原则的实施途径主要在于指定水面区域范围。在建造规划层面，该原则的实施途径则主要包括：指定水面区域范围；提出水体建设或保护义务。

---

① MINISTERIUM FÜR UMWELT UND NATURSCHUTZ, LANDWIRTSCHAFT UND VERBRAUCHERSCHUTZ DES LANDES NORDRHEIN-WESTFALEN. Handbuch Stadtklima. [EB/OL]. [2010-03-30]. http://www.umwelt.nrw.de/umwelt/pdf/handbuch_stadtklima.pdf.

4.2.2.8 设立卫生防护间距

城市规划通常会在污染源与敏感性功能用地之间设立卫生防护间距，以避免敏感性功能受污染物影响。通常，卫生防护间距用于种植绿化。鉴于成片绿化带阻止热岛蔓延、滤除污染物、隔绝噪声等功能，城区间的卫生防护间距能够发挥重要的微气候调节作用。因此，利用卫生防护间距或采取技术防护措施应作为应对城市气候问题的重要规划原则。

该原则在德国土地利用规划与建造规划层面均可得到落实。在土地利用规划层面，该原则的实施途径主要在于：针对潜在的大气污染规定卫生防护区域范围；规定应采取技术防护措施的区域。在建造规划层面，该原则的实施途径主要包括：提出植被种植义务；规定安装特殊的建设或技术措施的区域。

4.2.2.9 建设城市绿化网络

绿化网络由无数中小型绿化带组合而成，由此不但具备中小型绿化带的微气候调节功能，而且能够促使整个绿化网络的共同作用，有效防止城市热岛的叠加与蔓延、持续改善大气质量、促进建成区的空气流动。因此，合理组织公共绿地与私人绿地、建设城市绿化网络应作为应对城市气候问题的重要规划原则。

该措施在德国的土地利用规划与建造规划层面均可采用。在土地利用规划与建造规划层面，该原则的实施途径均主要包括：规定各类绿化用地、水面、防洪区、泄洪区用地、农林业用地区域；规定用于采取保护、维护与发展土地与自然景观措施的区域。

4.2.3 终端控制

4.2.3.1 掌握污染物分布状况

在掌握污染物的时空分布状况及其变化情况的基础上，各种规划措施才能有的放矢地得以采纳，并制定范围。在建设指导规划中，污染预测起到重要作用。为了估算污染物预期值，通常使用《大气净化技术指导》规定的最高值。据此，污染预测可作为指定防护间距的基础，或者针对污染排放功能提出要求。因此，定期全面掌握污染物分布状况应作为应对城市气候问题的重要规划原则。

对此，需要在规划程序中强化调查与检验环节，具体表现为一系列专项规划与专项研究，其数据精度最好能达到 1 km。首先，应定期开展污染物调查，以检测城镇空气污染控制措施的效果。《德国污染物防护法》第 44 条中“作用空间的污染调查”为此提供了法律基础。其次，应编制大气污染控制规划。根据《德国污染物防护法》第 47 条，联邦州负责编制的大气污染控制规划负责全面而系统地收集可能影响规划的气象数据，如污染源登记、污染物登记、空气污染的作用登记、原因分析、提出针对性措施等。同时，该法第 3 段还规定了大气污染控制规划措施的执行义务。规划管理者应决定大气污染规划的相关规定是否在规划中得以考虑，或者在多大程度上得到考虑。由此，规划被授予了对大气污染规划做出反应的义务。

4.2.3.2 必要的功能分区

虽然功能分区原则并无法在本质上消灭大气污染物，该原则的过度使用可能带来额外的交通量，且看似与可持续城市发展的“功能混合”原则背道而驰，但是仍可在很大程度上控制大气污染物扩散。在城市中，始终有一些土地利用类别无法与其他功能“和谐相处”，同时也始终有部分敏感性功能必须被置于优秀的空气质量之处。功能分区原则可以为这些特殊土地利用类别安置创造必要条件，因此也应该作为应对城市气候问题的重要规划原则。

该措施在德国的土地利用规划与建造规划层面均可得以采用。在土地利用规划与建造规划层面，该原则的实施途径均主要在于合理指定建设用地的类型。需要指出，虽然功能分区原则是制定现行建设规划法的基本原则之一，必须在城市规划中得以关注，但并不具备绝对的控制作用，即在权衡决策中其重要程度也可排在其他要求之后，须具体情况具体分析。

4.2.3.3 合理选择植被种类

城市当中行道树、公园等区域的绿化须选择合适树种，以提高物种多样性、促进生态安全。同时，城市热岛问题导致炎热天气数量与干燥期不断增加、冬夏气温极值差异不断加大，这给城市植被的选择带来更多要求，如需具备耐热性、耐旱性与耐寒性，改善土地透水性的能力，较低的生物烃放射能力。因此，合理选择植被种类应作为应对城市气候问题的重要规划原则。

该措施在德国建造规划层面可得以采用，其实施途径主要在于针对个别地块、部分或全部规划区域提出绿化种植义务。当然，这仍需多方参考相关研究成果。

5 案例研究

随着认识进步与技术革新，城市气候方面的专项研究能够在越来越多的层面为规划设计工作提出科学引导，在有条件的情况下，各尺度引导建议之间存在紧密关联。

20 世纪六七十年代，鉴于精度限制，气候分析仅可在大尺度上为土地利用方式的改变提供依据，如区域性“大型绿带”的提出与推广、城市绿地系统布局模式由“同心圆”向“齿轮状”的转变等；80 年代，随着精度提升，“气候分析图”成为全面关注气候与空气卫生要求的理想工具，其规划要求在权衡决策中逐步受到重视；90 年代以来，高精度城市气候地图已能够在中小尺度上为相应规划措施的精确定位与定量提供依据。以斯图加特为例，从国家气候图集、州气候图集、区域气候图集、城市气候图集到街段尺度的气候与空气卫生鉴定，多尺度城市气候地图如今已可为从区域规划、土地利用规划、建设指导规划到建设申请书管理等各阶段的城市规划与景观规划提供服务(图 5-01)。

如果存在坚实的研究基础与连续的技术支撑，则各层面的气候分析工作将不孤立存在，即每个层面的专项研究均将作为上一层面专项研究的延续、下一层面专项研究的依据。例如，《斯图加特区域气候图集》源于巴登符腾堡州气候预测提出的规划挑战，成果又进一步指出开发建设时有必要开展后续专业鉴定的区域、应就建筑尺寸与布局进一步开展针对性微气候评估的区域。对此，建立能直接参与规划管理的地方性城市气候专业机构(如斯图加特环保局城市气候研究所)将有效促进多层次气候分析工作的关联性。此类部门既能尽早参与规划程序，及时为管理人员、规划师与业主提供咨询，又能长期致力于各层面气候分析的组织与协调。

以下，从城市、城区、建设项目三个层面选取德国城市气候专项研究的优秀案例，进行展示与分析。

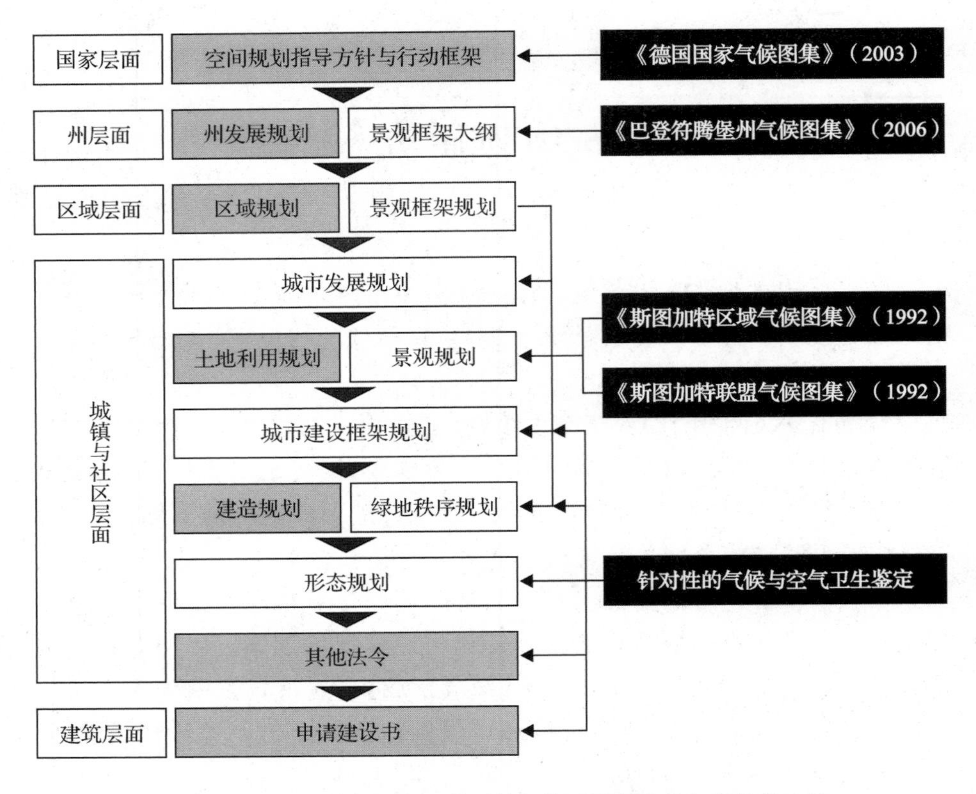

图 5-01　斯图加特空间规划管理等级体系及相应的气候分析工具

（图例说明：黑色文本框表示气候分析工具；灰色文本框表示正式的空间规划工具。来源：笔者自制，根据：任超，吴恩融. 城市环境气候图——可持续城市规划辅助信息系统工具[M]. 北京：中国建筑工业出版社，2012；Stadtplanungsamt Stuttgart. Stufen der räumlichen Planung in Stuttgart[ED/OL]. Stuttgart：Landeshauptstadt Stuttgart，Amt für Stadtplanung und Stadterneuerung，Abteilung Stadtentwicklung，2006(2006-2-30)[2013-8-02]. http://www.stuttgart-fasanenhof.de/images/bilder/europaplatz/stufen_der_raeumlichen_planung.pdf.）

5.1 区域与城市层面的专项研究

5.1.1 斯图加特区域气候图集

5.1.1.1 项目背景

5.1.1.1.1 问题

根据政府间气候变化专门委员会报告，气候变化（尤其是全球变暖）已经是不争的事实，且全球气温上升由人类活动导致的可能性超过 90%。2006—2007 年出现了有气象记录以来最暖和的冬季，其中北半球温度明显偏高；同时，全球最暖的 10 年均发生在 1990 年以后。根据复杂的气候模拟实验，2100 年全球气温将升高 1.5～4.5℃，而北半球部分地区的气温升高程度将远远超过南半球。

全球性气候变化不可避免地给德国和斯图加特区域的气候带来影响。斯图加特的气象学家历经几十年研究获得了大量一手资料，由此证明：该区域气候变化已经非常明显，并对自然环境与人工环境带来深远影响。根据斯图加特区域最早设立的气象观测站 Hohenheim 提供的测量数据，1878 年以来该区域年平均温度上升了 2℃，且 20 世纪 70 年代初开始气温急速上升，炎热天气天数增长了 20 天；至 2008 年年底，全年热污染天气总数超过平均值两倍，整个区域 57%的面积遭受 30℃以上高温的天气超过 30 天；同时，严酷天气事件正在不断增加，如雷雨、区域性雨洪事件愈趋频繁、暴风愈发。在水资源方面，根据拜仁州、德国气象局与巴登州的合作项目“气候变化及其对水资源管理的影响”（KLIMA），1951—2000 年，年降水量增加到了 250 mm，强烈降水天数平均增长了 11 天，有霜天气天数则减少了 30 天；至 2050 年，年平均温度和降水量将持续上升，炎热天气数量也将增加，同时霜冻天气数量减少。

5.1.1.1.2 目的与意义

基于可持续发展的城市发展与景观维护的目的在于长期保证重要的生态资源与生态补给功能，保障居民点、基础设施与自然环境的和谐发展。在城市建设与景观维护的各个环节，如空间规划、建设指导规划、环境承受力研究与基础数据收集、气候和空气卫生均应作为一项固定的考核内容。

为了能够合理考量该方面的现状与发展要求，有必要编制气候资源的空间分布信息。为此，斯图加特城市气候研究所牵头针对整个斯图加特区域开展相关专项研究。此次研究在1992年斯图加特城市气候图集的基础上进行，后者只针对斯图加特区域的某一部分开展气候研究。新一轮气候图集首次全面绘制斯图加特区域的风、温度、降水条件及上述条件与居民点气候间关联的图像资料。该图集以地理信息系统为基础、应用了数字高程模型，合乎时代发展要求，并提供了应用、补充与调整的可能性。

编制气候图集的目的在于提供用于诠释气候和空气卫生重要性的基础资料，为区域规划、城市规划及社区规划提供准备资料。

第一，针对整个斯图加特区域的气候研究成果描述了当下气候资源的空间分布情况，明确了空间规划的挑战。为城市补给新鲜空气、冷空气的气候生态补偿区域必须得以保护。空间规划必须为区域通风提供基本条件。通过绿化带和绿化网络的布置，保护开放空间免受建设开发的破坏。由此，环境保护和气候保护将成为空间规划的重要出发点。通过促进公共交通发展和集约型住区发展，空间规划将为减少 CO_2 排放量起到积极作用。

第二，《斯图加特区域气候图集》也将为该地区所有城市、乡镇基层单位建设指导规划的编制提供基础数据与技术支撑。对于气候条件及其预测将帮助规划者、管理者在经济快速发展的斯图加特开展前瞻性、谨慎性的城市发展与建设。

基于以上目的，研究尺度被调整到与区域规划、城市土地利用规划相适应，并不能直接为小规模地块建设提供建议。在小尺度建设项目规划程序中，必须以此为基础开展更细致的气候测绘与预测。

5.1.1.1.3 范围

《斯图加特区域气候图集》的研究范围约为365400 hm^2，涵盖了该区域全部土地、176个市镇。其中包含以下区域：斯图加特市区（20736 hm^2）、伯布林根地区（61783 hm^2）、内卡河畔埃斯林根地区（64149 hm^2）、格平根地区（64236 hm^2）、路德维希堡地区（68682 hm^2）、鲁德斯贝格地区（85814 hm^2）。

5.1.1.1.4 内容

该研究主要包括两个部分：基础部分、图表部分。

基础部分用于诠释气候与空气作为规划要素的理由、展示研究范围内各类气候要素的特征，并探讨图表绘制的相关工作方法。

图表部分又分为基础图表、效应图表和分析图表。基础图表用于展示高程、土地利用、观测点位置、街道昼夜交通噪声污染情况及安静区域分布等基础信息，是气候方面土地专项评估的重要基础。效应图表给出地表温度、年平均气温分布情况、冷空气生成、冷空气强度及夜晚冷空气流、受地形坡度影响的风环境信息等。有关典型天气(如炎热天气数量、夏季、大雾、冰冻及积雪天气数量等)的图表来源于巴登—符腾堡州气候研究图表，而空气污染图表(如 NO_x、PM_{10} 等)则来源于"巴登—符腾堡州环境、测量与自然保护机构"于 2004 年的污染源统计。作为最重要的研究成果，分析图表整合了各类研究成果，对土地的气候资源分布进行评价，并导出规划建议。

5.1.1.2 主要成果

5.1.1.2.1 气候分析图

《斯图加特区域气候图集》的一项重要工作就是为斯图加特区域制作气候分析图，即在二维平面上简明扼要地反映当地气候现状。受到地理信息系统(GIS)和官方地形图(TK25)支撑，气候分析图(精确度为 1∶1000)总结性地展示了斯图加特区域最为重要的气候信息。已有的描述性数据资料、地形图、城市地图、土地利用图与空中摄影图纸均为此项工作的重要基础。而精细气候区划(Klimatop)、冷空气收集地区域等信息并未在更大比例上得以明确；误差仅被允许到 100 m 左右。其原因有二：各区划之间的边界为过渡范围；应用软件的绘图精度还有待提高。而针对规划项目的更精确研究还有待开展专业评测。气候分析图中主要包括以下四类气候信息。

a. 精细气候区划

精细气候区划图用以标志具相同微气候特征的区域及其范围。区划间的差异主要源于每日热力变化、纵向粗糙度(风场干扰)、地形区位与实际的土地利用方式。此外，精细气候区划也将污染物排放量作为额外的衡量标准。在建成区域，由于微气候特征主要由实际的土地利用方式与建筑群类型决定，精细气候区划被冠名以主要的土地利用类型或者功能用途。

● 水体精细气候区划——水体(尤其是大面积水体)日气温变化与年气温变化均较小，对其周边区域有热补偿作用。例如，在夏季水体较其周边区域日间气温低、夜间气温高。因此,水体精细气候区划的特征为:湿度高、风速大。

● 开放空间精细气候区划——主要指大片草地、农田与树木较少的开放空间。在夜间,以上区域是重要的新鲜空气、冷空气生成区域。因此,开放空间精细气候区划的特征为:温度、湿度的日变化与年变化均极大,对风环境影响很小。

● 森林精细气候区划——林区的气温、湿度的日变化与年变化均级小。日间,树木阴影和植物蒸腾使得该区域能保持较低温度、较高湿度;夜间气温变化不大。此外,树冠可作为较好的空气污染物过滤器。因此,森林精细气候区划是空气更新区域,同时也很适合作为临近市区的居民休憩场所。

● 绿化设施精细气候区划——市内绿地与公园的气温、湿度的日变化和年变化均极大,对于周边的建成区域而言,是重要的冷空气转新鲜空气补给地;同时,较大的绿化设施可以作为通风廊道。日间,树木茂密的内城绿化能够提供低温高湿的环境,是周边高温建成区域的气候补给空间。

● 花园城市精细气候区划——包括布局松散、建筑层数小于等于三层且绿化面积充足的建成区域。比之夜间降温现象显著、很少影响区域风环境的"开放空间精细气候区划",所有气候要素的特征均轻微变弱。例如,斯图加特内城周边山坡属于这种情况,对区域气候维护发挥重要作用。

● 城市边缘精细气候区划——包括采用紧密布局且三层以下的独立建筑、排屋区域,或者配以绿化的周边式建筑群,或者五层以下的独立建筑。以上区域的夜间降温效应明显受限,且与周边区域状况相关。区域风、冷空气气流将受到阻碍,其中区域风风速显著减缓。

● 市区精细气候区划——主要包括绿化较少的多层建筑群、高层建筑区域。在采暖期,该区域昼夜温差极小。因此将产生严重的热岛效应,且湿度较周边地区低。采取密集布局且高度较高的建筑群将明显影响区域和跨区域风系统,限制空气交换,同时带来较大的污染物负荷。街谷往往是空气污染、噪音污染与涡流的高发地。

● 市中心精细气候区划——在内城绿化很少、密集布局且高度较高的建筑群区域,日间严重升温、夜间热岛现象明显,且湿度很小。建筑群规模与明显的热岛现象将严重影响区域和跨区域风系统。同时,该区域通常空气污染物含量高。街谷往往是空气污染、噪音污染与涡流的高发地。

● 企业精细气候区划——主要包括高密度建筑、主要街道、停车场及排放源集中地。高密度建筑群区域热岛效应明显、空气湿度小、风阻大。夜间，金属屋面的企业用地降温较快，同时围绕建筑的道路与停车场还将保持较高温度。

● 工业精细气候区划——该区域的微气候特征类似于“市中心精细气候区划”和“城市精细气候区划”，但交通面积更大，污染物排放量更大。虽然夜间厂房屋顶降温明显，但由于非透水地面比重较高，供暖周期内该区域热岛相当明显。近地面气团高温、干燥且污染物浓度高。体型较大的建筑物、近地面高温将严重影响风环境。

● 铁路设施精细气候区划——铁路设施日间显著升温、夜间降温速度很快，但夜间气温依然明显高于未开发区域。由于其周边建筑物较少，铁路设施往往表现出对风环境的开放性，常常可作为建成区域的通风廊道。如果考虑到气候因素，宽度在 50 m 以上的由多条轨道组成的铁道线才具备以上特征。

b. 冷空气区域，地形结构的特点

冷空气流能够为居民点通风，这在静风天气中更显重要。因此，能够在夜晚生成新鲜空气的冷空气生成地、冷空气汇集地得以标识。此外，冷空气气流障碍、狭窄的山谷、山坡风、山谷风、区域风通道及空气污染物分布信息也得以标识。

c. 交通污染物

根据日平均机动车流量(即交通污染物负荷)，主要道路被分为三类，并在图中得以标识。

d. 风玫瑰

每个监测点一年中的风向频率通过风玫瑰得以展示。

5.1.1.2.2 规划建议图

气候分析图是基于大规模数据统计的城市气候现状评估，应被作为区域规划、城市土地利用规划的专业技术支撑；在此基础上，规划建议图(精确度为 1∶1000)给出了斯图加特区域土地的气候敏感性建议，不仅涉及未开发的开放空间，还涉及居民点空间。这则能够对土地用途变更提出建议，同时也能对实施步骤提出要求。

为规划提供建议主要涉及功能变更与建构筑物(如房屋、建筑物、道路等)三维尺度变更。原因在于，植被综合体变更带来的气候影响远远小于由大面积非透水界面覆盖、建筑物建造所引发的气候影响。规划建议中针对用途变更约束较强的区域对于区域气候与空气卫生有重要意义。除了地方特性因素,规划建议基于以下原则提出。

1. 有植被的开放空间对区域气候有重要意义,基于气候学观点不应作为开发用地。夜间,植被区是新鲜空气、冷空气的生成地;日间,树木较多的地区是重要的热力学补偿区域。在内城与居民点中,绿化用地将直接对其周边地区的微气候带来积极影响;住区边缘的绿化用地能够推动区域性空气交换;彼此连通的大规模绿化将为所在区域提供气候与空气卫生更新潜力;如果大规模绿化网络与住区形成关联,则将对区域性空气流通产生至关重要的影响。

2. 山谷一方面是用于新鲜空气与冷空气传输的低速风区,另一方面将作为重要的区域性通风廊道,因此不宜作为开发用地。

3. 尤其在山谷有建筑群的情况下,已被大规模开发的山坡是重要的冷空气与新鲜空气传输地带,因此不宜再度开发。

4. 马鞍形山脊是重要的通风廊道,因此不宜进行开发。

5. 基于气候学观点,居民点周边应尽量留出大规模开放空间,居民点内部应建设贯穿其间的绿化用地,以促进空气流通。应该尽量避免大地景观遭到多个分散布置的小型住区开发所带来的侵袭。市区内住区开发应该注意避开就近一定规模的冷空气与新鲜空气生成区域、通风廊道。

6. 在选择工业与企业用地时,应该注意,其大气污染物不应被地区风系统传输到附近居住用地,从而避免带来严重危害。

斯图加特区域土地的规划建议被分为八类:三类涉及至今为止尚未开发的大面积开放空间(包括未经规划私自建设的独栋建筑、交通道路);四类涉及已开发用地;一类是对存在高污染负荷街道区域的建议。图纸用颜色深浅来表示建设敏感性,即颜色越浅表示该区域对功能变更(尤其是布置建筑群)越不敏感。

A. 开放空间

A1　气候活跃性很强的开放空间

主要涉及与居民点有直接关联的具“气候活跃性”的开放空间,包括:内城、居民点附近及位于山谷风系统流域范围内的绿化空间,存在冷空气流动的未开发谷地、山地与谷底间的楔形连接处(即山峡)、彼此相连的大规模开放空间。这些区域对功能变更的敏感性极高。也就是说,建设施工、导致非透水界面增多的开发行为、采取可能阻碍空气流通的措施,均将会对区域气候造成严重影响。如果一定要在这些区域进行开发,则有必要开展专业的气候与空气卫生鉴定。

A2　气候活跃性强的开放空间

主要包括未直接与居民点发生联系(即这里产生的冷空气或新鲜空气不会直接流入居民点),或者自身特性导致其冷空气生成量有限(如碎石空间或垃圾堆放地)的区域。这些区域对用途变更敏感性较高。基于气候学观点,只要不对区域空气流通产生严重影响,这些地区就可进行适度开发。在规划时,对区域气候至关重要的地形单元(如山峡、狭长通道、溪流流域等)必须得到关注。为了尽量少地影响区域气候,以下措施值得推荐:保留绿化带、采用屋顶和立面绿化、减小建筑物高度、采用不阻碍空气流通的建筑布局。在上述区域进行建造措施策划时,有必要从气候与空气卫生角度对建筑物的尺寸与布局进行谨慎评估,并设计绿化廊道和通风廊道。

A3　气候活跃性一般的开放空间

从气候学角度而言,远离居民点、冷空气与新鲜空气生成地的区域,与人口密集区不存在直接关联的气候影响潜力较大且正在扩大的区域,对居民点影响有限。在上述地区进行开发活动将带来较小的区域气候影响,即这些区域对一定的功能变更存在气候稳定性。这些区域主要涉及有良好通风条件、热岛效应较小的山顶地区,地形起伏小、通风良好的大面积区域。基于气候学观点,大体量建筑物(如高层建筑、企业、工厂)不宜建在这些区域;主要通风方向也应避免被阻碍;位于工业企业基地附近且交通频繁的交通道路两侧不宜规划敏感性用途。

B. 居民点空间

B1　气候功能较小的建成区域

主要涉及通风条件良好的已开发山顶区,或者热力学与空气卫生上的排放物不会影响临近居民点的建成区。其位置条件不会在热力与空气卫生方面带来严重负荷,同时不会对临近居民点带来明显影响。对于这些区域,无法将气候与空气卫生敏感性归咎于土地利用集约性和建筑群密集性。再次提高密度不会在气候与空气卫生上带来严重影响。值得注意,必须维持现有的通风状况,且增加的污染物排放量不会给居民点带来负面影响。通过屋顶绿化和立面绿化、保护绿化用地等措施,可以防止热污染问题恶化。

B2　气候功能一般的建成区域

这里主要涉及那些基于其位置条件与建筑群类型具重要气候功能的建成区域,包括:采用松散布局和绿化良好的住区及其边缘,这里夜晚冷却作用良好、风速较大；通风条件良好的密集住区（如山顶区域）。这些区域不会带来严重的热污染与空气污染，同时不会妨碍空气流通。一般而言，在这些区域提高土地利用强度将对气候与空气卫生方面带来较小的影响。因此，以上区域可进行住区扩建、加建，但原有的建筑群规模应该得以保留。这些合理的改变不会对气候与空气卫生方面带来显著影响。但是，在以上区域进行开发建设时，有必要从气候和空气卫生角度对建筑物尺寸与布局进行谨慎评估；并保持、加建绿化廊道、通风廊道；尽量减少新增非透水性地面面积，并通过增加绿化面积、进行屋顶和立面绿化等措施进行补偿。

B3　气候功能重大的建成区域

这些建成区域对自身和毗邻居民点发挥着重要的气候功能，而已有建筑群的类型与规模可能存在很大差异。拥有松散布局、建筑物高度较小、通风良好的区域使居民点边缘的空气流通状况（也包括区域风系统）接近未被开发时的情况；尤其适用于山脚已被开发的山坡地，同时该山坡也是冷空气生成地。分散建造高层的区域虽然对风环境构成阻碍，但它促进了区域性空气流通，且基于较好的绿化条件不会导致区域升温过快。此外，气候与空气卫生负荷不高且采取密集布局的居民点也被列入这一类。对于土地利用强度增加而言，以上区域具有巨大的气候与空气卫生敏感性。再度开发和增加非透水性地面面积均将对区域气候构成明显的负面影响。在这些地区值得推荐的措施有：增加植被、延长通风廊道。在以上区域有功能变更的需要时，有必要开展专业的气候与空气卫生鉴定。

B4　在气候与空气卫生方面存在负面影响的建成区域

主要包括对气候与空气卫生构成严重负荷的密集建设住区、建筑物严重影响空气流通的建成区域。这些区域有必要根据城市气候学要求开展城市更新。以下更新措施可以考虑：增加植被比例、减小非透水性地面面积、减少污染源（主要指交通污染）、设置和扩大绿化通风廊道、取消或迁移干扰建筑物。在以上区域开展所有规划建设行为均必须进行专业的气候与空气卫生鉴定。

C. 道路

C1　空气和噪声污染严重的街道

主要涉及所有日交通流量超过7500辆的交通干道。每日产生的空气污染物和噪声污染都必须得到关注，也就是说，涉及相关区域的规划建设项目需要根据建设功能进行污染预测。居住、休憩、农业等敏感性用途应与街道保持适当距离，或者采取合适的保护措施；非敏感性用途可以作为内部区域的噪声与污染物防护措施被置于道路沿线。以上区域的功能变更针对污染物与噪声传播具有敏感性，应该开展专门的气候与空气卫生鉴定。

5.1.2 柏林环境图集之气候篇

5.1.2.1 项目背景

20 世纪 80 年代，西柏林城市气候研究开始开展。1990 年起，为了给可持续的城市与景观发展提供数据支撑，“城市与环境信息系统”工作组针对合并后大柏林及毗邻的勃兰登堡州部分地区开展有关城市环境描述与评价的深入研究，成果收入《环境图集》。1995 年起，《环境图集》[①]已从柏林城市发展与环境参议院管理网站中获得。2005 年起，FIS-Broker 系统开始得到应用，以提升图片展示与信息查询功能。自此，通过地址、坐标、关键词可以对《环境图集》覆盖的土地与内容进行查询；具相同属性的土地可以得到关联、叠加与展示；有关 25000 个街区的数据可以得到展示和评价。同时，该图集的相关内容也在不断更新当中。

5.1.2.2 主要成果

《环境图集》主要涉及八个主题：土地、水、空气、气候、生物多样性、土地利用、交通与噪声、能源。柏林地区气候分析的研究成果主要在气候篇。

至 2010 年，柏林地区的气候分析工作共涉及 11 类内容：

- 1961—1990 年间常年温度平均值；
- 近地面风速（昼、夜）；
- 弱交换天气夜间的气温与湿度状况；
- 精细城市气候区划；
- 昼夜地表气温分布状况；
- 气候功能；
- 常年降雨量分布与雨水径流分布（冬季、夏季、年均）；
- 生物气候状况；

① Informationssystem Stadt und Umwelt Berlin（1990—2005）. [EB/OL]. [2010-07-17]，http://www.stadtklima.de/

- 柏林气候模型与气候分析；
- 柏林气候功能评价(气候分析图、规划建议图)；
- 气候变化与空气热污染发展(2010 年加入)。

最终,“城市与环境信息系统”工作组利用区域气候模型 FITNAH 开展城市气候现状分析,绘制了气候功能图,并提出规划建议(图纸比例为 1∶100000、1∶20000,图 3-21)。

5.1.2.2.1 气候分析图

柏林的气候分析图按照冷空气生成能力将绿化与开放空间分为四类,并指出冷空气气团流动方向及其强度;按照生物气候负荷将建成区分为四类,并指出通风条件良好的区域;根据通风作用机理与作用程度将通风道分为四类。

A. 绿化与开放空间

在晴朗夜晚,地面的长波辐射会引起近地面空气层降温。绿化与开放空间的冷空气生成量取决于植被种类、土壤特性及与此相关的空气冷却率。

冷空气生成潜力极小的绿地——此类区域主要包括建筑群内部、规模小于 2.5 hm^2 的小型绿地。当然,散布在热污染区域此类绿地也将发挥一定的微气候调节功能。

冷空气生成潜力较小的绿地——此类区域主要包括小型墓地、规模小于 10 hm^2 的小型公园。如果这些区域位于已产生热污染的市中心,则其微气候调节作用将受到限制;如果这些区域毗邻冷空气生成率较高的绿化设施,则其微气候调节作用将在一定程度上受到支撑。

冷空气生成潜力中等的区域——此类区域主要包括内城公园、城南未能与公园或林地产生直接关联的高绿地率建成区。

冷空气生成潜力较高的区域——此类区域主要在城郊,主要有大型林地、草地、墓地及小型公园设施。在市区内,具此类功能的区域主要有动物园区域、机场等大型绿化设施与空地。另外,城郊绿地率较高的建成区、坡向面对市中心地形坡度大于 1°的区域能够支持冷空气向市中心流动。此外,此类区域还包括绿化率较高的街区内院绿化空间。

B. 建成区

通风条件良好的区域(冷空气影响区域)——鉴于来自冷空气生成地气流的影响,此类区域升温能力较弱、通风条件较好。这主要取决于两个因素，即建成区距离冷空气生成地的距离、建筑群布局类型。距离冷空气生成地越近、建造结构越开放，区域通风条件越好。

不存在生物气候污染或舒适度较高的区域——运用城市气候模型FITNAH对柏林区域的预测均值舒适性指标(PMV)进行模拟分析，根据“德国工程师协会委员会标准3785”(VDI-Richtlinie 3785)规定的分类标准，当每2500 m^2的预测均值舒适性Z值小于−1的区域，该区域生物气候舒适度较高。

生物气候污染极小的区域——基于相同方法，当每2500 m^2的预测均值舒适性Z值大于−1且小于0时，该区域生物气候舒适度一般。

生物气候污染较小、个别情况下存在生物气候污染的区域——基于相同方法，当每2500 m^2的预测均值舒适性Z值大于0且小于1时，该区域生物气候舒适度不佳。

生物气候污染一般、个别情况下生物气候污染较高的区域——基于相同方法，当每2500 m^2的预测均值舒适性Z值大于1时，该区域生物气候污染严重。

C. 城市通风道

通过热力条件产生作用的冷空气通道——由土地利用状况产生的近地面气温差异促成热力环流，从而将城郊的补偿气团带入市中心。

通过地形条件产生作用的冷空气通道——静风条件下，由地形高差驱动的冷空气流动将高处冷空气生成地的补偿气团带入盆地。鉴于柏林的地形条件，此类区域主要集中在西城山地区域。

大型空气引导通道与通风通道——低地与河流、水体可以作为大型空气引导通道。即使在非静风天气，此类区域也可以为周边建筑群提供交换气团。

面状冷空气气流区域(地形坡度大于1°)——由于柏林市区整体地形坡度较小，因此将地形坡度大于1°的区域作为面状冷空气气流区域。

5.1.2.2.2 规划建议图

柏林的规划建议图将绿化与开放空间分为三类，将建成区分为四大类、七小类，将城市通风道分为五类。

A. 绿化与开放空间

具极高城市气候意义的绿化与开放空间——其中生成的冷空气可直达存在污染的建成区。因此，此类区域对土地利用率的提高显示出极高敏感性。在此,应避免形成气流阻碍、减少污染物排放、与毗邻开放空间连接并形成开放空间网络。

具较高或中等城市气候意义的绿化与开放空间——其中生成的冷空气可直达具适宜微气候条件的建成区。因此,此类区域对土地利用率的提高显示出较高敏感性。在此,应确保与周边区域的空气交换。

具极小城市气候意义的绿化与开放空间——这部分开放空间对建成区产生极小影响,或者其冷空气生成能力极小。因此,此类区域对土地利用率的提高显示出较低敏感性。在此,可以建设基本不影响区域性空气交换的大型建筑群。

B. 建成区

第一类:气候条件优良的建成区

气候条件优秀的建成区——这部分建成区通常采用开放式建筑结构,绿化率高,通风条件良好,能够支持冷空气流动。在此,应尽量维持优秀的生物气候条件,与极高污染建成区或对土地利用率提高显示出中等敏感性的开放空间毗邻时,应注意减小建筑物体量,应尽量降低建筑物高度。

气候条件良好的建成区——这部分建成区通常采用开放式建筑结构,绿化率较高,通风条件良好,能够支持冷空气流动。在此,应尽量维持良好的生物气候条件,与高污染建成区或对土地利用率提高显示出极小敏感性的开放空间毗邻时,应注意减小建筑物体量,应尽量降低建筑物高度。

第二类:存在污染的区域

气候条件一般的建成区——这部分建成区通常存在极小的或者个别情况下存在一定的生物气候污染,对提高土地利用强度存在高敏感性。在此,应尽量避免提高建设密度,应改善通风条件,提高绿化率,保护开放空间,去除土地硬化,在街区内院中采取绿化措施。

气候条件较差的建成区——这部分建成区通常存在一定的或者个别情况下较高的生物气候污染,对提高土地利用强度存在极高敏感性。在此,应绝对禁止提高建设密度,应改善通风条件,提高绿化率,保护已有开放空间,去除土地硬化,在街区内院中采取绿化措施。

第三类:交通干线沿途存在大气污染的区域

大气中二氧化氮浓度在40～45 $\mu g/m^3$之间的区域。在此,《联邦污染物条例》的相关规定有可能被超越。

大气中二氧化氮浓度大于45 $\mu g/m^3$的区域。在此,《联邦污染物条例》的相关规定很可能被超越。

第四类:绿地中交通引发的大气污染区域

大气中二氧化氮浓度在静风天气中可能超过 80 μg/m^{3}的区域。

C. 城市通风道

极高品质的冷空气通道——此类区域支持冷空气生成地与存在污染的建成区之间的空气交换。在此,规划建设应避免形成气流阻碍;应尽量降低建筑物高度与垂直于气流方向的新建筑物长度;应尽量避免建设周边式的建筑群;同时,应尽量保护绿化设施与开放空间组成部分。

较高品质的冷空气汇集地——在此,规划建设应避免形成气流阻碍;应尽量降低建筑物高度与垂直于气流方向的新建筑物长度;应尽量避免建设周边式的建筑群;同时,应尽量保护绿化设施与开放空间组成部分。

中等或较高品质的冷空气通道——此类区域支持冷空气生成地与存在污染的建成区之间的空气交换。在此,规划建设应避免形成气流阻碍;应尽量降低建筑物高度与垂直于气流方向的新建筑物长度;应尽量避免建设周边式的建筑群;同时,应尽量保护绿化设施与开放空间组成部分。

中等或较高品质的冷空气汇集地——在此,规划建设应避免形成气流阻碍;应尽量降低建筑物高度与垂直于气流方向的新建筑物长度;应尽量避免建设周边式的建筑群;同时,应尽量保护绿化设施与开放空间组成部分。

大型的空气引导通道与通风通道——位于河流流域通风条件很好的空气交换通道。在此,应保持河岸区域开敞,在毗邻水体的区域采用开放式建造结构。

5.2 城区层面的专项研究

在大多数城市,城市气候方面的专项研究(如气候分析)主要在土地利用规划层面完成,以便划分建设用地与非建设用地。需要指出,城市周边的山地通常承担着重要的气候生态补偿功能。在德国,20 世纪 90 年代以来,很多城市的政府与居民已经意识到山地气候敏感性问题,针对山地及其周边区域的城市气候专项研究相继开展,并在方案设计与规划决策中越来越多地落实相关研究成果。为了确保生成地的补偿气流顺利流经待保护区到达城市中心,在山地区域中的指定待保护区、限制建筑群开发或提出建设导则,成为这些专项研究的重要任务。在特里尔,一些居民自发地反对在冷空气通道中进行住区规划;经法庭裁决,该规划必须进行修改,以保持该区域对区域气候的重要作用。尽管如此，气候保护方面的规划限制条件仍然可能在实践中遇到障碍。

对于个别规划决策而言，有必要在更小尺度上开展补充性的地方性气候分析。对于所有受调查城市而言，建设活动引发的影响均可在一定程度上通过评估工作引入城市规划，但是其影响程度在各地不尽相同。虽然气候分析等专项规划可从气候保护的角度提出禁建区范围，但是该要求在某些城市(如亚琛)的土地利用规划还难以被采纳。气候敏感区域常常通过限制土地利用得以落实，例如，限制建筑密度、建筑物高度、建筑物朝向、保护绿化廊道避免开发等。但是，除乌尔姆的被动式住宅区以外，几乎很难找到其他适用于坡地的、利于区域气候发展的土地利用与发展建设概念模型。波恩、弗莱堡、威斯巴登等地均明确提出保护山谷区域的开发意图：不在莱茵河谷两侧山坡、德莱叁姆山谷继续进行城市开发。但是，出于山谷中城市扩张的压力，城市建设很难避免不向山坡扩张，即使出于气候原因在山坡上不应再开发建筑群。

就城市气候专项研究对城市规划的影响而言，斯图加特可以说是最有深度的，故此处着重对其进行分析讨论。相关专项研究不仅在规划决策中引入了整个城市的气候评估，而且作为重要的数据基础对每个相关的建造规划产生制约。对此，市环保局城市气候学所及其前身化学研究办公室(Chemische Untersuchungsamt)的作用不可小视。该机构作为城市气候方面的公众利益代表机构负责在规划权衡中发表意见，使气候保护这一目标在土地利用规划与建造规划层面得以延续。当然，就气候要求的规划落实而言，政治决策支撑的作用也不容忽视，这使该要素在权衡中获得高度重视。

5.2.1 斯图加特山地框架规划

2005 年 4 月、2006 年 2 月，五个内城辖区顾问组提出编制斯图加特山地区域框架规划的提议，同时指出，该区域的环境改善与维护对于保持州首府形象、保证斯图加特内城居民生活品质而言具有重大意义。2007 年 10 月至 2008 年 2 月，巴登—符腾堡州首府斯图加特市政府、城市建设和环境部、城市规划和城市更新局、中心区域城市建设规划科会同当地环境保护局、统计局、花园公墓与森林局、城市档案馆、建造法规局、城市测绘局等多家单位针对斯图加特盆地周边面积约 11 km^2 的山地区域及密集开发的山脚地区编制了“斯图加特山地区域框架规划”(Rahmenplan Halbhoehenlagen landeshauptstadt Stuttgart)。该框架规划于2007年10月2日经地方议会表决同意，并将作为山地区域发展的指导方针。该框架规划综合考虑了《气候图集》的专业建议及城市气候研究所的研究成果，划定了冷空气通道、对气候至关重要的开放空间与建设用地、基于气候学角度急需更新区域。为了通过规划手段保护冷空气通道及其他对气候至关重要的区域、减少山地区域热污染，进而缓解斯图加特内城的热岛与空气污染问题，框架规划给出了详细的规划措施。

5.2.1.1 规划背景

山谷两侧高比例的山地绿化为斯图加特赋予了独一无二的景观特征。同时，山地成为内城附近能够提供高品质居住地的空间资源，并对当地气候维护起到不可或缺的作用。

山地区域在100年前就已经开始建设活动，并受到城市建设规划与风景整治的指导，这些规划的持续实施使其处于永恒变化当中：新建筑代替老建筑、空地被建筑物填充。鉴于可以俯瞰斯图加特内城、绿化茂盛、空气新鲜等优势，位于内城附近山坡作为具高度吸引力的住宅基地一直受到投资人与开发商的青睐。于是，该区域呈现出建筑密度持续增加的趋势，这也导致原有绿化空间和环境质量遭受不可挽回的损失。

针对以上问题，此次山地区域框架规划的任务在于：保护大面积绿化土地及部分以绿化为主的已建区域、明确可建区域界限，以保障公众利益与整体环境质量；面对高涨的建设用地需求及时制定保证建筑基地和更新地块质量的要求，为独具个性的高品质建筑与花园建设留出余地，促使山地区域成为具有高品质风景资源、极具吸引力的居住地；基于当前的知识体系与价值标准，考察已有建设指导规划对重要绿地的持久保护是否有效及其有效程度，推动部分地块建造规划的修改工作；为基层政府提供便于抉择的基础信息，向市民及规划参与者展示冷空气通道与大片绿化的重要性。

根据环境保护方面的要求，该框架规划将能够反映山地区域环境质量的土地进行分类，并指出了各区域易受干扰的程度及建筑密度增加所导致的严重后果。此后，土地利用规划的新一轮调整充分考虑了该框架规划所提供用地评价，对11个区域的建造规划进行修改，以确保环境质量品质、维护区域景观特色。

5.2.1.2 气候条件

从气候地理上讲，斯图加特位于德国风速最小区域。位于平原上的机场年平均风速为 2.5 m/s，而位于山谷中的斯图加特内城年平均风速为 1.0 m/s；与此相比，汉堡的年平均风速仅为 5.6 m/s。低风速气候特征给当地城市气候带来很多负面影响。第一，低风速条件导致弱交换天气高频率发生，从而使斯图加特内城面临极高的空气卫生危险。鉴于传播条件的限制，市内产生的空气污染物无法得到稀释，空气中的污染物浓度远远高于通风条件较好的地区。第二，斯图加特的弱风环境增加了大气的辐射吸收比例，致使夏季高温天气进一步增多。30℃以上被称为"热污染"天气，让人"感觉闷热"。据统计，鉴于区域气候变化与全球变暖共同作用，斯图加特的热污染天气数量已经翻倍，从而引发了诸多健康危害。

基于以上原因，斯图加特环保局城市气候学研究所面临的主要任务被设定为：促进城市通风、减少建筑群对城市通风的限制。经长期观测分析，斯图加特弱风天气的三个特征（即地理位置、地形条件、热力学风环境）具重要意义。例如，在年发生几率为 30%～40%的对流天气中，地形条件将对空气流动发挥作用，相邻空间的温差将引起空气交换。气象学家通过模型计算等手段得到具补偿功能的"气候活跃区"，即无建筑或少建筑且低矮植被的夜晚强降温区域，或者地形坡度引起地区性气候的区域。多数情况下，这些区域的空气较少受到污染，因此来自其中的气流可被视为新鲜空气气流。

日落后，不同温度区间的密度和气压差与地形条件的共同作用产生了补偿气流。由于夜晚降温现象明显，1 m^2 无植被覆盖的地表、休耕地、草地或其他植被较低的地表每小时能够生成冷空气 12 m^3。地形凹陷处能够引导近地面冷空气流动，在山地区域被称作山风。在斯图加特内城，山风通道被作为内城主要的新鲜空气通道。夜晚冷空气流典型流速在 0.5～2.0 m/s 之间。区域性气流的典型特征为冷空气流流速较高，与此相对常规气流速度随高度增加而增加。流动的冷空气与顺势而下的水流有很大区别，即近地面流动的冷空气必须由补偿气流替代。不同温度气团的密度差异很小，于是可以解释缓慢黏稠的冷空气流动规律：当遇到高大植被、建筑物等可能形成阻碍的摩擦力时，气流也可以越过。山坡下行气流的轻微扰动与以下现象有关：由于热力原因，如果气流保持下降状态，则下降气流必然将热量传给更冷的地面。因此，在被城市热岛笼罩的地区，冷空气流会完全停止运动。建筑物、停车场与道路等人造设施的热容量大，在夜晚将使所在区域增温，这将明显妨碍夜晚冷空气流在内城居民点发挥降温功能。

如上所述，鉴于地形与气候条件影响斯图加特地区区域性气流常被阻断，因此利用地方性冷空气流为城市通风与降温成为主要思路。对此，谷地周边的山地具重要意义。在松散建设的山地与内城热岛之间形成了温度差，内城热岛的蔓延受到山地的阻断。在一定程度上，与谷底参差相连、具地势能、绿化成片且无障碍物的山地注定将成为斯图加特市的地方气流系统主要驱动器。由于大面积开放空间透水性好，山地可成为冷空气流动通道、补偿空间。为了保持山地对整个市区的重要气候补偿作用，规划必须阻止山地地区变暖，并应该通过合理措施推动山峡通道中冷空气流流动。基于城市气候学出发点，应在土地利用规划、建造规划等宏观层面上提出城市建设模式与规则以支撑城市整体通风系统的运行，而并非仅仅停留在对单体建筑的关注与干预。这对城市建设总体决策提出明确要求。需要注意，通风道中的建筑物将严重阻碍新鲜空气流动。尽管如此，该问题仍然可以通过适当的建筑形式、屋顶绿化、立面绿化等措施在一定程度得以缓解。但然，不利于城市景观发展的解决方案应避免使用，建筑群必须被谨慎地插入所在城市的景观文脉当中。

当然，保护与优化新鲜空气通道的回旋余地并不大。基于德国宪法，已有建筑群通常不可能被拆除，扩大开放空间几乎不可能进行。因此必须通过修正建设规划对原有开放空间进行保护与补充，或者至少提供如是可能。基于气候学观点，城市形态的最优模型是将放射型的开发空间系统“插入”到山谷建筑群当中。为此，斯图加特市政府于 1995 年以来从私人业主那里购买了若干位于空气通道中的大型地块，准备重新将其作为景观用地，并通过规划得以保障；市政府还准备在更大范围内采取类似措施，或提供更多优化环境的可能。

5.2.1.3 气候功能分析

基于城市气候研究所的研究成果，规划范围内及其周边土地的气候功能得以明确（图 5-02）。

斯图加特谷底内城补偿空间的作用在于保护与改善作用空间的气候条件，尤其在于保障过热建筑群的空气交换与热补偿。对于斯图加特山谷而言，补偿空间主要为林业用地、部分农业用地、城郊花园与绿带及内城绿地。而松散建设的山坡绿化较好，应视为补偿空间的重要扩展。补偿空间为市民休憩提供了良好的生物气候条件；可以作为重要的空气过滤器（内城绿地、林地尤为如此）；日夜均可作为冷空气生成区域，在此方面毗邻建筑群的林地、农业用地表现最佳。内城附近位于山坡上的建筑群大多一直延伸至山顶，占用了林地、绿地或者农业用地等开放空间。因此，山坡上尚存的开放空间（如花园、未开发区域）作为补偿空间应得以保护，它们在夜晚为市区提供冷空气，并能够生成少量冷空气，激发冷空气气流。

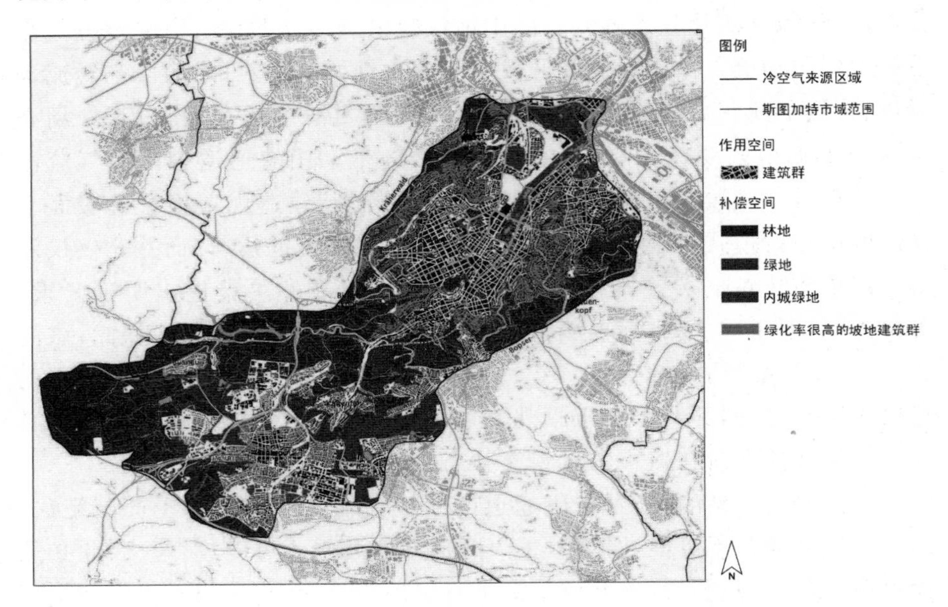

图 5-02　斯图加特内城及其附近区域的补偿空间与作用空间分布

（来源：LANDESHAUPTSTADT STUTTGART, REFERAT STÄDTEBAU UND UMWELT, AMT FÜR STADTPLANUNG UND STADTERNEUERUNG, ABTEILUNG STÄDTEBAULICHE PLANUNG MITTE. Rahmenplan Halbhöhenlagen Stuttgart. [EB/OL]. [2008-02-01]: http://www.stuttgart.de/img/mdb/publ/15686/29825.pdf.）

斯图加特内城西南向主要通风轴线及山谷周围山坡上的冷空气气流、冷空气来源地中的冷空气汇集地均得以指出（图 5-03）。冷空气气流有利于静风晴朗夜晚在冷空气生成区域与位于山谷中的作用空间（即斯图加特内城）之间形成地方性空气循环。流入内城的冷空气能够减轻其中的热污染，在晴朗天气城市气候问题较为明显的情况下该作用尤为显著。这里，山峡为较重要的冷空气形成引导通道。

斯图加特山谷的气候环境特征、对气候至关重要的城市结构及各地块的热力学特征均得以展现(图 5-04)。在密集建设的老城、城市东西侧热岛最为严重,城市边缘大多较为凉爽,山坡获得的热补偿作用最佳,或部分山地未受污染。因此,研究范围内的土地可根据其位置来分类,其土地利用特征、气候特征与气候功能得以总结(表 5-01)。

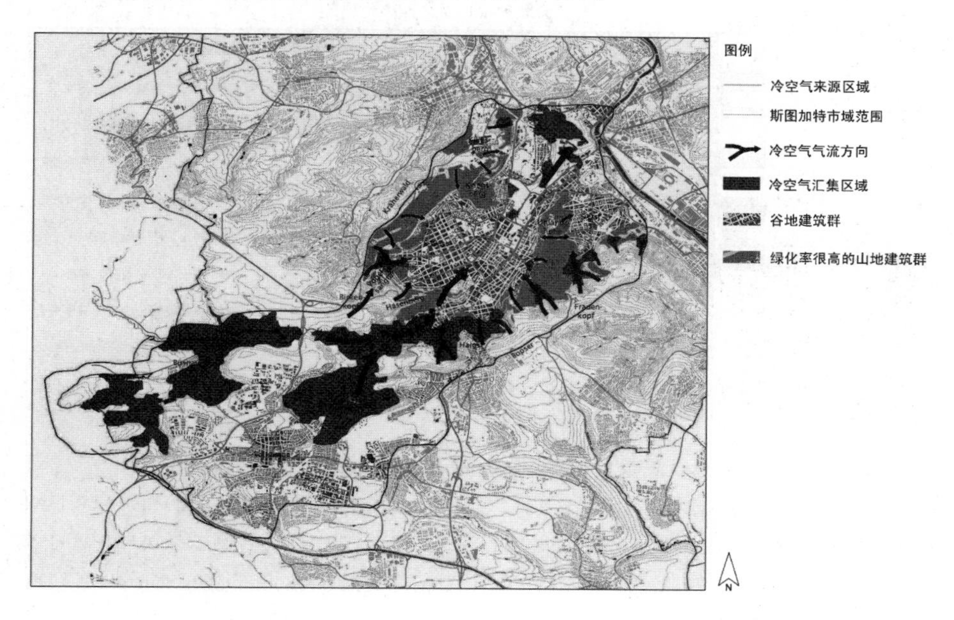

图 5-03 斯图加特内城及其附近区域的冷空气流动状况模拟

(来源:LANDESHAUPTSTADT STUTTGART, REFERAT STÄDTEBAU UND UMWELT, AMT FÜR STADTPLANUNG UND STADTERNEUERUNG, ABTEILUNG STÄDTEBAULICHE PLANUNG MITTE. Rahmenplan Halbhöhenlagen Stuttgart. [EB/OL]. [2008-02-01]: http://www.stuttgart.de/img/mdb/publ/15686/29825.pdf.)

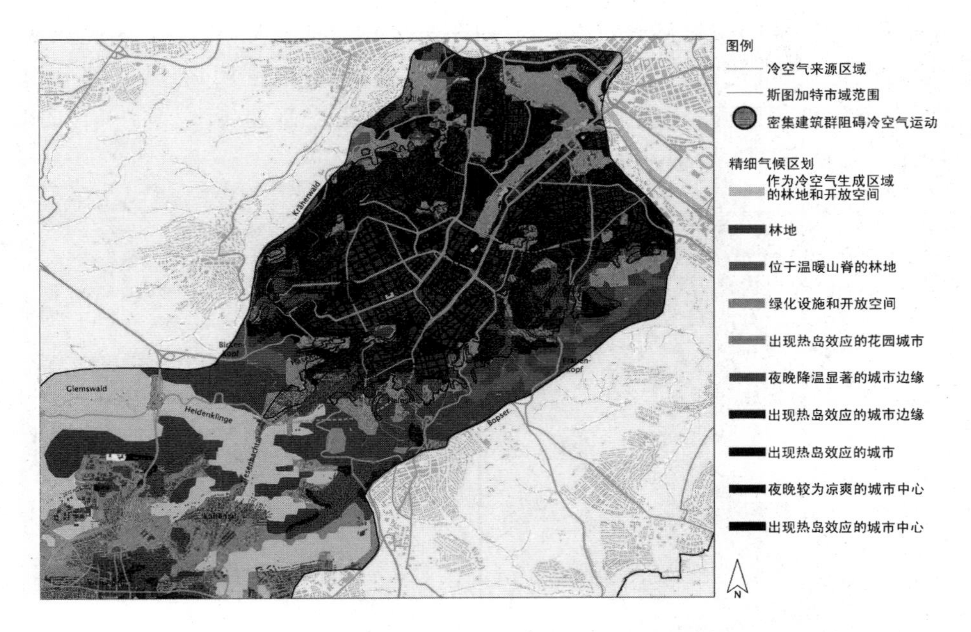

图 5-04　斯图加特内城及其附近区域的精细气候区划图

（来源：LANDESHAUPTSTADT STUTTGART，REFERAT STÄDTEBAU UND UMWELT，AMT FÜR STADTPLANUNG UND STADTERNEUERUNG，ABTEILUNG STÄDTEBAULICHE PLANUNG MITTE. Rahmenplan Halbhöhenlagen Stuttgart. [EB/OL]. [2008-02-01]: http://www.stuttgart.de/img/mdb/publ/15686/29825.pdf.）

表 5-01　斯图加特山谷补偿空间分类

位置	土地利用特征	气候特征	气候功能
山坡	开放式独户住宅建筑群；低密度； 大规模地表未被人工材料覆盖的开放空间。	较未建设用地轻微升温； 对跨区域的风环境状况无影响； 地形坡度、表面较低温度促进热力引起的风系统； 无生物气候污染或空气卫生污染。	作为补偿空间、空气引导通道； 开放空气作为冷空气生成区域、冷空气流动区域； 补偿空间与作用空间在平面上存在“咬合”关系。

续表

位置	土地利用特征	气候特征	气候功能
山脚	密集建设的多层建筑群； 一定宽度的建筑间距具一定渗透性； 几乎无开发空间。	无论昼夜，较未建设用地均升温明显； 受相对位置与密集建造方式影响，风速有所降低，但仍允许冷空气流过； 生物气候条件较差、空气卫生污染较为严重。	作为允许冷空气流过的作用空间。
谷底	典型的内城封闭式建筑群； 建筑高度高，密度高； 无开发空间。	昼夜均现高温； 受相对位置与建筑群影响，风速明显减弱； 生物气候条件差、空气卫生污染严重。	作为作用空间， 缓解城市气候问题的要求很高。

（来源：C. FENN. Die Bedeutung der Hanglagen für das Stadtklima in Stuttgart unter besonderer Berücksichtigung der Hangbebauung [D]. Fachbereich Landschaftsarchitektur, Fachhochschule Weihenstephan, 2005.）

可见，山坡土地的气候特征与气候功能使其扮演着特殊角色，该区域不仅是热污染较小的居住空间，而且较大比例的开放空间使补偿空间得以扩展，西侧山坡甚至可以作为独立的补偿空间。因此，在针对各山坡区域的研究中，一方面气候特征应得以关注，另一方面其对谷底作用空间的补偿作用或通风作用应得到明确。以下，将详细阐述每个山坡区域的气候特征、气候功能，并据此提出针对性的规划目标（图 5-05）。

A. 主要通风轴线

内森溪谷（Nesenbachtal）是斯图加特内城主要的空气流动轴线。其大型冷空气来源主要有：格里姆斯森林（Glemswald）、布斯奈尔草原峡谷（Büsnauer Wiesental）及法伊欣根（Vaihingen）与么灵根（Möhringen）之间的农业用地。主要气流流经内森溪谷，越过西南部卡尔斯高地（Karlshöhe），冷空气层厚度可达 75 m。此后，气流会穿过斯图加特山谷，受到北部战山（Kriegsberg）及其他山体的疏导，穿过玫瑰石公园（Rosensteinpark），流向内卡河河谷（Neckartal）。

从冷空气生成区到内城作用空间，冷空气气流对于各地区的降温作用不断减弱。格里姆斯森林和已有开放空间在很大程度上受到冷空气影响。

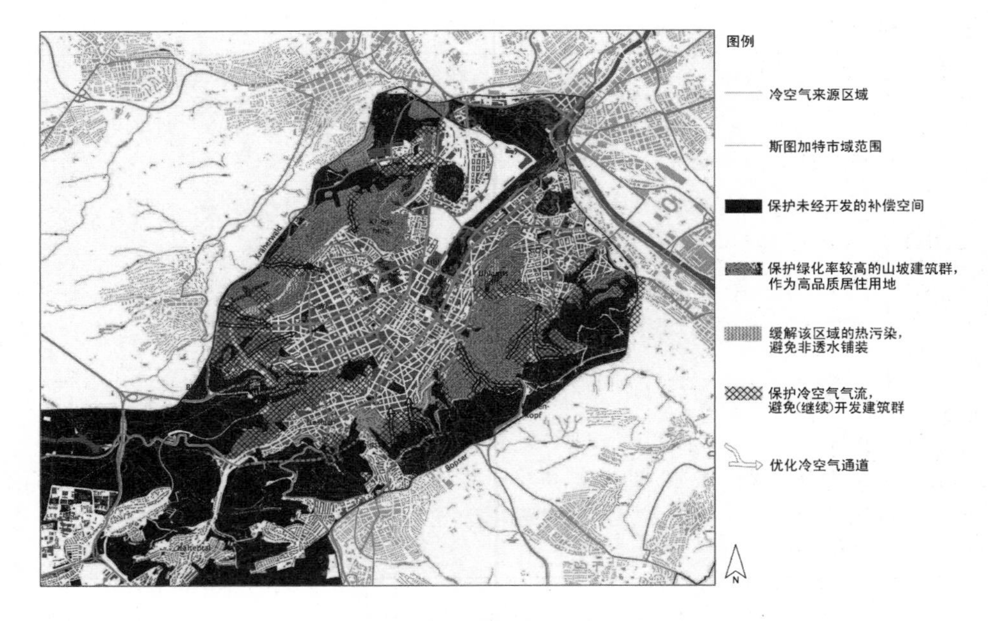

图 5-05 斯图加特山地区域的城市通风道规划目标

（来源：LANDESHAUPTSTADT STUTTGART, REFERAT STÄDTEBAU UND UMWELT, AMT FÜR STADTPLANUNG UND STADTERNEUERUNG, ABTEILUNG STÄDTEBAULICHE PLANUNG MITTE. Rahmenplan Halbhöhenlagen Stuttgart. [EB/OL]. [2008-02-01]：http://www.stuttgart.de/img/mdb/publ/15686/29825.pdf.）

对市区而言，内森溪谷中及其东侧毗邻区域中由树林覆盖的山峡是最大的空气引导通道。虽然海斯拉赫山谷（Heslach）已被密集开发，但并不会对区域气候造成伤害。夯斯特地区（Haigst）与卡尔斯高地间狭窄地形形成冷空气流动障碍，为该地区建筑群带来降温作用。由于斯图加特山谷建筑群密集，从夯斯特地区经斯图加特南部到老城区，冷空气降温作用很弱。快速呈现的城市气候问题与热岛效应证明了这一事实。

另外，来自南北两侧山坡的冷空气气流扩大了内森溪谷补偿空间，使周围山顶区域的冷空气气团流向谷底，可以限制城市热岛的不断扩张。

在规划范围内，主要通风轴线上的兔子山（Hasenberg）和卡尔斯高地狭长的地形凸起能够在一定程度上阻碍城市热岛扩张。卡尔斯高地顶部为树林气候环境，因此该区域不仅能够在内城附近提供热污染较小的大型开放空间，而且能够有效疏导来自内森溪谷的冷空气气流。卡尔斯高地上空的冷空气气流来源于内森溪谷、格里姆斯森林、迭戈湖地区（Degerloch）、棘山（Dornhalde），因此卡尔斯高地可作为冷空气流入山谷西侧与内城的溢出口。卡尔斯高地温度较低的下垫面避免了对流的提前出现，进而避免冷空气受热提前上升，确保了冷空气流入斯图加特谷底带来的近地面降温效果。

通过对该区域气候特征与气候功能的梳理，基于城市气候问题解决的目标设定与针对性措施得以提出（表5-02）。作为天然障碍的卡尔斯高地被来自内森溪谷的冷空气气流逾越，它位于山谷的主要空气流通轴线中，是冷空气向斯图加特山谷西侧流动的溢出口，承担了山谷西侧部分区域的通风和降温任务；此外，该区域表面温度较低、空气动力学粗糙度较小，能够避免对流和冷空气上升，因此该地区海拔较高的区域必须避免建筑群开发或地表硬化。针对斯图加特山谷西侧，应该基于城市气候学观点采取城市更新措施：如通过扩展空气引导通道，使其尽量延伸至谷底内城，提高越过卡尔斯高地的冷空气气流的补偿功能；山坡建成区应作为热污染很小的、稳定的居住用地得以保护；原有开放空间作为城市热岛以上、毗邻住宅区的、具有积极的气候功能的开放空间。

B. 斯图加特山谷南部和东部

斯图加特山谷南部和东部边缘坡度较大，且明显被若干山峡切割。该区域未开发面积比例较大，主要包括大型森林、绿化设施、花园与绿带，均具气候生态补偿功能。

鉴于密集的建筑群、严重的地面硬化，海恩斯特区域（Auf dem Haigst）出现明显过热现象。由于与大型开放空间毗邻，且半山腰仅松散建设，侧向山坡、山峡均较为凉爽，有效阻碍了热岛扩张。

表5-02　兔子山与卡尔斯高地区域的气候特征与气候功能

功能与形态	气候特征	气候功能
山坡：树林、以农用为主的开放空间与松散的山坡建筑群相互咬合。	由于处于热岛以上且大部分区域尚未开发，大部分山坡区域的热力特征较好，对松散建筑群（含树林、开放空间、花园城市等精细气候区划）产生影响，在南向山坡及其密集建设的山脚出现热岛（表现为城市边缘、城市热岛精细气候区划）。	来自格里姆斯森林的冷空气气流越过兔子山，汇入空气流通主轴；卡尔斯高地作为冷空气气流向西侧谷地和老城流动的溢出地；小型冷空气气流对被主要气流遗忘的山谷西侧进行补偿。

续表

功能与形态	气候特征	气候功能
山脚:至山坡上都建有密集的周边式建筑群;部分为企业用途。	斯图加特西侧从雷斯堡街(Reinsburgstrasse)开始快速出现热污染,具体表现为城市、城市中心精细气候区划,缺乏夜间降温条件;冷空气气流越过兔子山山坡后很难再渗入此处密集建设的建筑群;来自内森溪谷的冷空气可为海斯拉赫山谷密集的建筑群降温,表现为过渡性的花园城市、城市边缘、城市气候精细气候区划。	西侧山脚自身就是受污染的作用空间,因此不可能渗入冷空气气流;山坡的冷空气对去除热污染很重要,但是鉴于其周边式建筑群结构,来自内森溪谷的冷空气气流可达范围很小。
谷底:密集建设城市建筑群,开放空间极少、局部无开放空间。	热污染出现在西侧山脚,且正在快速加强,表现为城市中心精细气候区划;海斯拉赫山谷出现过热现象,从夏洛特广场(Schoettle-Platz)开始就属于城市精细气候区划,老城区热污染最严重。	无气候生态补偿功能。

(来源:FENN C. Die Bedeutung der Hanglagen für das Stadtklima in Stuttgart unter besonderer Berücksichtigung der Hangbebauung [D]. Fachbereich Landschaftsarchitektur, Fachhochschule Weihenstephan, 2005.)

山坡热污染很小的原因在于由迭戈湖地区、山腰建筑群间的树林及开放空间起到的气候生态补偿作用。山峡作为冷空气通道,可进行部分低密度开发或者完全保护,以便使冷空气流入谷底,对其中的密集建筑群产生降温作用。

维尼山(Wernhalde)可作为有利于城市气候问题的典型山坡建设案例。土地利用规划指出,此处可将树林、开放空间(如公园设施、草地)与由3层住宅组成的松散建筑群相互间隔建设,属于花园城市、城市边缘精细气候区划。保护由山峡延伸到居民点内部的绿地,确保建筑物墙面朝向山坡等措施有利于冷空气气流穿过山坡建筑群到达山脚。

通过对该区域气候特征与气候功能的梳理,基于城市气候问题解决的目标设定与针对性措施得以提出(表 5-03)。山坡及其开放空间、松散建筑群的首要作用是为谷底提供通风和降温,尤其是在来自内森溪谷中冷空气气流的覆盖区域;补偿空间与冷空气通道及其功能应该得以保护,避免开发建筑群，谷底、山坡应避免进一步密集开发从而避免出现严重的热污染。鉴于大型树林、开放空间的气候生态补偿作用，棘山成为整个斯图加特谷底补偿空间的重要部分；应对海恩斯特侧向山坡松散建筑群进行维护，以避免该区域已有热岛向下扩张。

表 5-03　棘山、海恩斯特、维尼山区域的气候特征与气候功能

功能与形态	气候特征	气候功能
山坡：树林、以农业用途为主的开放空间，松散的山坡建筑群，密集的山顶住宅建筑群。	棘山几乎未被开发的山峡、维尼山下部松散建设山坡的热力特征接近自然状态，直至谷底海斯拉赫山谷和斯图加特南部，呈现出树林、开放空间、花园、城市边缘等精细气候区划；海恩斯特区域密集建筑群出现热岛效应，呈现城市边缘精细气候区划，对未开发的山坡产生影响。	来自树林、开放空间的冷空气气流在山峡中得以疏导，从海恩斯特区域侧面流入山谷，因此对密集建设的山顶区域降温作用有限。山坡区域的建设方式不会对冷空气流动形成障碍，部分山峡得以保护；冷空气气流能够为山坡、山谷建筑群提供通风。
山脚：至山坡建有早期密集建设的周边式建筑群。	冷空气气流及热污染较小的地坡建筑群对山脚气温产生影响，可避免此处过热现象频发，呈现存在热岛效应的城市边缘精细气候区划；海恩斯特山脚对来自内森溪谷的冷空气形成障碍，这为海斯拉赫山谷中的建筑群提供额外的降温作用，直至玛利亚医院（Marien-Hospital）附近密集开发的山谷均属于开放空间精细气候区划。	维尼山和棘山下方的街道沿冷空气气流走向延展，斯图加特规定的横向房屋间距足以令冷空气渗入密集建设区域。
谷底：密集建设的城市建筑群，开放空间很少甚至无开放空间。	斯图加特南部和海斯拉赫山谷密集建筑群和快速出现的过热现象使来自内森溪谷的冷空气明显升温。受到密集建筑群的影响，冷空气迅速升温：冷空气在海斯拉赫山谷中的损失速度为 19 m^3/ms，在斯图加特南部芳格溪公墓（Fangelbach-hof）则为 22 m^3/ms。	无气候生态补偿功能。

（来源：FENN C. Die Bedeutung der Hanglagen für das Stadtklima in Stuttgart unter besonderer Berücksichtigung der Hangbebauung [D]. Fachbereich Landschaftsarchitektur,

Fachhochschule Weihenstephan，2005.）

C. 博普斯山山峡、赖歇尔山与杜博山峡

由于与树林毗邻，博普斯山(Bopser)、博普斯山山峡(Bopserklinge)与杜博山峡(Dobelklinge)山坡的未开发区域是谷底的重要补偿区域。鉴于其中大比例的未开发区域及公园，博普斯山热污染较小；博普斯山山峡也受到冷空气气流及未开发区域的影响；鉴于密集的建筑群，赖歇尔山(Reichelenberg)已出现热污染；杜博山峡受未开发的陡峭山坡与冷空气气流的保护，未出现过热现象，其中与气流走向一致的太阳山大街(Sonnenbergstrasse)有利于冷空气气流流动。

博普斯山山峡可作为有利于冷空气气流流动的山脚开发典范。这里，山坡建筑群建设受到限制，山脚的街道与山峡走向保持一致，促使冷空气影响更远的建筑群。赖歇尔山可作为出现热污染的山坡密集建设典型，该区域非常敏感，进一步密集开发将对当地气候产生不利影响。

通过对该区域气候特征与气候功能的梳理，基于城市气候问题解决的目标设定与针对性措施得以提出(表 5-04)。两个山峡谷底区域的空气流动应得以保护。博普斯山山峡中冷空气的降温作用可使更远处、谷底热污染严重的老城区受到影响；杜博山峡区域则应在山脚处采取措施改善，以提高冷空气的渗透能力，对此"斯图加特土地利用规划 2010"在该区域规划了绿化廊道。为了阻止谷底热岛向山坡扩张及赖歇尔山的进一步升温，尤其应禁止在两个山峡处进一步密集建设，应维持松散建筑群形态、保护冷空气流动。

表 5-04 博普斯山山峡、赖歇尔山与杜博山峡的气候特征与气候功能

功能与形态	气候特征	气候功能
山坡：树林、未开发的山峡，博普斯山上为开放空间、赖歇尔山上为密集的山坡建筑群。	白堡(Weissnburg)公园绿化设施周围非常松散的建筑群、博普斯山山峡未开发区域直到密集建设的亚历山大大街(Alexanderstrasse)均没有热污染，呈现开放空间精细气候区划；赖歇尔山上的硬化地表使部分区域过热，呈现城市边缘、城市气候精细气候区划；虽然建筑群密集，但是杜博山峡中沿太阳山大街的冷空气气流仍可阻止该地区变热，也能缓解赖歇尔山上的热污染。	来自圣母峰(Frauenkopf)和博普斯山间林地的冷空气在博普斯山山峡、杜博山峡中得以疏导。白堡公园中已有的开放空间、部分尚未开发的陡峭山坡、杜博山峡中与气流方向保持一致的太阳山大街街道走向对冷空气流动具支撑作用。

续表

功能与形态	气候特征	气候功能
山脚：密集的周边式建筑群直至陡峭山坡[如亚历山大大街和奥尔格大街(Olgastrasse)]。	博普斯山山峡、赖歇尔山山脚虽建筑群密集，但由于冷空气在此聚集与疏导，此处尚未出现热污染，呈现城市边缘精细气候区划；杜博山峡山脚处屏障式建筑群阻碍冷空气流动，该区域出现热岛。	鉴于博普斯山峡山脚的街道朝向，冷空气气流可前行甚远，至密集建筑群都能明显发挥降温作用；而杜博山峡山脚处密集建筑群则阻碍了冷空气流动。
谷底：老城区的密集建筑群、频繁使用的主要街道。	冷空气气流的降温作用可以达谷底。谷底虽然建筑群密集，但直至威廉广场(Wilhelmsplatz)都属于城市边缘气候环境；密集建设的老城区对毗邻区域产生严重影响。	无气候生态补偿功能。

（来源：FENN C. Die Bedeutung der Hanglagen für das Stadtklima in Stuttgart unter besonderer Berücksichtigung der Hangbebauung [D]. Fachbereich Landschaftsarchitektur, Fachhochschule Weihenstephan，2005.）

D. 圣母峰、根斯草原、乌兰德高地

由于位于冷空气通道以外，乌兰德高地(Uhlandshöhe)山脊已现过热现象。能够在夜晚降温的冷空气只能在建筑群之间的开放空间形成。未经开发的乌兰德高地部分区域未现严重过热现象，尽管如此，由于其受谷底内城中热岛效应的影响，它对周边建筑群的影响甚少。故该区域热污染呈发展趋势。由于该区域介于市中心与东侧强烈热岛之间的狭窄高地，且已存在松散建筑群，山坡的热岛危机逐渐提升。

通过对该区域气候特征与气候功能的梳理，基于城市气候问题解决的目标设定与针对性措施得以提出（表 5-05）。保护或者扩展山坡建成区内能够生成冷空气的开放空间、维持松散的建筑群有利于冷空气流动，以阻止谷底热岛向山坡、山脊进一步扩展；城市中心和东侧热岛间的空气流通尤为重要，只有防止山峡进一步变热、保持较小的空气动力粗糙度才能实现，对此“斯图加特土地利用规划 2010”在此规定了绿化联系；此外，该区域可作为市区以内通风较好的居住用地，毗邻能够缓解气候问题的开放空间，必须作为居住用地或休憩用地得以保护。

表 5-05 圣母峰、根斯草原与乌兰德高地的气候特征与气候功能

功能与形态	气候特征	气候功能
山坡：平坦山脊上的密集建筑群、陡坡上的松散建筑群、乌兰德高地的开放空间。	由于缺少毗邻的补偿空间，山脊大部分区域过热，呈现城市精细气候区划；与斯图加特东部市中心密集建筑群毗邻的位置给已经过热的山坡带来严重的热污染，呈现市中心精细气候区划；乌兰德高地的开放空间、较松散的建筑群是该区域唯一未现过热现象的地区，能影响毗邻城区，呈现开放空间、城市边缘精细气候区划。	由于来自圣母峰树林的大型冷空气气流越过杜博山峡和狐狸雨山峡[Fuchsrain，即加布伦山大街（Gablenberg-strasse)]流入山谷，根斯草原(Gänsheide)和乌兰德山坡建筑群之间的开放空间能作为补偿区域，；圣母峰山脊形成的冷空气下行，为部分山坡[即阿斯配格大街（Asperg-strasse)上半部]降温；车山隧道(Wagenberg-tunnel)上方山峡为斯图加特东侧和内森溪谷冷空气的交换通道。
山脚：早期遗留的密集的周边式建筑群。	乌兰德高地山脚受密集建筑群和斯图加特东侧毗邻热岛[始于史瓦沦山大街(Schwarenbergstrass)]的严重影响，山坡上松散建筑群也已经受到影响(城市和城市中心气候环境)。	山坡上开放空间补偿作用的影响范围有限，难达山脚，相反热岛会从乌兰德高地山脚延伸至山坡。
谷底：皇宫花园周围密集的城市建筑群、别墅山(Villaberg)的开放空间。	由于其位于内森溪谷冷空气气流影响范围以外、建有密集建筑群，且公园并未带来降温，因此除老城区以外，斯图加特东侧热岛较强。	无气候生态补偿功能。

（来源：FENN C. Die Bedeutung der Hanglagen für das Stadtklima in Stuttgart unter besonderer Berücksichtigung der Hangbebauung [D]. Fachbereich Landschaftsarchitektur, Fachhochschule Weihenstephan, 2005.）

E. 斯图加特东部、加布伦山、盖斯堡地区

草原之上(Auf der Heide)和新坡(Neue Halde)区域大面积绿化带来的降温作用驱除了斯图加特东侧的热污染，但是在密集建设的区域边缘冷空气丧失很快。盖斯堡(Gaisburg)山坡[如圆号山大街(Hornberg-strasse)、采石场(Steinbruchstrasse)]的热力特征受到毗邻密集建筑群的

影响。来自高处树林的冷空气气流受到狐狸雨山峡疏导，为毗邻区域甚至密集建筑群降温。其余的冷空气气流越过赖希山(Raichberg)的小型山峡到达密集建筑群。如果不能保证山坡的渗透性，或者斯图加特东侧边缘建筑群加密建设，那么该密集建设的城区会进一步明显变热。

通过对该区域气候特征与气候功能的梳理，基于城市气候问题解决的目标设定与针对性措施得以提出(表 5-06)。在斯图加特东侧主要的补偿功能应得以维护；现存的开放空间不足以为该地区提供热补偿，不应被减少；应该避免进一步密集建设，以避免加重作用空间中的负荷；普拉滕山大街(Plettenbergstrasse)区域松散的建筑群已对冷空气气流构成阻碍；优化冷空气的通道将使其与建筑群之间已有的绿地产生联系，可扩展降温作用，使冷空气能够在更远区域发挥作用，“斯图加特土地利用规划 2010”中规划的绿化网络对此也有作用。

表 5-06　斯图加特东部、加布伦山、盖斯堡地区的气候特征与气候功能

功能与形态	气候特征	气候功能
山坡：山顶树林、以农用为主的开放空间、花园、松散的岛状山坡建筑群。	未开发山坡的热力特征接近自然状态，对部分山坡建筑群产生影响，呈现出树林、开放空间精细气候区划；狐狸雨山峡中的冷空气气流与冷空气障碍使毗邻建成区很少出现热污染，呈现出城市边缘精细气候区划，位于沟渠内的密集建筑群使该区域持续升温(从加布伦山大街开始属于城市精细气候区划)；盖斯堡的采石场大街、德蕾雷斯坦大街(Drackensteinstrasse)山脚的热岛影响着山坡的热力特征。	斯图加特东侧山顶的树林、开放空间对于山坡而言是独立的补偿空间；冷空气气流被狐狸雨山峡疏导，而其中的密集建筑群形成冷空气障碍；冷空气气流来源于草原之上、赖希山和新坡地区的大面积农业用地。
山脚：密集建设的周边式建筑群。	虽然山脚处存在部分屏障式建筑群，毗邻的开放空间仍然对密集建筑群产生热力补偿，呈现城市边缘精细气候区划，在盖斯堡山坡建筑群降低了冷空气降温范围，不断增加的建筑物使该地区出现过热现象，呈现城市精细气候区划。	狐狸雨的建筑群建造结构对于通风、缓解热污染至关重要，应允许冷空气渗入，加布伦山大街、中央大街(Hauptstrasse)等与气流流向相同的街道走向有利于冷空气流动；赖希山山脚处建筑群之间的开放空间利于冷空气流动。

续表

功能与形态	气候特征	气候功能
谷底：密集的城市建筑群，部分绿带渗入密集建筑群。	斯图加特东侧的强烈热岛（加布伦山附近）使得冷空气损失速度为 25 m^3/ms，密集建筑群导致热岛持续扩张。	无气候生态补偿功能。

（来源：FENN C. Die Bedeutung der Hanglagen für das Stadtklima in Stuttgart unter besonderer Berücksichtigung der Hangbebauung [D]. Fachbereich Landschaftsarchitektur, Fachhochschule Weihenstephan, 2005.）

F. 斯图加特山谷西部

在斯图加特山谷西侧山坡无明显地形切分。由于山坡建筑群一直延伸至卡尔斯高地顶端，没有作为冷空气来源的开放空间，于是很多区域已出现大面积过热现象。主要空气流通有二：来自内森溪谷、越过卡尔斯高地的冷空气气流；来自格里姆斯森林、沿着桦树峰（Birkenkopf）、越过莺鸣谷（Vogelsangtal）的冷空气气流。

来自格里姆斯森林的冷空气越过莺鸣谷，对波特囊地区（Botnang）下方山坡作用明显。由于地形变化明显，该区域建筑群非常松散，允许冷空气越过山坡进入市区。斯图加特山谷西侧的早期周边式建筑群仍属于城市边缘精细气候区划，夜间降温明显。沿着倍倍尔大街（Bebelstrasse）在冷空气气流边界快速出现热岛。

首长劳耶特（Hauptmannsreut）山峡虽缺少未经开发的补偿空间，但仍然较为凉爽。因此，山坡建筑群之间的开放空间可生成冷空气，从气候功能角度而言仍属于绿色山坡。尽管如此，建筑群加密会使大部分山坡越来越热。山谷西侧谷底的生物气候与空气卫生污染受到山坡庇护，冷空气生成与冷空气气流流动受到限制。此外，基于气候学观点该区域应作为山坡居住地。

通过对该区域气候特征与气候功能的梳理，基于城市气候问题解决的目标设定，针对性措施得以提出（表 5-07）。山谷西侧缺少补偿空间，必须通过山坡上原有的开放空间进行补充，以保护和补充冷空气气流，从谷底到山顶的绿化网络有利于冷空气流动；越过波特囊地区和莺鸣谷的新鲜空气气流必须得以保护，除了来自内森溪谷的冷空气气流以外，它是未开发区域重要的补偿区域；避免进一步密集开发山坡，以阻止过热现象的扩展；

应基于气候学观点对谷底进行城市更新，以抑制已有热污染、优化空气引导通道。

表 5-07　斯图加特山谷西部的气候特征与气候功能

功能与形态	气候特征	气候功能
山坡：树林、山坡建筑群、建筑间距较大。	莺鸣谷中松散的建筑群受到来自高地和毗邻树林的积极影响；面向城市的山坡、沿高斯大街(Gaussstrasse)南向山坡的密集建筑群导致区域升温和热污染，呈现城市边缘、城市精细气候区划；建筑群之间的开放空间、波特囊地区的绿地及冷空气气流带来凉爽效果。	冷空气气流来自格里姆斯森林、越过树林覆盖的桦树峰坡、流入莺鸣谷，或者越过波特囊地区流入山谷西侧；建筑群直至卡尔斯高地顶端，几乎不存在尚未开发的补偿空间，冷空气主要源于山坡建筑群之间的开放空间。
山脚：企业用地、火车站、铁路路堤、早期周边式建筑群。	山脚能够获得来自莺鸣谷和波特囊区域的冷空气气流，补偿气流渗入莺鸣谷、倍倍尔大街，直达周边式建筑群，呈现城市边缘精细气候区划。	山脚处彼此相连的绿地系统促进冷空气流入城区，沿倍倍尔大街的周边式建筑群形成冷空气障碍，虽利于此处降温，却妨碍了山谷西侧降温。
谷底：密集的城市建筑群，开放空间很少或不存在。	由于建筑群非常密集、缺少开放空间，山谷西侧冷空气丧失速度最高达 $27m^3/ms$；由于山谷边缘硬质地面增加、缺少补偿空间，斯图加特山谷西侧形成大面积热岛，呈现市中心精细气候区划。	无气候生态补偿功能。

(来源：FENN C. Die Bedeutung der Hanglagen für das Stadtklima in Stuttgart unter besonderer Berücksichtigung der Hangbebauung [D]. Fachbereich Landschaftsarchitektur, Fachhochschule Weihenstephan, 2005.)

G. 斯图加特山谷北部

在晴朗夜晚，来自费尔巴哈草原(Feuerbach Heide)、羁勒山(Killesberg)公园的新鲜空气吹入斯图加特山谷北部。如斯图加特西侧山坡一样，斯图加特山谷北部山坡已出现热污染，原因在于密集建筑群与大面积的地面硬化。由于来自费尔巴哈草原的凉爽空气会经侧向山坡流入山谷，因此战山附近缺少冷空气流入。战山南坡沿维德霍得大街(Wiederhold-strasse)建造的密集建筑群是城市热岛效应扩张的典型例子,这里平均气温较高、夜晚降温很少。

作为冷空气生成区域、未开发的山坡,原有开放空间有利于冷空气气流通过,具有缓解热污染的作用。尤其有利的是:山顶公园设施与山坡花园及布拉格公墓(Pragfriedhof)中的大面积绿地组成绿化网络、形成空气通道,使冷空气气流能够在山谷区域缓解热污染。这一气候特征在玫瑰石住区城市设计竞赛获奖者的方案中加以关注。来自山顶的冷空气气流、斯图加特山谷主要空气流通方向均应得以维护;布拉格公墓毗邻区域的交通干道朝向布置应有利于冷空气气流渗入规划区域。

通过对该区域气候特征与气候功能的梳理,基于城市气候问题解决的目标设定与针对性措施得以提出(表 5-08)。原有大型开放空间能够生成冷空气,应得以保护;能够越过未开发山坡的冷空气气流可为山谷降温,应加以关注;作为冷空气通道的山峡应加以保护,避免在此开发;出现热污染的山坡应严禁加建或增加建筑密度,避免山坡持续变热对空气循环的阻碍、对山坡建筑群之间开放空间冷空气生成能力产生影响;在谷底采用更新措施改善内城绿地的气候补偿功能,以防止市中心热岛向玫瑰石公园开放空间蔓延。

表 5-08　斯图加特山谷北部的气候特征与气候功能

功能与形态	气候特征	气候功能
山坡:开放空间、公园设施、松散和密集的山坡建筑群、会展中心。	费尔巴哈草原和山顶公园的大型开放空间及与其毗邻的山坡建筑群的热力特征较好,新鲜空气沿建有松散建筑群的开放空间网络、越过埃卡特(Eckart-shalde)直达布拉格公墓(开放空间气候环境);瓦特山峡(Wartbergklinge)中的冷空气气流具缓解热污染作用,呈现城市精细气候区划;战山区域的密集建筑群使谷底热岛向山坡发展,呈现城市中心精细气候区划;由于硬质地面比例较高,会展中心附近出现过热现象,呈现城市精细气候区划。	斯图加特北部的冷空气主要源于费尔巴哈草原和羁勒山的公园;开放空间网络使冷空气气流越过山坡建筑群到达山谷直至布拉格公墓;少量冷空气可越过羁勒山山坡建筑群深入密集建设的山谷热岛。

续表

功能与形态	气候特征	气候功能
山脚：密集的内城建筑群、火车站、绿化带（如布拉格公墓）。	内城建筑群密集造成热岛效应（城市中心气候环境）；战山脚处最热，冷空气消失速度达到 19 m^3/ms。	冷空气可以沿山坡开放空间到达布拉格公墓，但土地强化使用的影响（企业用地、火车站）很难深入山谷。
谷底：密集的内城建筑群。	布拉格公墓开放空间防止内城热岛（城市中心气候环境）的扩展，此外皇宫花园（Schloβgarten）和玫瑰石公园也具备缓解热污染的作用。	无气候生态补偿功能。

（来源：FENN C. Die Bedeutung der Hanglagen für das Stadtklima in Stuttgart unter besonderer Berücksichtigung der Hangbebauung [D]. Fachbereich Landschaftsarchitektur, Fachhochschule Weihenstephan，2005.）

5.2.1.4 基于气候保护的发展原则

通常，基于气候保护的城区山地发展原则有二：(1)维护或发展其对谷底发挥的气候补偿功能；(2)作为热污染较小的居住用地。在斯图加特盆地，具体表现为以下内容。

● 保护内森溪谷冷空气来源地中未经开发的补偿区域，尤其要保护山坡建成区与山地之间的边界地带。

● 保护并维护尚未出现热污染的山坡（如高绿化率的住区、绿地、未开发地块），限定城市增长边界；

● 在已现热污染的山坡，避免其热污染问题进一步加剧。如通过合适的建设框架条件，促进太阳能被动利用、降低建筑群能耗，降低建筑物阴影对周边建筑物的影响，将山坡作为高品质居住用地。

● 保护地方性与区域性的空气循环，尤其要保护流经山峡区域的冷空气气流；

● 优化山峡表面形态，以减少气流阻碍、提高空气引导通道的通风性能。

事实上，斯图加特市规划局曾于 1935 年 8 月编制“地方建造章程”（Ortsbausatzung，图 5-06）。2008 年开展的山地框架规划及其专项研究也验证了“地方建造章程”相关规定的合理性。在建筑群方面，“地方建造章程”将山坡区域划分入建造等级8、建造等级9，密度很小，仅10%～20%为可建区域，由此大规模绿地得以保护，山地的空气卫生调节能力、热补偿潜力也得以确保；“地方建造章程”将山坡区域作为居住用地，居住用地通常配以经济的道路设施与基础设施，从而减少了非透水性地表；独栋住宅采用开放式建造方式，侧向建筑间距足够，利于冷空气流动；“地方建造章程”规定建筑物最高层数为3层，由此降低了空气动力学粗糙度，缩小了补偿气团的零平面位移高度(Verdrängungshöhe) d_0；山坡建筑群与补偿空间相互咬合，有利于冷空气渗入城区。在开放空间方面，“地方建造章程”规定了建筑物周围花园、禁止开发区域可作为活跃的气候功能区域；“地方建造章程”禁止在山峡区域开发建筑群或造林，从而确保了山谷之间的空气循环；确保建成区山坡上的未开发区域(如葡萄园、坡度大于30°的陡峭山坡、观景平台)得到保护；在山脊、山坡、山谷内城之间形成开放空间网络。

2008年山地框架规划指出了每个区域的目标定位。对于山坡区域建筑群，必须避免进一步开发、加密建设或硬质地面铺装，且必须在空气引导通道中的地方性空气循环、存在热污染的山坡区域采取优化措施。具体而言，应降低开放空间的空气动力学粗糙度，或者将街道空间塑造成冷空气引导通道。在出现过热状况的山坡区域可通过内院绿化、立面绿化和限制硬质地面等措施改善居住环境，在小范围内缓解热污染。为了保持冷空气通道及其他对当地气候至关重要的空间、减少山地区域的热污染，以下区域应受到关注。

- 冷空气通道及对当地气候至关重要的空间——应该避免增加建筑密度、保护已有绿地。在此，应尽量避免建设超过20 m高的建筑物或建筑群；建筑更新、新建必须以提高能源使用效率为目标；平屋顶应覆盖屋顶绿化；推广立面绿化，采用藤架、种植树木等相关措施。

- 对当地气候有影响的开放空间——原有绿化必须通过法律手段得以保护，避免新建筑群对山坡上的冷空气生成造成阻碍。在此，必须规划、建设能促进冷空气、新鲜空气生成的绿地结构。

- 对当地气候至关重要的建设用地、对当地气候存在影响的建设用地——鉴于其重要的气候——空气卫生敏感性，对当地气候至关重要的建筑用地不应提高土地使用强度；鉴于其一般性气候——空气卫生敏感性，对当地气候有影响的建设用地不宜通过用地合并、空地加建等方式提高土地使用强度。在此，超过20 m高的建筑物或建筑群不得获取建设许可；平屋顶应覆盖屋顶绿化；建筑更新、新建必须以提高能源使用效率为目标；限

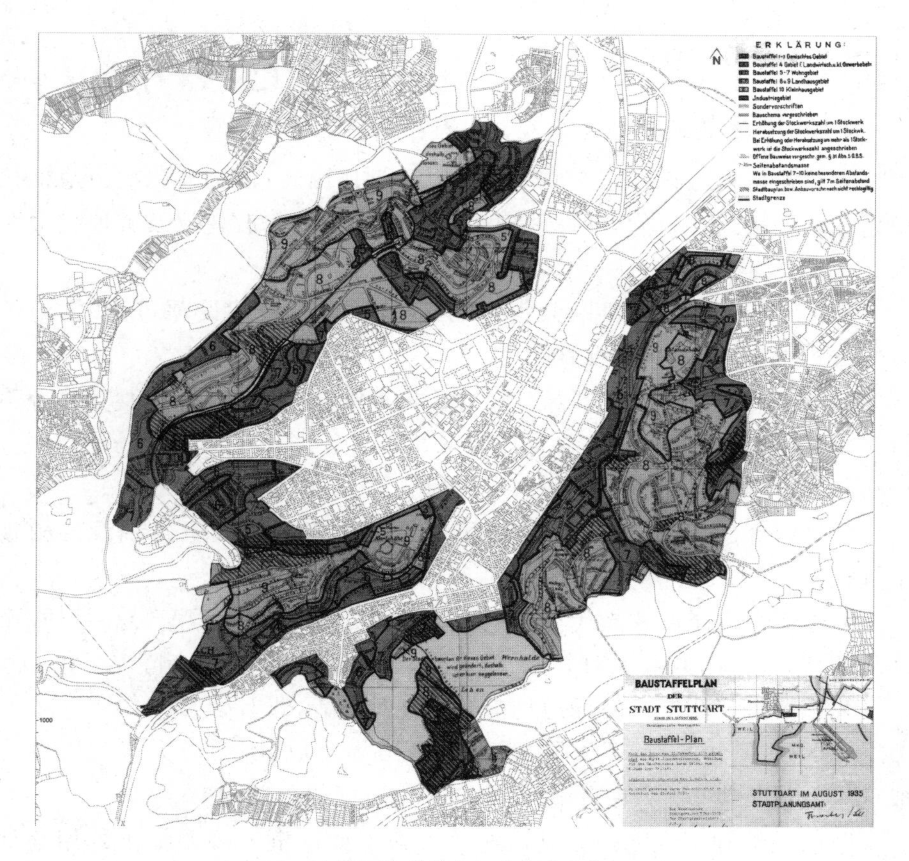

图 5-06 斯图加特"地方建造章程"(1935)

(来源:LANDESHAUPTSTADT STUTTGART, REFERAT STÄDTEBAU UND UMWELT, AMT FÜR STADTPLANUNG UND STADTERNEUERUNG, ABTEILUNG STÄDTEBAULICHE PLANUNG MITTE. Rahmenplan Halbhöhenlagen Stuttgart. [EB/OL]. [2008-02-01]. http://www.stuttgart.de/img/mdb/publ/15686/29825.pdf.)

定地块和屋顶绿化面积不得少于用地面积的70%。

● 基于气候学观点应得以更新的区域——密集建设的住区、阻碍空气流通的建筑物会在气候和空气卫生方面产生负面影响。在此,已有绿地必须通过法律手段得以保障;避免增加建筑群;通过植树、屋顶与立面绿化等措施提升绿化结构的气候调节功能。

5.2.1.5 目标与措施

5.2.1.5.1 山地区域总体规划目标

斯图加特地方议会于2007年10月2日作出决议，批准此次山地框架规划提出的用地评价、其支撑的建设项目建造规划修改建议及其他相关要求。

● 除了11个建设项目（共占地约20 hm^2），其余建设项目（共占地约1100 hm^2）原有规划均应保持不变。

● 绿化较好的住区及其绿化用地应得以保持；未开发地块及其部分不得再次开发，并通过规划法律得以保障。

● 山地应被作为高品质的居住用地。

● 观景台、观景街道间的视觉联系不应被建筑群或阻碍视线的植被干扰。

● 建筑物应能反映当代城市生活方式。建筑物建设需配合高品质、个性化的建筑设计，并兼顾对邻里、城市景观与大地景观的影响。

● 花园与其他形式的绿地均应合理选址、精心设计。

● 根据“Triple Zero”项目，开发无污染物排放、不会对大气与土壤构成危害的建筑物（如不使用化石能源、采用可回收材料等）。

新版土地利用规划的编制已充分考虑了此次框架规划提出的用地评价。由此，此次框架规划的目标将适度地、持久地得以保障。

5.2.1.5.2 用地评价

根据土地、气候、生物生境与物种资源、开放空间、近途休憩地、大地景观等环境保护方面的要求，本框架规划梳理了冷空气通道与绿化系统的关系，评价了山地区域的环境品质（图5-07），并针对各级用地提出措施集合。优等、中等品质区域均具有较高的环境敏感性，必须完全或部分避免提高建筑密度。措施集合具体如下。

● “优等品质区域”（冷空气通道、大片绿地）。

出于空气质量、山地绿化、城市景观等原因，该区域新建、扩建项目的建设计划（Bauvorhaben）应满足限高要求。实践中，建设项目必须通过评测检测设计是否能够达成规划目标、是否需要进行修改，以达到保护开放空间的目的。

该区的建造规划调整必须能够改善环境质量，并通过法律手段得以保

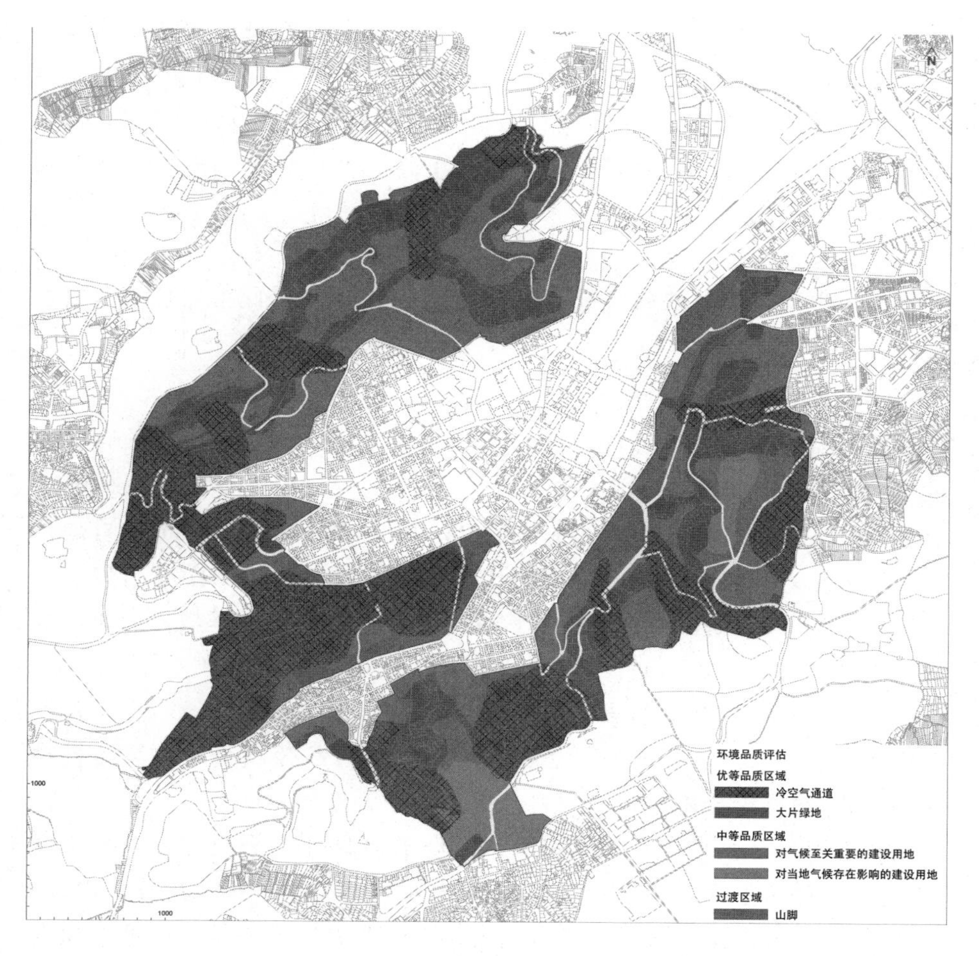

图 5-07 斯图加特山地区域环境品质评估

（来源：LANDESHAUPTSTADT STUTTGART，REFERAT STÄDTEBAU UND UMWELT，AMT FÜR STADTPLANUNG UND STADTERNEUERUNG，ABTEILUNG STÄDTEBAULICHE PLANUNG MITTE. Rahmenplan Halbhöhenlagen Stuttgart. [EB/OL]. [2008-02-01]. http://www. stuttgart. de/img/mdb/publ/15686/29825. pdf.）

障。根据《建设法典》第 6 章第 1 节，在编制建造规划时，必须将此框架规划作为“附加城市建设规划”。

● “中等品质区域”（对气候至关重要的建设用地、对当地气候存在同图影响的建设用地）。

出于空气质量、山地绿化、城市景观等原因，该区新建、扩建项目的建设计划应该满足较高要求。一般情况下，建设计划需在现行规划的框架下得以开展。

该区的建造规划修改必须能够改善环境质量。根据《建设法典》第6章第1节，在编制建造规划时，必须将此框架规划作为“附加城市建设规划”。

● 山脚区域。

作为内城与山地区域的过渡地带，该区域必须遵照此框架规划谨慎发展。

5.2.1.5.3 措施

通过对66个未开发项目的规划(约45 hm^2)的检测，现行规划与此次框架规划之间存在目标分歧(图5-08)。根据2007年10月2日的地方议会决议，出于空气质量、大片绿地保护、城市景观的考虑，其11个项目的建造规划需要进行修改(图5-09)；同时，由于规划方案已与本次框架规划的目标相匹配，或者修改建造规划的实践意义很小，其余55个项目的建造规划无须进行修改。具体而言，建造规划修改意见如下。

● 地块1原为学校建设用地。由于其处于“优等品质区域”，且该地区不再具建设学校的需求，出于气候与大地景观原因，该项目不再具备合理性。因此，地方议会决定将该项目全部用地作为开放空间。

● 地块2、5、11应禁止用作建设用地，或者转化为公共绿地。由于位于“优等品质区域”，出于气候与大地景观的考虑，项目不再具备合理性。因此，地方议会决定将全部或部分主要用地作为开放空间。至此框架规划公布，地块2已开展修改。

● 地块3、4、8、9尚未开发。由于位于“优等品质区域”，出于气候和大地景观的原因，项目不再具备合理性。因此，地方议会决定将全部用地作为开放空间。

● 地块6将分为两部分处理：一部分方便地从街道进入，可与周边松散的建筑群进行合并；另一部分则出于气候与大地景观的原因不再具备合理性。因此，地方议会决定将部分主要用地作为开放空间。

● 地块7原为学校建设用地。由于处于“优等品质区域”，且该地区不再具备建设学校的需求，出于气候与大地景观的原因，该项目不再具备合理性。因此，地方议会决定将大部分该项目用地作为开放空间。

● 地块10原为修女公寓建设用地。由于位于“优等品质区域”。为了

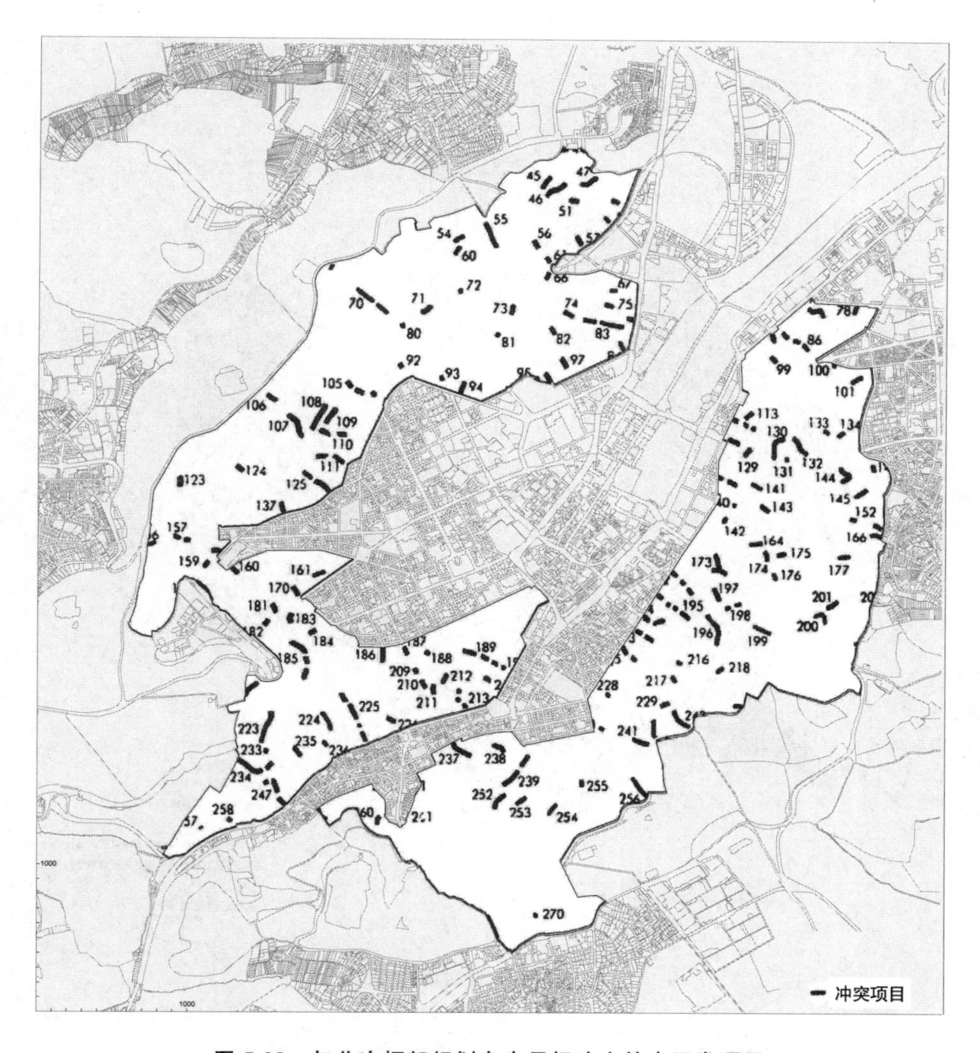

图 5-08　与此次框架规划存在目标冲突的未开发项目

（来源：LANDESHAUPTSTADT STUTTGART，REFERAT STÄDTEBAU UND UMWELT，AMT FÜR STADTPLANUNG UND STADTERNEUERUNG，ABTEILUNG STÄDTEBAULICHE PLANUNG MITTE. Rahmenplan Halbhöhenlagen Stuttgart. [EB/OL]. [2008-02-01]. http://www.stuttgart.de/img/mdb/publ/15686/29825.pdf.）

保护环境质量与大地景观，决议决定，放弃沿一条街道建设房屋，为 2010 斯图加特土地利用规划留出大地景观的补充空间。

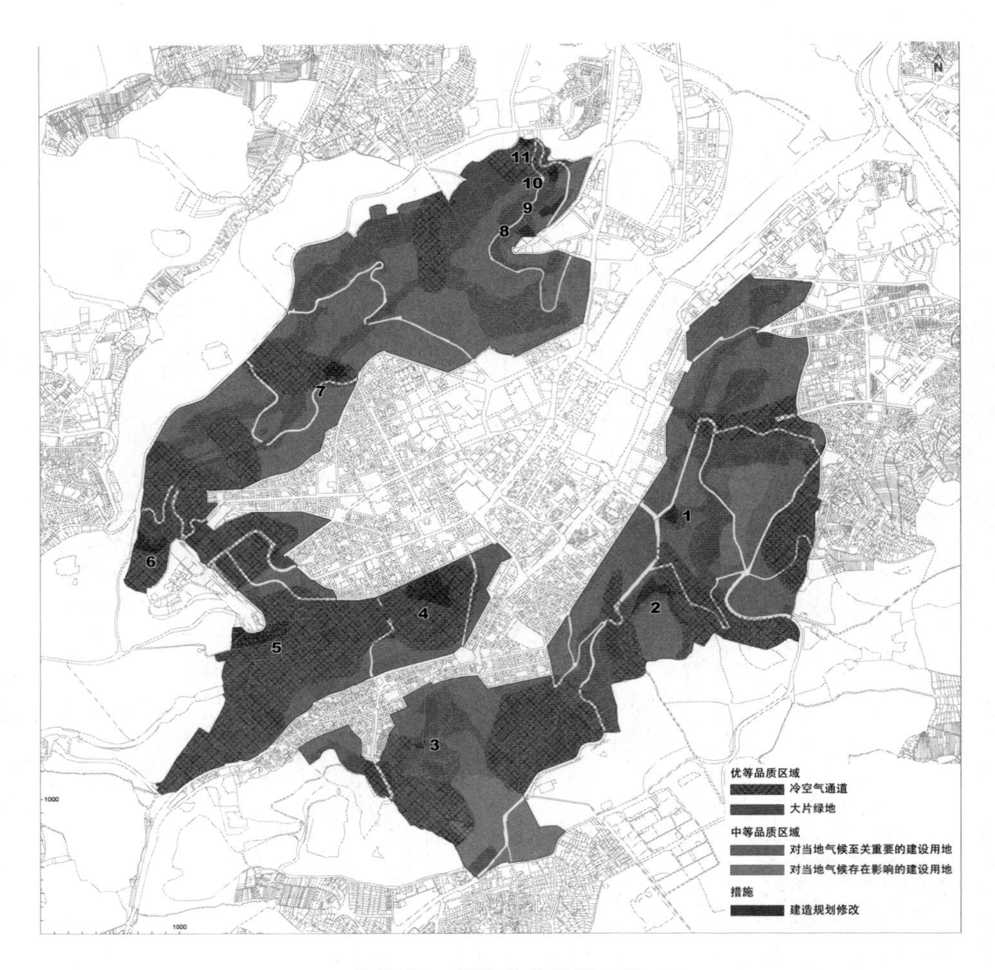

图 5-09　待修改的建造规划

（来源：LANDESHAUPTSTADT STUTTGART，REFERAT STÄDTEBAU UND UMWELT，AMT FÜR STADTPLANUNG UND STADTERNEUERUNG，ABTEILUNG STÄDTEBAULICHE PLANUNG MITTE. Rahmenplan Halbhöhenlagen Stuttgart. [EB/OL]. [2008-02-01]. http://www.stuttgart.de/img/mdb/publ/15686/29825.pdf.）

5.2.1.6 小结

虽然斯图加特连绵起伏的地形条件为城市发展带来一定障碍，但该区域尤其是内森溪谷区域仍然进行了密集开发，城市中公共绿地比例很小。该地区气候条件受到地形、城市建设活动的严重影响。斯图加特山谷本身就位于静风天气频发区，盆地地形与密集建筑群进一步提高了高温天气的发生频率。热污染、空气污染的增加严重影响着居民的身体健康。

对于斯图加特内城而言，位于周围山坡上的建筑群的重要意义不仅源于城市建设的美学要求，更源于独特的气候功能。就气候学而言，山坡常常是污染程度最小的居住用地；对于山谷内城而言，山坡则是重要的补偿空间，能够确保来自未开发山脊的冷空气气流流入山谷中的热岛区域。

早在19世纪末的山坡居民点规划中，"如何使建筑群建设既为城市意向服务又兼顾气候因素"就已经得到关注。随着1935年"地方建造章程"的颁布、20世纪60年代对禁建区域的保护，山坡区域在规划法规中的特殊地位越来越明晰。

如今，部分山坡区域已对气候产生不良影响，同时密集建设的谷底内城不再具备足够的补偿空间。这主要表现为建设密集的不断提升，从前山坡仅有10%～20%的土地允许开发，如今则被逐渐开发、被非透水性地面铺装覆盖。其代价就是整体气候潜力的逐渐丧失。对此，每个规划决议均应力图维护当地居民的身心健康、建立优质的居住与工作环境。因而，山坡区域建造计划需要进行严格的规划决策，不应在"地方建造章程"及现行法律目标的设定之中允许任何例外情况发生。

城市气候学在城市规划中的重要意义已在很多德国城市中得到重视，欧盟现行的环境标准也使气候要素在建造规划中越来越多地得到重视。鉴于特殊的气候条件、环保局城市气候所长期不懈努力，斯图加特在城市气候研究与规划应用实践领域扮演着先驱角色。目前，经研究证实的原理、目标和措施在建设指导规划中不断得以转化，并且在规划权衡中越来越多地受到重视，在政策决策中也被赋予很高价值。

未来，斯图加特必须将山地地形视为一个契机，不但能够激发城市个性、为密集开发的城市提供景观资源，而且将作为有影响的、历史性的、重要的、值得保护的建筑群结构为城市居民就近提供绿色的开放空间。同时，鉴于其对斯图加特内城城市气候环境至关重要的影响，在全球变暖的预期下山坡应该强制性地得以保护。总之，在斯图加特山坡区域，城市气候方面的要求可与合理的开放空间概念相结合，部分区域有必要出于气候观点进行更新与优化。

5.2.2 亚琛

亚琛规划局与环保局拥有整个城市的气候分析数据，此外还会根据规划目标开展地方性的气候分析工作。虽然亚琛地形条件对气候状况的影响较斯图加特要小，但是亚琛市区的逆温天气发生率(30％～40％)仍然较周边乡村严重得多。

在亚琛，城市规划对城市气候的关注(特别在空气卫生方面)拥有较高地位。第一，即使根据《环境鉴定法》项目并不具备环境鉴定义务，对气候至关重要的建造计划也要开展“自愿的环境鉴定”(Freiwillige UVP)。此外，多个建设计划之间的总体影响也将得以关注。第二，对气候至关重要的项目会经环境委员会研究、讨论，从而在城市层面提出特殊的政策性要求。环境委员会的决策在规划委员会那里会得到严格尊重，因此在建设计划决策中会占据较高权重。

在建设项目层面，气候专项评估通常会特别关注两条通风轴线，即大部分被草原覆盖的小型溪谷。它们享有极高的保护地位，禁止开发建设。在气候专项评估中，与通风轴线毗邻的建筑群会被一个特殊标志标识出来，建设边界被非常精确限定，以确保对气候至关重要的山谷区域禁止开发。与斯图加特不同，由于与作用空间(即亚琛市区)对应的补偿功能仅通过溪谷就能被保障，因此山坡、凹地区域并不享有如此严格的保护地位。因此，亚琛市坡地区域在气候方面重要性较弱，在这里出于气候保护原因限制建设项目也较为困难。尽管如此，个别项目的影响仍然受到关注。通常，在可能超出标准值而带来危害的建造计划中，气候与空气卫生要求在规划决策中将被给予极大权重。例如，内城或公园中的办公楼扩建在存在多个候选方案的情况下，可能对气候状况带来巨大负面影响的规划方案将即刻排除。

在土地利用规划层面，规划带来的城市气候影响也得以关注。在气候敏感区域以内的建设项目会被要求更换建设用地，并限制建筑物高度。新的建设用地主要位于中心谷地以外。例如，在内城建设大型建筑综合体被判定为“不合适”，且建筑物高度被限制在两层半、开发面积较大时需采取屋顶绿化等补偿措施。

5.2.3 波恩

德国气象局为波恩编制了气候评估，当地环保局则在建造规划层面为各建造计划开展地方性气候评估(lokalklimatische Einschätzung)。虽然山谷区域被作为冷空气通道在规划中得以关注，并且在建筑群边缘留出足够的空间进行气候补偿，但是在波恩的规划决策权衡过程中，气候要素尚未得以强调。虽然出于气候学观点绿带在市区内得以保留,但规划带来的气候影响将仅通过限定建筑体量、尺度而得以改良。

有趣的是,20 世纪 80 年代波恩议会决议提出,出于城市与景观意向的考虑,当时尚被森林覆盖的莱茵河谷坡地应完全避免开发建筑群。为了避免城市建筑群向山坡扩展,当时已获批的建造规划被废除,并给予了相关赔偿。这对于城市气候状况的维护和改善起到了积极作用。如今,该区域的建筑群开发又一次得以讨论,很多地块可能进行适度开发,当然高度受到限制。

5.2.4 凯泽斯劳滕

为了编制 2000 年的土地利用规划,凯泽斯劳滕编制了城市气候评估(含热污染评估),其成果可用于判断已规划居住区选址的合理性,并基于对毗邻居民点空气流动状况的影响修改土地利用规划。2002 年,就另外一部分建设计划带来的热污染影响展开专项研究,最终选择热污染较小的区域作为建设用地。得益于市区内较高比例的树林、绿地,凯泽斯劳滕的热岛问题较斯图加特轻微。

气候要素在凯泽斯劳滕城市规划中具有一定的重要性。虽然规划决策不可避免的涉及政治问题,城市气候问题仍然在城市规划中得以关注。土地利用规划在全市范围内落实了绿化廊道,避免在绿带区域开发建设;建造规划则试图将对气候至关重要的空间(如树林片段)整合到建造规划中,并长期进行保护。例如,在波浪之上区域(auf den Wellen),毗邻的树林被延伸至城区且与细长的绿带连接。

虽然地形对城区城市气候影响较小,但在凯泽斯劳滕内城毗邻山坡未曾批准可能影响城市气候的新建建设项目。但研究指出,在建造规划层面说服业主采取措施补偿气候方面的负面影响成为一项越来越艰难的工作。

5.2.5 乌尔姆

在乌尔姆,立足于热力航拍、气候评估的城市精细气候区划图被作为土地利用规划与建造规划的基础。气候在城市规划中被视为一项重要的保护资源,但鉴于位置与城市规模上的差别,从气候上讲,山地在乌尔姆的影响要比在斯图加特小很多。

位于城市西侧的蓝山谷(Blautal)、北侧施瓦本山脉(Schwäbische Alb)中的谷地被作为新鲜空气通道。在土地利用规划中,上述区域被作为风景保护区，从而避免了开发建设活动。为了改善城市通风，欧灵格山谷(Örlinger Tal)中漏斗状狭窄部位的林地片段被清除。基于其作为空气交换通道的重要意义，蓝山谷中乌尔姆边缘的一个大型山峡在土地利用规划中得到保护。尽管山谷中占地面积较大的企业建设项目所带来的气候损伤微乎其微，乌尔姆市仍然规定其必须进行屋面绿化。

近年来，在景观兼容性研究的约束下，驴背山(Eselsberg)山坡进行了一部分居民点开发。根据相关建造规划，充分利用南向山坡太阳辐射取暖的被动式住宅区应运而生，如著名的"阳光城"项目(Im Sonnenfeld)。出于对景观意向的考虑，驴背山山峡凹地处被作为公共绿地禁止开发。这也将对冷空气流动、密集开发区域的空气流动带来积极意义。

5.2.6 弗莱堡

2003年完成的城市气候分析图与规划建议图为弗莱堡现行土地利用规划提供编制基础，并为建造规划的编制提供必要约束。在土地利用规划中，城区内的气候敏感区已经全部被作为非建设用地；而在建造规划中，建设活动带来的负面气候影响应通过合理规定或补偿措施(如限制硬质地面规模，进行立面绿化、屋顶绿化等)得以削弱。

研究指出，在未来，全面的城市气候分析一定会取代曾广为流行的、模块化的建造规划环评。也就是说，建设项目所带来的气候影响应基于整个城市的气候状况而进行评价。通过城市层面的景观规划，气候、动植物物种、小生境、土壤等多个受保护资源的目标设定最终被整合到开放空间规划当中。由此，生境网络将沿着受保护的主要空气交换通道得以规划，同时开放空间概念也被整合在这些区域当中。

关于坡地建筑群，弗莱堡市已经自此前两版土地利用规划开始在德莱叁姆山谷(Dreisamtal)进行城市开发，无疑这将对贺兰山谷(Höllentäler)中的空气流动活动产生限制或者完全阻碍。黑森林西向山坡建设着松散的别墅建筑群，地方性山谷风同样规模较小。居民提议，即使较贺兰山谷而言此处对城市通风的贡献更小，该区域也不应增加建设密度。同时，插入该区域的小块建设用地应在建筑群类型、规模上与周边环境相协调。此外，昂贵的地价将阻止该山区提高建设密度。

在弗莱堡，鉴于政府与居民对环境保护的重视，城市气候在城市规划中得到特别关注。在里泽菲尔德住区(Rieselfeld)、沃邦住区(Vauban)等项目的城市设计概念竞赛中，建设通风道等能够改善城市气候的方式常被纳入规划目标、在公告中被提及，并通过绿化秩序规划在建造规划中得以转化。

5.3 建设指导规划层面的专项研究

5.3.1 斯图加特 21 世纪项目

5.3.1.1 项目背景

斯图加特 21 世纪项目是一项在德国巴登—符腾堡州斯图加特市进行中的铁路交通重组工程，其中最重要的部分涉及斯图加特市中心铁路改造与城市设计项目，总占地面积约 109 hm^2（图 5-10）。

斯图加特中央火车站位于城市中心，且毗邻大型商业步行街"国王大街"。1985 年，德国道路交通规划部论证了斯图加特与乌尔姆之间高速铁路未来的发展，并证明此段铁路是全欧洲高速铁路干线"巴黎—斯图加特—慕尼黑—布达佩斯"区段重要组成部分。1994 年，斯图加特市政府、德国火车客运公司联合开展了可行性研究，并决定以地下穿越式火车站取代地面终端式火车站，同时实施该区域的大规模改建计划。据悉，该项目能够大大节省旅客乘车时间、实现 ICE 高速列车与机场间的对接，同时将为巴登—符腾堡乃至整个德国创造更多的就业岗位并为地区性经济的发展增加强劲动力，使斯图加特建成欧洲的新中心。1995—2009 年间，多轮城市规划与城市设计国际竞赛得以展开。

鉴于斯图加特市政府的环境保护责任，在 21 世纪城市设计项目发展过程中，多个环境保护目标得以提出：

- 通过低能耗建筑设计标准的采纳确保该区域的能量与资源供给的最小化；
- 鼓励自然保护与再生资源方面的利用采纳；
- 环保建筑材料的使用；
- 逻辑概念的发展，以便在建造过程中最小化交通运输流量；
- 降低垃圾、废热、废水带来的空气污染与水污染；
- 通过合理措施（如生境管理）保护规划范围内的特殊物种；
- 通过建筑物、交通线路、绿地的合理布局与组织，尊重规划范围内的基本气候状况；

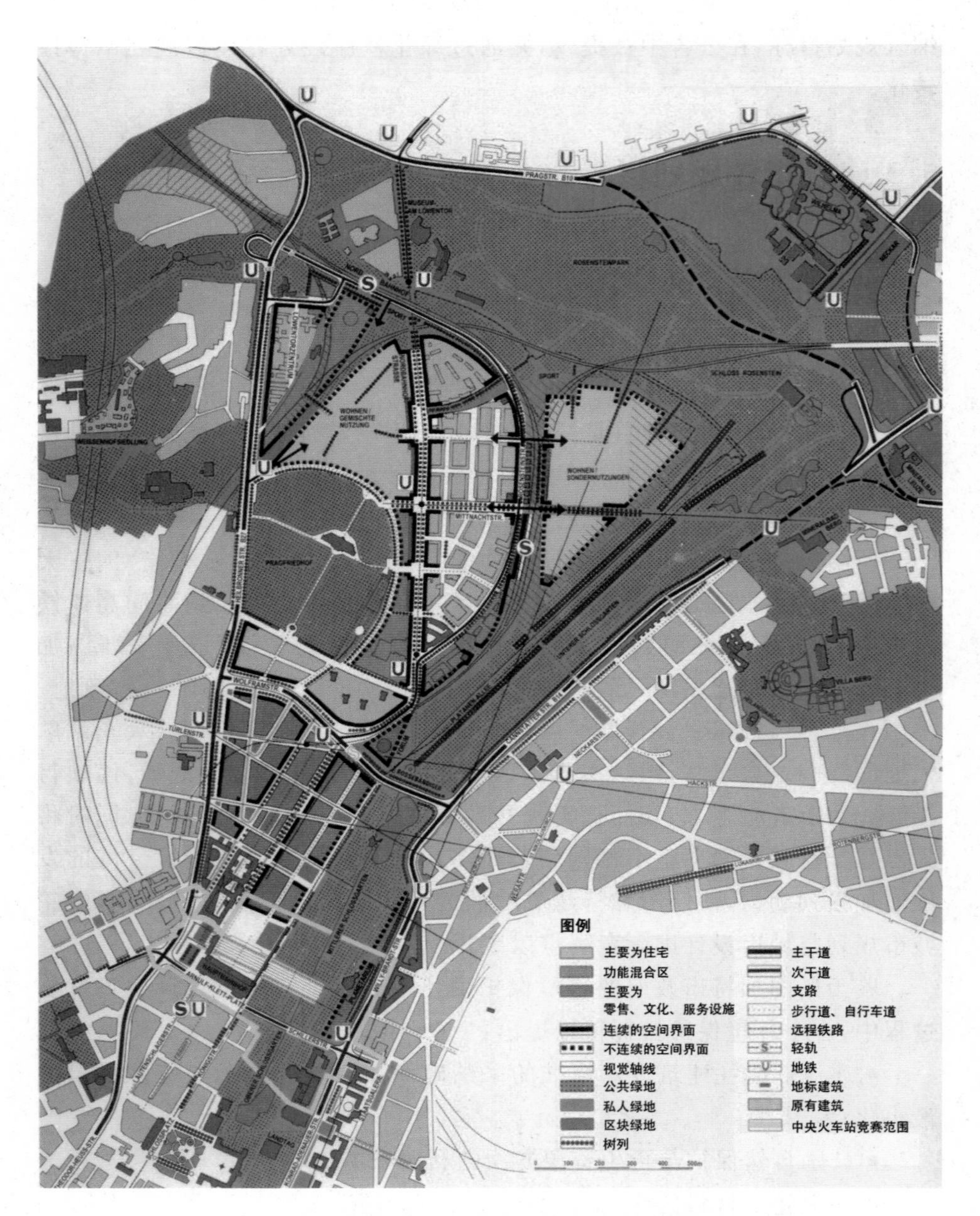

图 5-10 斯图加特 21 世纪项目框架规划平面图

（来源：Rahmenplan Stuttgart 21［R］. Stuttgart：Landeshauptstadt Stuttgart，Stadtplanungsamt. 2000.）

- 确保毗邻的矿产与矿泉保护区的生态安全；
- 最小化土地硬化。

5.3.1.2 气候分析及其成果

鉴于该项目基地特殊的气候功能(即位于斯图加特山谷的主要通风轴线范围之内)及气象研究协助规划编制的优良传统,斯图加特环保局"城市气候研究所"负责在城市设计框架规划阶段从城市气候角度开展一系列专项研究。其中包括:

- 冷空气运动与风环境模拟(1996);
- 交通污染物排放(1996);
- 道路与轨道交通的噪声污染分析(1997);
- 道路与轨道交通的噪声污染预测(1998、2010);
- 通过气球探测与示踪气体开展的通风条件分析;
- Jodry 与 Trojan 事务所 A 地块设计草案的微气候评测与风洞实验(1998);
- 城市绿地的热补偿作用气候监测(1998);
- 2010 年 A 地块设计草案的微观尺度气候卫生研究(1998);
- 冷空气气流与空气卫生垂直分布状况监测(1999);
- 固定网点气象与空气卫生监测与评价(1999)①。

从城市气候学角度出发,斯图加特地区的山谷地形条件在该项目中应作为重要的规划要素(表 5-09)。

表 5-09　斯图加特 21 世纪项目气候分析的研究成果

城市气候方面的目标设定		规划措施建议
改善区域空气交换条件	避免山谷平行风阻碍	A1、A2、B 区避免高大建筑群
		A1、A2 采用低矮建筑群;通过小尺度气候分析确定该区域建筑群高度与朝向;通过模拟比较方案的通风状况
	促进山谷风流通	拆除 B 区北部旧建筑、消除空气流通障碍
	促进水陆风流通	将 B 区中北部与东部沿线划为补偿区域
	促进小范围空气交换	将 B 区西南角划为补偿空间,构建绿化网络

① Landeshauptstadt Stuttgart, Stadtplanungsamt. Rahmenplan Sruttgart 21[R]. Stuttgart:Landeshauptstadt Stuttgart,2000.

续表

城市气候方面的目标设定		规划措施建议
缓解城市热岛	分隔两个高密度城区，避免热岛蔓延	A1 区避免高强度开发
		禁止将铁路设施转为其他用途
	减少新建建筑群的热岛效应	采用屋顶与立面绿化
		在非建设用地进行绿化
		使新建绿化设施与周边绿地形成绿化网络
		通过后续研究为新建绿化设施定量
缓解大气污染	避免增加交通污染物负荷	构建高效的交通系统
	避免交通污染物聚集	在 A 区采用合适的布置方式
		用地西侧、北侧避免封闭的周边式建筑方式
	减少污染物排放	采用低排放能源供给与采暖方式

（来源：Rahmenplan Stuttgart 21 [R]. Stuttgart：Landeshauptstadt Stuttgart，Stadtplanungsamt. 2000.）

项目基地位于内森溪谷轴线沿线，山谷平行风的出现几率为 34%。此外，该区域存在山谷风系统，夜晚冷空气聚集（即山风）的出现几率为 38%。因此，内森溪谷是两个密集建设城区[海斯拉赫山谷、巴特坎施塔特（Bad Cannstatt）]之间的主要通风轴线。

鉴于内森溪谷两侧山丘对气流流通的严重限制，在建设用地 A1、A2、B 地块中应避免高大建筑群，以减少对山谷平行风的阻碍。鉴于中央火车站老建筑的保留，在建设用地 A1、A2 地块中可考虑采用低矮建筑群（图 5-11）。更小尺度的气候评估可为建筑群高度、建筑物朝向等问题的确定提供帮助。框架规划概念中 20 m 的檐口高度是可以采用的选项。此外，相匹配的模型计算应得以开展，以便比较不同设计方案的通风状况。

对于内森溪谷的自然地形而言，中央火车站老建筑周边的轨道设施及其停车场、邮局等设施形成片状干扰。这些设施由人工材料建造，建设用地 A1、A2 地块的土地覆盖率达到 90%以上，建设用地 C1、C2 与 B 地块的土地覆盖率为 76%～90%。

虽缺少植被与自然地表，但铁路设施的气候功能与其他被硬质材料封盖的建设用地、广场或交通用地有所不同：轨道设施的碎石基层允许雨水入渗、雨水蒸发。铁路设施对气流的阻碍作用也相对极小。

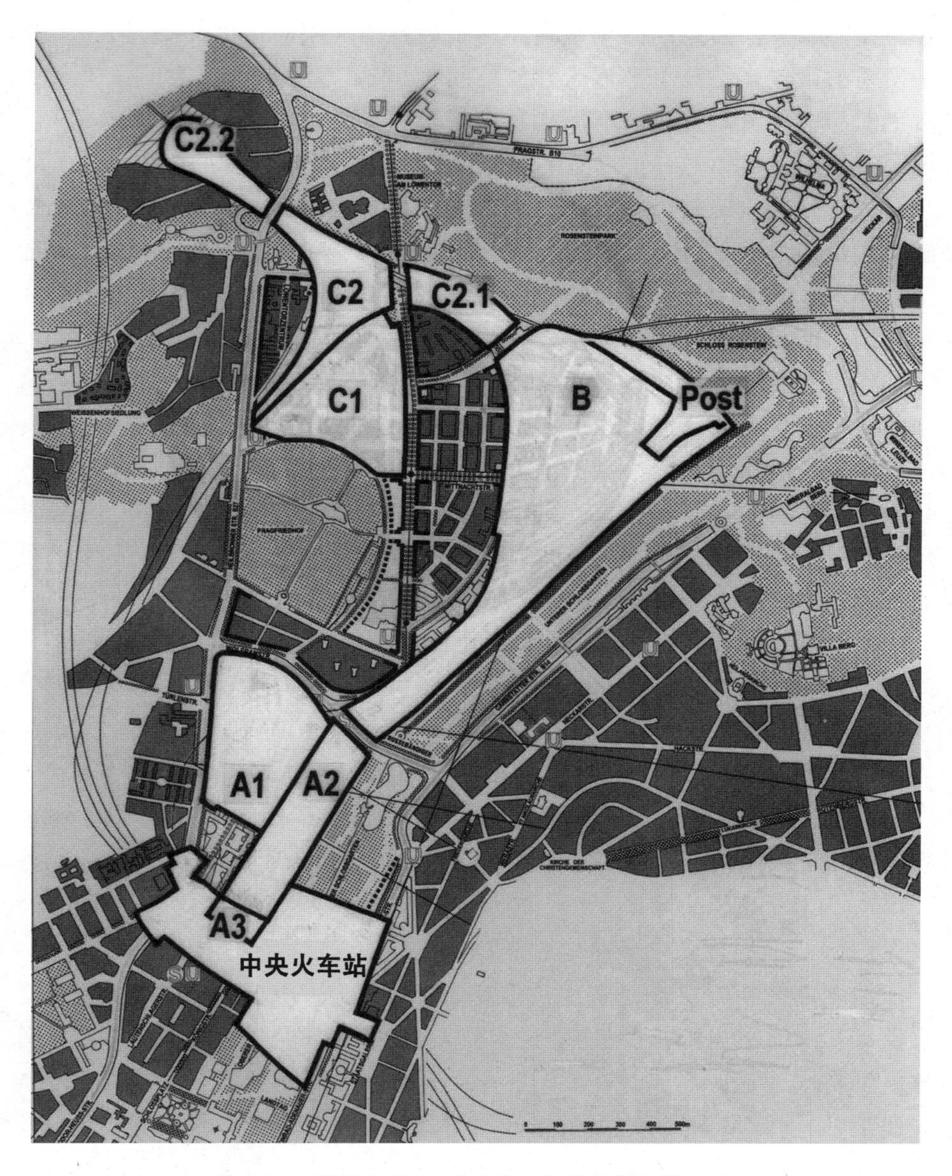

图 5-11　斯图加特 21 世纪项目框架规划地块分布

（来源：Rahmenplan Stuttgart 21 [R]. Stuttgart：Landeshauptstadt Stuttgart，Stadtplanungsamt. 2000.）

铁路设施区域的热污染（即闷热）天数虽与内城几乎相同，但是在植被丰富的区域却很少；铁路设施的夜间降温能力比城市建筑群好很多，因此它与皇宫花园、玫瑰石公园一起打断了两个密集建设城区（即海斯拉赫山谷、巴特坎施塔特)之间的城市热岛。正如德国气象局提供的研究成果,铁路设施的微气候特征更类似于开放空间,而非城市建筑群。这正好迎合了由夜间冷空气流动提供的斯图加特山谷新鲜空气供给。

鉴于缓解城市热岛的考虑,不推荐在建设用地 A1 地块中进行高强度开发或将铁路设施转为建设用地。为了避免斯图加特山谷热污染对居民健康的负面影响,建议在建设用地 B 地块毗邻玫瑰石公园的区域、皇宫花园(Schloβpark)沿线区域增加补偿区域,以在建设用地与玫瑰石公园、皇宫花园之间提供缓冲区、为区域与内卡河谷之间的空气流动作出贡献。

在更为具体的城市设计方案基础上,为缓解规划建筑群的热污染所设置的绿化设施可通过后续研究得以量化。可以采用的措施主要包括:屋顶与立面绿化、非建设用地的绿化、新建绿化设施与原有内城绿地(含布拉格公墓、皇宫花园与玫瑰石公园)的绿化网络建设。将建设用地 B 地块西南角作为补偿空间至关重要,这可连接布拉格公墓与皇宫花园以形成绿化网络,又可为小范围内的空气交换提供可能。

为了缓解城市热岛,除了增加绿化面积以外,促进通风至关重要。对此,应尽量利用夜间来自周围山地的冷空气(即山风)促进区域通风。鉴于基地位置,本项目基地附近主要存在三条新鲜空气通道。从南向北分别为:die Mönchhalde [in der Achse Kriegsberg-Türlenstraβe—钨大街(Wolframstraβe)];die Eckhartshalde [in der Achse Kochenhof—海尔布隆大街(Heilbronner Straβe)—布拉格公墓];die Wartberg-/Steinberg-Klinge(in der Achse Killesberg-Nordbahnhof)。此处的绿化设施应当得以保护。

最北部的新鲜空气通道经由原来的鲟鱼溪谷(Störzbach Tal)沿额曼大街(Ehmanstraβe)直到皇宫花园。这里可以考虑拆除旧建筑,以完全恢复新鲜空气通道。当然,该措施必须拆除临近的火车北站(Nordbahnhof)旧建筑,以消除横向障碍、提供更好的渗透性。由于污染物传播能力减小,该项目的空气卫生状况较好。

项目基地毗邻高负荷交通干道。因此,新建筑基地的交通系统必须非常高效,以避免增加新区的污染物负荷。为了减少新区的污染物排放,应该采用低排放能源供给与采暖方式。通过街道上的污染物负荷检测与计算,海尔布隆大街沿线建设用地与钨大街沿线部分建设用地污染负荷严重。因此,建设用地 A 地块的用地布局应关注此问题;沿海尔布隆大街、钨大街应避免采用封闭的周边式建筑方式。

5.3.2 慕尼黑里姆会展新城项目

5.3.2.1 项目背景

作为德国规模最大的可持续城市发展项目之一，慕尼黑里姆会展新城项目(Messestadt Riem)是针对旧工业地区、废弃的大型城市基础设施地区的复兴项目，并于2008年荣获欧洲城市与区域规划大奖。该项目位于拜仁州首府慕尼黑东郊，距城市中心约7 km，北部毗邻慕尼黑会展中心。项目基地曾被作为慕尼黑里姆机场。1992年慕尼黑里姆机场搬迁之后，旧机场区域被视为潜在的居住与工作的绿色场所，被规划为融展览、办公、居住及公园为一体的、多功能会展新城，整个项目占地6 km^2。工程包括办公与企业园区、商业中心、学校、酒店、教堂及6100套住宅单元，可容纳16000居民、提供13000个工作岗位。项目于1995年完成总体规划，现已基本完成。

与20世纪90年代德国城郊大型居民点发展趋势相同，该项目遵从可持续发展原则，其指导方针可以概括为“紧凑、城市性、绿色”。依据《21世纪议程》，慕尼黑市政府承诺保证城市开发的平衡，并修复生态环境。为此，慕尼黑市政府于1993年委托生态顾问制定“慕尼黑里姆会展新城项目生态框架概念”。此后，有关开放空间、水、交通、能源、自然资源保护、垃圾处理等方面的一系列专项研究工作得以开展。其中主要包括：

- 生态建设规划；
- 拆建规划研究(减少建筑拆除垃圾、保护原生态土壤等)；
- 受污染土地无害化处理研究；
- 城市基础设施规划研究；
- 社会各阶层需求研究和保障设施规划；
- 能源系统规划研究；
- 停车系统规划研究；
- 空间概念规划研究；
- 游戏场地规划研究；
- 特色标志性树木规划研究(通过特色树植，形成街区的认知度和归属感)；
- 开放空间规划研究；
- 市民/使用者参与研究；

● 艺术设施规划研究[①]。

5.3.2.2 气候分析及其成果

开放空间规划概念的目标在于，与城市气候维护、土地节约政策、自然资源保护目标相匹配。尤其关注以下内容：新鲜空气供给与区域通风、建筑结构与土地节约、休憩质量与自然保护。

在大地景观中进行城市建设或提高硬质地面比例会对城市气候环境产生严重影响。在静风天气中，合理制定绿化设施的规模、安排其布局能够促进建成区域通风、将开放空间的新鲜空气带入建成区，从而有效缓解城市气候问题。

慕尼黑市城市气候分析工作显示，在慕尼黑，西南风占主导地位且风速较大。然而，在晴朗夜晚及逆温天气当中，南风、东风将为城区带来新鲜空气，为城市通风的关键点。由于慕尼黑里姆会展新城项目位于城市东郊，该项目建设应在东西方向保留新鲜空气通道，以确保慕尼黑城市中心在静风天气中的通风条件。而为了确保里姆会展新城项目自身的通风条件，应另外建设南北向绿化轴线，以确保区域通风。为了实现新鲜空气运送与区域通风目标，该项目将采取措施改善区域、城区、街区的通风条件(图 5-12)[②]。

A. 促进区域通风

为了确保整个慕尼黑市的城市通风，该项目规划必须尊重来自东向的低速气流。即确保该气流在流经该区域过程中不被加热、不会上升。为此，该项目在土地利用规划层面、建造规划层面、景观规划层面采取以下措施：

● 建设至少 400 m 宽的东西向核心绿化设施，即大型“景观公园”；
● 沿主快速公路建设东西向绿化通廊；
● 在西侧建设连接该项目南北区域的绿化通廊，贯穿整个建成区；
● 在会展中心及所有工业企业部分实施屋顶绿化。

B. 促进城区通风

---

① 卢求. 德国可持续城市开发建设的理念与实践——慕尼黑里姆会展新城[J]. 世界建筑，2013，(9)：112-117.

② Landeshauptstadt München. Messestadt Riem：Ökologische Bausteine，Teil I Stadtplanung[R]. München：Landeshauptstadt München，2000.

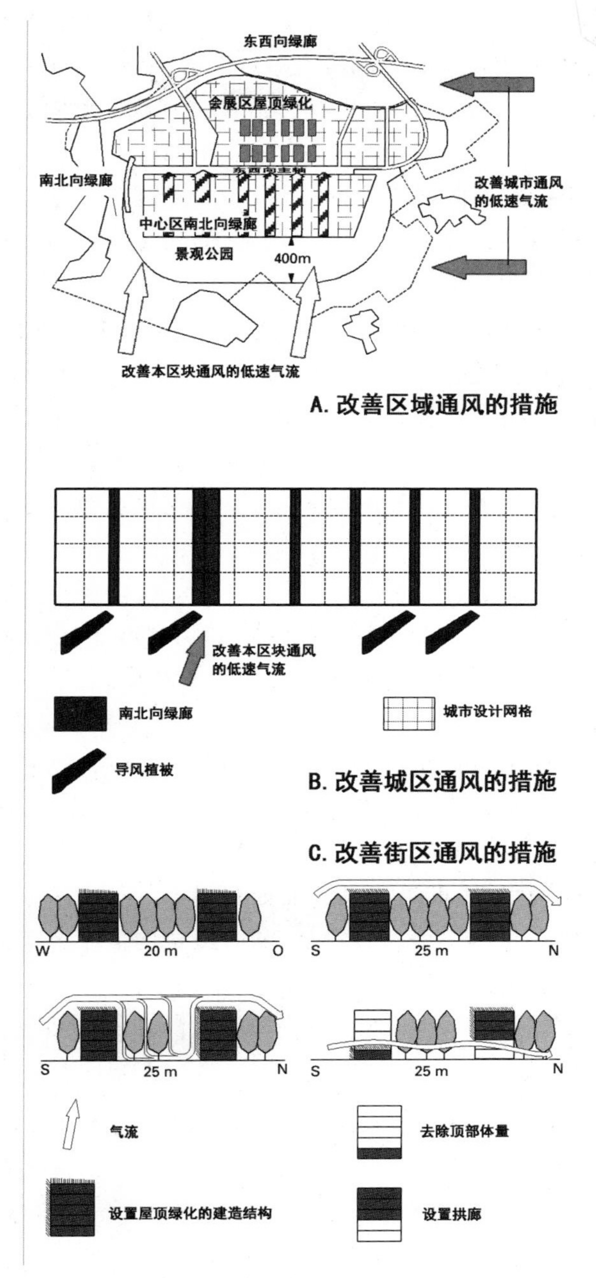

图 5-12　慕尼黑里姆住区项目改善通风条件的规划措施

（来 源：Messestadt Riem：Oekologische Bausteine，Teil 1 Stadtplanung［R］. Muenchen：Landeshauptstadt Muenchen，1995.）

为了确保自身城区的通风条件，该项目规划必须尊重来自南侧大型“景观公园”的低速气流。即确保该气流能够流入该区域中心位置，甚至能够贯穿整个建成区。为此，该项目在建造规划层面、景观规划层面采取以下措施：

● 在城区建设东西向城市设计轴线；

● 在南部建成区每隔 400 m 规划一条宽 50 m 的南北向绿化廊道，从而将南部新鲜空气引入城区；

● 在南侧景观公园中建设导风植被（如树林），以疏导低速气流，使其向南北向绿化廊道流通；

● 减少开放空间中的林地比例；

● 仅在北部建成区采取封闭的、高密度建造方式；

● 在南部建成区采用开放的建造方式、限制建筑物高度；

● 限制土地硬化。

C. 促进街区通风

街区层面的通风条件与街道、建筑物、内院的尺寸与形态有很大关系。为了确保各街区的通风条件，该项目在建造规划层面、景观规划层面采取以下措施：

● 规定南北向车行道路宽度与形态，即宽约 20 m、种植行道树；

● 规定东西向车行道路宽度与形态，即宽约 25 m、种植行道树或者沿建筑北立面种树；

● 规定内院的形态，即沿建筑北立面种树；

● 采取合适的建造结构，如各组团朝向绿化廊道一侧采取开放的建造方式、去除南向通风障碍。

6 结　语

他山之石，可以攻玉。德国生态城市建设方面的成就早已蜚声世界，20世纪70年代以来，在应对气候变化、缓解城市气候问题方面的努力也在世界范围内作出表率。对成熟系统构成要素与运行经验的分析，为自身的检测与认识提供启发、为系统的全面优化提出方向。

6.1 建设指导规划体系的优势

德国建设指导规划在缓解城市气候问题方面存在的优势表现在多个方面。在规划程序上，建设指导规划在程序模型、目标体系构建方法与设计程序的合理性使得规划师的主观臆断与政治专断的决策干扰得以有效避免、城市气候方面的规划要求获得足够重视、城市气候研究对规划设计的引导与控制作用得以充分发挥。在工作内容上，城市气候问题现状分析与预期评测对象的全面性与表达方式的合理性加强了专项规划与专项研究对规划问题的引导性与修正能力，同时为部门协调与权衡决策提供充分依据；可持续发展导向下的多数宏观策略与具体原则能够充分回应城市气候方面的规划要求。在规划组织上，环境评测工作高度的专业化、专业机构部门职责的明确性强化了建设指导规划编制职责分配的合理性；协作机制的完善性、协作平台的多样性确保了规划编制过程中部门协作的充分开展。在法规保障上，建设指导规划基本大法《建设法典》中关于环境鉴定与环境报告制度、公共机构规划参与制度的详细规定确保了可持续发展导向下的规划程序；环境质量评价标准的全面性、专项规划与专项研究的标准化、规划目标体系法律依据的完整性、相关规划措施法律依据的完整性为城市气候要素相关的工作内容赋予充分依据。

可以说，建设指导规划编制体系在系统构建与运行方式上的优势为城市气候要素在规划编制中的全面考量提供了极大便利，也将为可持续发展、低碳发展等基本目标的达成提供有力支撑。

6.2 快速城镇化对城市气候的影响

作为过去30余年我国城市发展的关键词，快速城镇化忽略了建设活动对城市生态环境的影响，更少关注气候要素与城市气候问题。近年来，高增长、高消耗、高排放、高扩张的粗放型发展道路对城市气候环境的负面影响日益显现，热岛、雾霾等典型城市气候问题日趋严重，大中城市恶劣天气现象频繁(如广州高温、北京暴雨、上海大水)，已对居民生产、生活构成严重危害。

我国大部分城市“变暖变干”的趋势在改革开放以来明显加剧。在上海，改革开放30年来最热夏季现于近10年；在北京，热岛强度在20世纪80年代以后上升趋势加速，市中心热岛强度增温率为郊区的8～9倍；在武汉，50年来的城市热岛强度主要源于近30年快速增温，本世纪增温又再次加剧；在广州，1996—2005年热岛强度直线上升；在杭州，近10年35℃的高温天数年均值(35.5天)增长了65%。

同时，约1/5的城市大气污染严重，113个重点城市中1/3以上空气质量达不到国家二级标准；东部城市灰霾天数普遍由1950—1970年的年均仅数日猛增至年均100～200天，且均自2003年起呈激增趋势。同时，灰霾也将取代吸烟，成为我国肺癌致病的头号杀手。值得一提的是，广州、天津、杭州等地年均200的霾日数已远超1890年的伦敦(74.2天)，而后者在60年后便爆发了轰动一时的“伦敦烟雾事件”，致死12000人；且伦敦城市气候状况的改变至少经历了30余年的努力。故针对城市气候问题日趋严重的状况，必须尽快采取行动，否则势必造成更惨痛损失。

6.3 规划途径优化的契机

“十八大”以来，“生态文明建设”的地位得到强调，“新型城镇化”、“建设美丽中国”成为我国当前城市建设的关键词。2012年11月，十八大报告将“生态文明建设”纳入中国特色社会主义事业总体布局；2012年12月，中央经济工作会议要求城镇化走上“集约、智能、绿色、低碳的道路”；2013年12月，中央城镇化工作会议反思了过去多年我国城镇化历史经验与教训，提出新型城镇化的主要任务，“既要优化宏观布局，也要搞好城市微观空间治理”，“让城市融入大自然，让居民望得见山、看得见水、记得住愁”。可见，我国城市发展正处于向低消耗、低排放、高效率、和谐有序的全面转型阶段。对此，相关科学技术的支撑作用如何落实，如何引入新理念、新工具对城市建设形成科学导控与技术支撑，成为我国低碳生态城镇建设当前面临的最大问题。

作为对交通、公共空间、绿化体系、用地布局、城市面貌等众多要素的统筹，城市设计已经成为规划编制中不可或缺的环节，对城市规划、景观规划与建筑设计具备极强的引导作用。由于城市设计能在三维城市空间坐标中化解各种矛盾、建立立体的形态系统，因此即使城市设计环节在实践中有时会相对滞后，也常对二维平面规划产生明确的修正与导控作用。因此，鉴于城市设计对城市环境质量的综合把控能力，面对国家城镇转型战略与日趋严重的城市气候问题，如何在城市建设中综合考量城市气候因素、最小化城市建设与运行对自然环境的干扰，控制城市热岛、大气污染、空气交换变弱现象及其负面影响，已成为城市设计的一个重要出发点。

著名质量管理大师戴明通过经典红珠实验证明，“工作绩效完全受工作途径的左右”。工作途径对于产品质量的决定性影响在城市规划方面也得到全面反映。城市建设的总体水平建立在每个规划方案个体质量之上，因此城市规划与设计工作途径的系统化、标准化及针对性优化将成为一种逻辑的必然。虽然我国在社会、经济、环境条件方面与德国存在显著差异，直接借鉴其体系建设的成功经验或简单实施“标杆管理”似乎不尽合理，但是多体系的比较至少可使先进体系的优势及现有体系的缺陷得到具体展现，从而为工作途径的优化提出清晰目标。此外，探讨城市气候问题解决导向下的城市规划与设计途径的优化或将成为我国城市规划工作体系全面优化的契机。

参考文献

(1)A. D. Pelz. *Acceptable wind speeds in towns* [J]. Building Science. 1973,8:259-267.

(2)A. H. Gordon. *Weekdays warmer than weekends* [J]. Nature. 1994,367:325-326.

(3)A. KRATZER. *Das Stadtklima* [M]. Braunschweig: Friedr. Vieweg & Sohn, Verlag. , 1956.

(4)A. Machalek. *Das vertikale Temperaturprofil über der Stadt Wien* [J]. Wetter & Leben, 1974,26:87-93.

(5)A. Treibich. *Ueber die Verschiedenheit der Lufttemperaturen im Innern der Staedte und in ihrer freien Umgebung* [J]. Meteorologische Zeitschrift, 1927,44:341-347.

(6)A. Yoshida. *Two-dimensional numerical simulation of thermal structure of urban polluted atmosphere* [J]. Atmospheric Environment. 1991,25:17-23.

(7)Baugesetzbuch(BauGB)[S]. Zuletzt geaendert August, 2014.

(8)B. F. Findlay, M. S. Hirt. *An urban-induced meso-circulation* [J]. Atmospheric Environment. 1969,3:537-542.

(9)BECKRÖGE W. *Dreidimensionaler Aufbau der städtischen Wärmeinsel am Beispiel der Stadt Dortmund*[D]. Bochum: Fakultät für Geowissenschaften der Rhur-Universität Bochum, 1990.

(10)BMU. Pressemitteilung von Bundesumweltministerin Merkel Zum Tag des Wassers vom 21. 03. 1997. Bonn.

(11)BREUER B, MÜLLER W, WIEGANDT C. *Nutzungsmischung im Städtebau* [M]. Bonn: Selbstverlag des Bundesamtes für Bauwesen und Raumordnung, 2000:1.

(12)C. Kassner. *Der Einfluss Berlins als Grossstadt auf die Schneeverhaeltness* [J]. Meteorological Zeitschrift. 1917,34:136.

(13)D. L. Sisterson, R. A. Dirks. *Structure of the daytime urban moisture field* [J]. Atmospheric Environment. 1978,12:1943-1949.

(14)D. P. Javovides, J. D. Karalis, M. D. Steven. *Spatial distribution of solar radiation in Athen* [J]. Theoretical and Applied Climatology. 1993,47:231-239.

(15)Dezentrale Konzentration. [EB/OL]. [2010-12-25]. http://de.wikipedia.org/wiki/Dezentrale_Konzentration.

(16)E. Jauregui. *Effects of revegetation and new artificial water bodies on the climate of northeast Mexico City* [J]. Energy & Building. 1990/91,15/16447-455.

(17)ERIKSEN W. *Beiträge zum Stadtklima von Kiel-Wittersklimatologische Untersuchungen im Raume Kiel und Hinweise auf eine moegliche Anwendung bei Erkenntnisse in der Stadtplanung*[M]. Kiel: Selbstverlag des geographischen Instituts der Universität Kiel. 1964.

(18)Experimenteller Wohnungs-und Städtebau(ExWoSt)[EB/OL]. [2010-12-26]. http://www.bbsr.bund.de/nn_66474/BBSR/DE/FP/ExWoSt/exwost__node.html .

(19)F. A. Huff, J. L. Vogel. *Urban topographic and diurnal effects on rainfall in the St. Louis region* [J]. Journal of applied meteorology. 1978,17:565-577.

(20) F. Fezer. *Das Klima der Staedte* [M]. Heidelberg: Justus Perthes Verlag Gotha, 1995.

(21)F. Fezer. *The influence of building and location on the climate of settlements* [J]. Energy & Buildings. 1982,4:91-97.

(22)F. Fezter. *Lokalklimatische Interpretation von Thermalluftbildern* [J]. Bildmessung und Luftbildwesen. 1975,43:152-158.

(23)F. W. Oechsli, R. E. Buechley. *Excess mortality associated with three Los Angeles September hot spells* [J]. Environmental Research. 1970,3:277-284.

(24)G. Dean. *Lung cancer and bronchitis in northern Ireland* 1960-62[J]. Britisch Medicial Journal. 1966,1:1506-1514.

(25)G. Peschel. *Merkblatt Klima und Lufthygiene in UVP-Fachreihe: Klima und Lufthygiene innerhalb der UVP, Klimaschutz in der*

Stadt[J]. UVP-Report,1994,(5):272-275.

(26) G. T. Amanatidis, A. G. Paliatsos, C. C. Repapis. *Decreasing precipitation trend in the Marathon Area, Greece* [J]. International Journal of Climatology. 1993,13:191-201.

(27) Gesetz zur Ordnung des Wasserhaushalts [EB/OL]. http://www. gesetze-im-internet. de /bundesrecht/whg _ 2009 /gesamt. pdf, 2012-02-23. 18.

(28) GUNβER, C. *Energiesparsiedlungen——Konzepte, Techniken, realisierte Beispiele* [M]. München: Callwey, 2000:51-52.

(29) H. Berg. *Einfuehrung in die Bioklimatologie* [M]. Bonn: Bouvier Verlag, 1947.

(30) H. C. Fickert, H. Fieseler. Der *Umweltschutz im Staedtebau-Ein Handbuch fuer Gemeinden zur Bauleitplanung und Zulaessigkeit von Vorhaben* [M]. Bonn: Verlag Deutsches Volksheimstättenwerk GmbH, 2002.

(31) H. Gossmann. *Koennen Satellitendaten Thermalbefliegungen ersetzen?* [J]. Beitraege zur Raumforschung. 1982 b,62:69-96.

(32) H. H. Lettau. *Note on aerodynamic roughness parameter on the basis of roughness element description* [J]. Journal of applied Meteorology. 1969,8:828-832.

(33) H. Mayer, P. Höppe. *Thermal comfort of man in different urban environments* [J]. Theoretical and Applied Climatology, 1987,38(1):43-49.

(34) H. Potthoff. *Oekologisch-kleinklimatische Messungen in Bonn unter besonderer Beruecksichtigung der Vegetation* [D]. Bonn: Universitaet Bonn,1984.

(35) H. Sukopp, S. Weiler. *Biotope mapping in urban area of the Federal Republic of Germany* [J]. Landschaft und Stadt. 1986,18:25-28.

(36) H. Wanner, J. A. Hertig. *Studies of urban climates and air pollution in Switzerland* [J]. Journal Climate & Applied Meteorology. 1984,23:1614-1625.

(37) H. T. Ochs, D. B, *Johnson. Urban effects on the properties of*

radar first echoes [J]. Journal of applied meteorology. 1990, 19: 1060-1166.

(38) HAMM J M. *Untersuchungen zum Stadtklima von Stuttgart* [M]. Tübingen: Selbstverlag des geographischen Instituts der Universität Tübingen. 1969.

(39) Horbert, M.. *Klimatologische Aspekte der Stadt-und Landschaftsplanung*. Berlin: TU Berlin Universitätsbibliothek, Abt. Publikationen, 2000.

(40) Informationssystem Stadt und Umwelt Berlin(1990-2005). [EB/OL]. [2010-07-17], http://www. stadtklima. de/

(41) Innenministerium Baden-Württemberg. Staedtebauliche Klimafibel Online-Hinweise fuer die Bauleitplanung. [EB/OL]. [2004-07-30]. http://www. staedtebauliche-klimafibel. de/.

(42) IPCC Second Assessment Synthesis of Scientific-Technical Information. [EB/OL]. [1995-12-30]. http://www. ipcc. ch/pdf/climate-changes-1995/ipcc-2nd-assessment/2nd-assessment-en. pdf

(43) J. GÖDERRITZ, R. RAINER, H. HOFFMANN. *Die gegliederte und aufgelockerte Stadt* [M]. Tübingen: Verlag Ernst Wasmuth. 1957.

(44) J. Hann. *Lehrbuch der Meteorologie* [M]. Leipzig: Keller Verlag, 1901.

(45) J. Hann. *Temperatur von Graz Stadt und Graz Land* [J]. Meteorologische Zeitschrift, 1989, 12: 394-400.

(46) J. Lorente, A. *Redañ*, *X. De Cabo*. *Influence of Urban Aerosol on Spectral Solar Irradiance* [J]. Journal of applied meteorology and climatology, 1994, 33(3): 406-415.

(47) J. M. Giovannoni. *A laboratory analysis of free convection enhanced by a heat island in a calm and stratified environment* [J]. Boundary-Layer Meteorolog y. 1987, 41: 9-26.

(48) K. D. Balke. *Die Koelner Temperaturanomalie* [J]. Umschau in Wissenschaft und Technik. 1974, 74: 315-316.

(49) K. D. Hage. *Urban-rural humidity differences* [J]. Journal of Applied Meteorology and Climatology. 1975, 14: 1277-1283.

(50)K. P. Pogosjan. *Effect of large cities on the meteorological regime* [J]. Soviet Meteorology & Hydrology. 1974,10:1-7.

(51) Kiese O, Voigt J, Kelker J usw. *Stadtklima Münster* [R]. Münster: Umweltamt Münster. 1992.

(52)KNOCH K. *Die Landsklima-aufnahme, Wesen und Methodik* [M]. Offenbach am Main: Selbstverl. des Dt. Wetterdienstes. 1963.

(53)KOCH M. *Ökologische Stadtentwicklung——Innovative Konzepte für Städtebau, Verkehr und Infrastruktur* [M]. Stuttgart, Berlin, Köln: Kohlhammer, 2001.

(54)Kommunalverband Ruhrgebiet, STOCK P. *Synthetische Klimafunktionskarte Ruhrgebiet* [M]. Essen: Kommunalverband Ruhrgebiet, Abt. O ffentlichkeitsarbeit/Wirtschaft. 1992.

(56) Kress, R., et al.. Regionale Luftaustauschprozesse und ihre Bedeutung für die räumliche Planung. Dortmund: Institut fu r Umweltschutz der Universita t Dortmund, 1979.

(56)L. Auer. *Auswirkung der urbanen Waermeinsel auf ausgewaehlte bioklimatische Groessen* [J]. Wetter und Leben. 1989,41:249-258.

(57)L. C. Nkemdirim, D. Venakatesan. *An urban impact model for change in the length of frost free season at selected Canadian stations* [J]. Climatic Change. 1985,7:343-362.

(58)L. C. Nkemdirim. *A test of lapse rate wind speed model for estimating heat island magnitude in an urban airshed* [J]. Journal of applied Meteorology. 1980,19:748-756.

(59) Landeshauptstadt München. *Messestadt Riem: Ökologische Bausteine, Teil I Stadtplanung* [R]. München: Landeshauptstadt München, 2000.

(60) Landeshauptstadt Stuttgart. *Stadtentwicklungskonzept, Entwurf* 2004 [R]. Stuttgart: Landeshauptstadt Stuttgart, Amt fuer Umweltschutz, Abteilung Stadtklimatologie, 2004.

(61) Landeshauptstadt Stuttgart, Stadtplanungsamt. *Rahmenplan Sruttgart* 21 [R]. Stuttgart: Landeshauptstadt Stuttgart, 2000.

(62) Lettau H. *über den meteorologischen Einfluss der Grossstadt* [J]. Zeitschrift für angewandte Meteorologie. 1931, 48:263-273.

(63)M. Csicsaki, W. Mertineit. *Die Auswirkungen von Smogepisoden auf die Sterblichkeit* [J]. Das oeffentliche Gesundheitswessen. 1988, 50:319-324.

(64) M. Horbert. *Klimatische und luftthygienische Aspekte der Stadt-und Landschaftsplanung* [J]. Natur und Heimat,1978, 38.

(65)M. J. Kerschgens, J. M. Hacker. *On the energy budget of the convective boundary layer over an urban and rural environment* [J]. Beitr. Phys. Atm., 1985,58:171-185.

(66) Mayer, H., et al., Bestimmung von stadtklimarelevanten Luftleitbahnen. UVP-Report 1994,(5): 265-268.

(67) MINISTERIUM FÜR UMWELT UND NATURSCHUTZ, LANDWIRTSCHAFT UND VERBRAUCHERSCHUTZ DES LANDES NORDRHEIN-WESTFALEN. Handbuch Stadtklima. [EB/OL]. [2010-03-30]. http://www. umwelt. nrw. de/umwelt/pdf/handbuch_stadtklima. pdf .

(68)N. Sakellariou, D. Asimapoulos, C. Varotsos, et al.. *Prevailing cloud types in Athens* [J]. Theoretical and applied climatology. 1994, 48:89-100.

(69)P. H. Hildebrand, B. Ackerman. *Urban effects on the convective boundary layer* [J]. Journal of Atmospheric Chemistry. 1984, 41:76-91.

(70)P. Schlaak. *Die Wirkung der bedeuten und bewaldeten Gebiete auf das Klima des Stadtgebietes von Berlin* [J]. Allgemeine Forst Zeitschrift. 1963,29:455-458.

(71)P. Wallner, F. Steger, G. Obermeier. *Langzeitintegrierte Radonmessungen auf kleinraeumiger Ebene in Wien und Kommunikation mit der Bevoelkerung* [J]. Gesundheitswesen, 1994,56:335-337.

(72)Prince George's County, Maryland, Department of Environmental Resources, Programs and Planning Division. Low-Impact Development Design Strategies: An Integrated Design Approach. [EB/OL]. http://www. toolbase. org/ PDF/DesignGuides/LIDstrategies. pdf. 1999-06-30. 1-3.

(73)R. G. Gogh. *Elements of the wintertime temperature and wind structure over Pretoria* [R]. Johannesburg: Dept. of Geography and Environmental Studies, University of the Witwatersrand, 1978.

(74) R. R. Braham. *Cloud physics of urban weather modification* [J]. American Meteorological Society. 1974,55:100-106.

(75) R. R. Braham, M. J. Dungey. *A study of urban effects on Radar first echoes* [J]. Journal of applied meteorology. 1978,17:644-654.

(76) R. Viskanta, R. A. Daniel. *Radiative effects of elevated pollutant layers on temperature structure and dispersion in an urban atmosphere* [J]. Journal of applied Meteorology. 1980,19:53-70.

(77) R. Zinsel. *Landschaftsplan und Strategische Umweltpruefun-Ueberschneidung, Abgrenzung, Anforderungen* [D]. Weihenstephan: Fachhochschule Weihenstephan, 2005.

(78) ROLLER G, GEBERS B, JÜLICH R. *Umweltschutz durch Bebauungspläne* [M]. Freiburg, Darmstadt, Berlin: Öko-Institut, Institut für angewandte Ökologie e. V. 2000.

(79) S. D. Chow, J. M. Shao. *Shanghai urban influence on solar radiation* [J]. Acta Geographica Sinica, 1987,(4):319-327.

(80) S. E. Tuller. *Microclimatic variations in a downtown urban environment* [J]. International Journal of Biometeorology, 1973,55(3/4):123-136.

(81) S. Murakawa, T. Sekine, K. I. Narita. *Study of the effects of a river on the thermal environment in an urban area* [J]. Energy & Buildings. 1990/91,15/16:993-1001.

(82) S. Yamashita. *The urban climate of Tokyo* [J]. Geographical review of Japan. 1990,63:98-107.

(83) SPERBER H. *Mikroklimatisch-oekologische untersuchungen an Gruenanlagen in Bonn* [D]. Bonn: Institut für Landwirtschaftliche Botanik der Rheinischen Friedrich-Wilhelms-Universität. 1974.

(84) Stadt der kurzen Wege [EB/OL]. [2010-12-25]. http://de.wikipedia.org/wiki/Stadt_der_kurzen_Wege

(85) T. Aseada, V. T. Ca. *The subsurface transport of heat und moisture and its effect on the environment: a numerical model* [J]. Boundary-Layer Meteorology, 1993,65(1-2):159-179.

(86) T. J. Chandler. *The climate of London* [M]. London, 1965.

(87)T. Ojima. *Changing Tokyo Metropolitan Area and its heat island model* [J]. Energy & Building. 1990/91,15/16:191-203.

(88)T. Ojima, H. Yoda, H. Waranabe. *Study on heat release from earth surface and artificial exhaust in Tokyo ward area* [C]// Conference on Urban Thermal Environment. Fukuoka:[s. n.],1992:73-74.

(89)T. Tirabassi, F. Fortezza, W. Vandini. *Wind circulation and air pollutant concentration in the coast City of Ravenna* [J]. Energy & Building. 1990/91,15/16:699-704.

(90) U. Ewers. *WHO-Leitwerte fuer die Luftqualitaet in Europa* [J]. Das oeffentliche Gesundheitwessen. 1988,50:626-629.

(91) V. Kremser. *Der Einfluss der Grossstaedte auf die Luftfeuchtigkeit* [J]. Meteorologische Zeitschrift. 1908,25:206-215.

(92) Verrein Deutscher Ingenieure Kommission Reinhaltung der Luft. *Stadtklima und Lufteinhaltung-Ein wissenschaftliches Handbuch für die Praxis in der Umweltplanung* [M]. Berlin: Springer-Verlag, 1988.

(93) VON STÜLPNAGEL A. *Klimatische Veränderungen in Ballungsgebieten unter besonderer Berücksichtigung der Ausgleichswirkung von Grünflächen, Dargestellt am Beispiel von Berlin(west)*[D]. Berlin: TU Berlin, 1987.

(94) W. Beckroege. *Vertikalaustausch und Schadstoffkonzentrationen ueber Ballungsraeumen am Beispiel der Stadt Dortmund* [J]. Ann. Meteor. , 1985,22:60-62.

(95)W. H. Terjung. *Solar radiation and urban heat islands* [J]. Annals of the Association of American Geographers. 1973,63(2):181-207.

(96) W. Kuttler. *Stadtklimatologische Untersuchungen in Luenen* [J]. Raumforschung und Raumordnung. 1984,25:15-76.

(97) W. Schmidt. *Kleinklimatische Aufnahmen durch Temperaturfahrten* [J]. Meteror. Z. , 1930,47:92-106.

(98)W. Winkelstein, S. Kantor. *Respiratory symptoms and air pollution in an urban population of northeastern United States* [J]. Archives of environmental health. 1969,18:760-767.

(99) Wilfried Endlicher. *Geländeklimatologische Untersuchungen im Weinbaugebiet des Kaiserstuhls* [R]. Offenbach am Main: Selbstverlag des Deutschen Wetterdienstes, 1980.

(100) Y. Fukuoka, M. Kobayashi, T. Inoue. *Effects of river water and fog on urban temperature* [C]// International conference on Urban Climate. Kyoto:[s. n.],1989.

(101) Y. Goldrech. *Urban topoclimatology* [J]. Progress in physical Geography, 1984,8:336-364.

(102) Y. Sakakibara. *A numerical study of the effect of urban geometry upon the surface energy budget* [J]. Atmospheric Environment, 1996,30(3):487-496.

(103) Y. Sakakibara. *Numerical study of heat storage in a building* [J]. Energy & Building, 1990/91,15/16:577-586.

(104)刘姝宇. 城市气候研究在中德城市规划中的整合途径比较[M]. 北京:中国科学技术出版社,2004.

(105)卢求. 德国可持续城市开发建设的理念与实践—慕尼黑里姆会展新城[J]. 世界建筑,2013,(9):112-117.

(106)维基百科(德文版). http://zh. wikipedia. org

致　谢

首先，感谢国家自然科学基金委员会、福建省科技厅、厦门市建设与管理局与厦门大学对本研究提供的资助。

感谢沈济黄教授、徐雷教授与王竹教授一直以来在科研与实践中给予无私指导。

感谢斯图加特大学建筑与城市规划学院 Helmut Bott 教授提供学术建议。

感谢厦门大学建筑与土木工程学院建筑系凌世德教授、李立新副教授、王明非副教授、张燕来副教授，规划系王慧教授、许旺土副教授及诸位同事的大力支持。

感谢吴婕、余波、董华几位研究生在本文成书期间的付出。

感谢厦门大学出版社陈进才老师及其同事对本书编辑出版付出的辛劳。

最后，感谢家人的默默付出。一如既往，在时间里流淌。

刘姝宇　宋代风　王绍森

2014 年秋于厦门大学曾呈奎楼

图书在版编目(CIP)数据

城市气候问题解决导向下的当代德国建设指导规划/刘姝宇,宋代风,王绍森编著. —厦门：厦门大学出版社，2014.12
ISBN 978-7-5615-5309-1

Ⅰ.①城… Ⅱ.①刘…②宋…③王… Ⅲ.①城市气候-关系-城市规划-研究-德国
Ⅳ.①P463.3②TU984.516

中国版本图书馆 CIP 数据核字(2014)第 277321 号

厦门大学出版社出版发行
(地址:厦门市软件园二期望海路 39 号 邮编:361008)
总编办电话:0592-2182177 传真:0592-2181253
营销中心电话:0592-2184458 传真:0592-2181365
网址:http://www.xmupress.com
邮箱:xmup@xmupress.com
厦门集大印刷厂印刷
2014 年 12 月第 1 版 2014 年 12 月第 1 次印刷
开本:720×1000 1/16 印张:14.5 插页:2
字数:252 千字
定价:46.00 元